混凝土扩盘桩桩周土破坏机理及单桩竖向承载力研究

钱永梅 著

中国建筑工业出版社

图书在版编目(CIP)数据

混凝土扩盘桩桩周土破坏机理及单桩竖向承载力研究/
钱永梅著.—北京:中国建筑工业出版社,2018.12
　ISBN 978-7-112-22906-2

　Ⅰ.①混… Ⅱ.①钱… Ⅲ.①混凝土桩-桩基础-研究
Ⅳ.①TU473.1

中国版本图书馆 CIP 数据核字(2018)第 254645 号

　　　　本书是作者十多年的桩基础研究成果总结,书中内容原创性高、科学技术
　　性强、可读性好,全书共包括:概述、混凝土扩盘桩桩周土体破坏机理的半截
　　面桩研究方法、混凝土扩盘桩桩周土体破坏机理、混凝土扩盘桩盘参数对破坏
　　机理的影响、混凝土扩盘桩桩周土参数对破坏机理的影响、单桩极限承载力的
　　计算模式及设计原则、混凝土扩盘桩后续相关研究的探讨等内容。
　　　　本书适合广大土木工程专业的师生及相关专业的工程技术人员阅读使用。

责任编辑:张伯熙
责任校对:芦欣甜

混凝土扩盘桩桩周土破坏机理及单桩竖向承载力研究
钱永梅　著

*

中国建筑工业出版社出版、发行(北京海淀三里河路9号)
各地新华书店、建筑书店经销
北京佳捷真科技发展有限公司制版
天津翔远印刷有限公司印刷

*

开本:787×1092毫米　1/16　印张:26　字数:506千字
2018年11月第一版　　2018年11月第一次印刷
定价:**96.00**元
ISBN 978-7-112-22906-2
(32995)

作者简介

钱永梅，吉林建筑大学，教授，硕士导师，兼职博士导师。

长年从事土木工程学科领域的教学、科研工作，在土木工程学科领域中取得了骄人的成绩，获得多项荣誉称号，包括：全国三八红旗手、吉林省有突出贡献的青年人才、吉林省拔尖创新人才、吉林省首批学科领军教授、吉林省高校新世纪科学技术优秀人才等。取得国家一级注册结构工程师、国家注册咨询工程师、国家注册造价工程师及国家注册监理工程师等注册资格，被聘为国家自然科学基金委通讯评委、河北省科技奖励评审专家、北京荣创岩土工程股份有限公司专家顾问、AECI  专家库专家、中国建筑科学和工业建筑杂志社编辑。

在科研工作领域，成绩斐然。近年来获得中华人民共和国教育部科技技术进步一等奖，吉林省科技进步奖、自然科学学术成果奖、发明创造大赛奖等6项，获授权国家发明专利3项，国家实用新型专利4项，国家软件著作权6项，申请并获得受理国家发明专利2项；承担国家自然科学基金项目5项，3项主持，2项第1主研人；主研省级科研项目7项，5项通过鉴定或验收。第1作者发表论文100余篇，SCI、EI检索30余篇，ISTP检索及国内核心期刊20余篇；参编国家设计规程1部。主编教材6部，1部获吉林省优秀教材三等奖。积极参与工程实践，获吉林省优秀设计二等奖、三等奖各2项。培养硕士30余人，有多人获国家奖学金及优秀硕士毕业生。

前　言

　　本专著是关于土木工程学科，桩基础研究的相关成果。本专著容纳了作者十几年的研究成果，包括作者主持完成的2项国家自然科学基金项目，以及培养的20余名博士、硕士论文的相关内容。

　　混凝土扩盘桩是一种新型的高效节能的变截面桩，专著主要介绍在竖向荷载作用下，混凝土扩盘桩桩周土体破坏机理及单桩承载力研究，创新性地提出了半截面桩研究方法，通过半截面桩小模型埋土试验、现场大比例试验、小模型原状土试验等不同的试验方法，突破了传统研究方法只能测试数据的局限性，实现了全过程观测土体破坏状态，真正确定了复杂截面桩的桩周土体破坏机理；并结合有限元模拟分析，提出了基于滑移线理论的单桩承载力计算方法，并全面探讨了影响混凝土扩盘桩破坏状态及单桩承载力的承力扩大盘参数和土层性状参数，包括盘悬挑径（盘径）、盘坡角（盘高度）、盘间距、盘数量、盘截面形式、土层厚度（盘位置）、土层性状、土层含水率等，定性并定量地提出了相关技术参数，为混凝土扩盘桩的设计应用提供了可靠的理论依据。

　　专著中介绍的研究理念和方法可以为其他复杂截面桩研究提供借鉴，关于混凝土扩盘桩的研究还在继续，由于水平荷载作用下的破坏机理以及群桩效应和沉降等方面的研究尚不完善，因此没有在本专著中介绍。由于作者水平有限，且时间仓促，故本专著的撰写中可能会存在一定的缺陷，望读者多多批评指正！

目　　录

第1章　概述 ··· 1

1.1　混凝土扩盘桩简介 ··· 1

1.1.1　混凝土扩盘桩的概念及特点 ······················· 1

1.1.2　混凝土扩盘桩的分类 ································· 2

1.2　混凝土扩盘桩发展现状 ·· 4

1.2.1　混凝土扩盘桩的桩型及成桩工艺 ··················· 4

1.2.2　混凝土扩盘桩的研究现状 ·························· 8

1.3　本专著主要研究成果 ·· 11

第2章　混凝土扩盘桩桩周土体破坏机理的半截面桩研究方法 ·········· 13

2.1　混凝土扩盘桩的半截面桩有限元分析方法 ················ 13

2.1.1　有限元分析模型建立 ······························ 13

2.1.2　有限元模拟分析及数据提取 ······················ 18

2.2　混凝土扩盘桩的半截面桩试验方法 ······················· 19

2.2.1　传统试验方法的特点及缺陷 ······················ 19

2.2.2　半截面桩试验方法的特点 ························· 21

2.2.3　半截面桩小模型埋土试验方法 ···················· 23

2.2.4　半截面桩现场大比例试验方法 ···················· 39

2.2.5　半截面桩小模型原状土试验方法 ·················· 52

2.2.6　试验结果示例 ····································· 63

2.2.7　总结 ··· 66

第3章　混凝土扩盘桩桩周土体破坏机理 ····························· 67

3.1　抗压桩的破坏机理 ·· 67

3.1.1　抗压桩破坏机理的模拟分析 ······················ 67

3.1.2　抗压桩破坏机理的试验研究 ······················ 71

3.1.3　抗压桩的桩侧摩阻力变化区域 ···················· 89

3.2　抗拔桩的破坏机理 ⋯⋯⋯⋯⋯⋯⋯⋯⋯⋯⋯⋯⋯⋯⋯⋯⋯ 101

　　3.2.1　抗拔桩破坏机理的模拟分析 ⋯⋯⋯⋯⋯⋯⋯⋯⋯⋯ 101

　　3.2.2　抗拔桩破坏机理的试验研究 ⋯⋯⋯⋯⋯⋯⋯⋯⋯⋯ 104

　　3.2.3　抗拔桩的桩侧摩阻力变化区域 ⋯⋯⋯⋯⋯⋯⋯⋯⋯ 115

第4章　混凝土扩盘桩盘参数对破坏机理的影响 ⋯⋯⋯⋯⋯⋯⋯ 126

4.1　盘悬挑径的影响 ⋯⋯⋯⋯⋯⋯⋯⋯⋯⋯⋯⋯⋯⋯⋯⋯⋯⋯ 126

　　4.1.1　盘悬挑径对抗压桩破坏机理的影响 ⋯⋯⋯⋯⋯⋯⋯ 126

　　4.1.2　盘悬挑径对抗拔桩破坏机理的影响 ⋯⋯⋯⋯⋯⋯⋯ 143

4.2　盘坡角（盘高度）的影响 ⋯⋯⋯⋯⋯⋯⋯⋯⋯⋯⋯⋯⋯⋯ 157

　　4.2.1　盘坡角对抗压桩破坏机理的影响 ⋯⋯⋯⋯⋯⋯⋯⋯ 158

　　4.2.2　盘坡角对抗拔桩破坏机理的影响 ⋯⋯⋯⋯⋯⋯⋯⋯ 173

4.3　盘间距的影响 ⋯⋯⋯⋯⋯⋯⋯⋯⋯⋯⋯⋯⋯⋯⋯⋯⋯⋯⋯ 185

　　4.3.1　盘间距对抗压桩破坏机理的影响 ⋯⋯⋯⋯⋯⋯⋯⋯ 186

　　4.3.2　盘间距对抗拔桩破坏机理的影响 ⋯⋯⋯⋯⋯⋯⋯⋯ 198

4.4　盘数量的影响 ⋯⋯⋯⋯⋯⋯⋯⋯⋯⋯⋯⋯⋯⋯⋯⋯⋯⋯⋯ 221

　　4.4.1　盘数量对抗压桩破坏机理的影响 ⋯⋯⋯⋯⋯⋯⋯⋯ 221

　　4.4.2　盘数量对抗拔桩破坏机理的影响 ⋯⋯⋯⋯⋯⋯⋯⋯ 232

4.5　盘截面形式的影响 ⋯⋯⋯⋯⋯⋯⋯⋯⋯⋯⋯⋯⋯⋯⋯⋯⋯ 253

　　4.5.1　盘截面形式对抗压桩破坏机理的影响 ⋯⋯⋯⋯⋯⋯ 254

　　4.5.2　盘截面形式对抗拔桩破坏机理的影响 ⋯⋯⋯⋯⋯⋯ 271

第5章　混凝土扩盘桩桩周土参数对破坏机理的影响 ⋯⋯⋯⋯⋯ 288

5.1　土层厚度的影响 ⋯⋯⋯⋯⋯⋯⋯⋯⋯⋯⋯⋯⋯⋯⋯⋯⋯⋯ 288

　　5.1.1　土层厚度对抗压桩破坏机理的影响 ⋯⋯⋯⋯⋯⋯⋯ 288

　　5.1.2　土层厚度对抗拔桩破坏机理的影响 ⋯⋯⋯⋯⋯⋯⋯ 301

5.2　黏土含水率的影响 ⋯⋯⋯⋯⋯⋯⋯⋯⋯⋯⋯⋯⋯⋯⋯⋯⋯ 315

　　5.2.1　黏土含水率对抗压桩破坏机理的影响 ⋯⋯⋯⋯⋯⋯ 315

　　5.2.2　黏土含水率对抗拔桩破坏机理的影响 ⋯⋯⋯⋯⋯⋯ 329

5.3　细粉砂土含水率的影响 ⋯⋯⋯⋯⋯⋯⋯⋯⋯⋯⋯⋯⋯⋯⋯ 343

　　5.3.1　细粉砂土含水率对抗压桩破坏机理的影响 ⋯⋯⋯⋯ 343

　　5.3.2　细粉砂土含水率对抗拔桩破坏机理的影响 ⋯⋯⋯⋯ 360

　　5.3.3　相同含水率细粉砂土中抗压、抗拔结果对比分析 ⋯⋯⋯ 380

第 6 章　单桩极限承载力的计算模式及设计原则 ································ 382

6.1　抗压桩的计算模式 ···································· 382

6.1.1　抗压单盘桩的计算模式 ···················· 383

6.1.2　抗压双盘桩的计算模式 ···················· 385

6.1.3　抗压多盘桩的计算模式 ···················· 387

6.2　抗拔桩的计算模式 ···································· 389

6.2.1　抗拔单盘桩的计算模式 ···················· 389

6.2.2　抗拔双盘桩的计算模式 ···················· 391

6.2.3　抗拔多盘桩的计算模式 ···················· 393

6.2.4　抗拔冲切破坏计算模式 ···················· 395

6.3　承力扩大盘高度的抗冲切验算 ···················· 397

6.3.1　基本假定 ···································· 397

6.3.2　冲切理论分析 ································ 397

6.4　混凝土扩盘桩的设计原则 ························ 399

第 7 章　混凝土扩盘桩后续相关研究的探讨 ··············· 403

7.1　水平荷载作用下研究的探讨 ······················ 403

7.2　关于沉降和群桩效应的说明 ······················ 404

参考文献 ··· 405

第 1 章　概述

1.1　混凝土扩盘桩简介

1.1.1　混凝土扩盘桩的概念及特点

混凝土扩盘桩是近年来逐步应用于工程中的一种新型变截面灌注桩,开始于20 世纪末。它是在普通混凝土直孔灌注桩的基础上,在桩身的适当位置通过专门设备形成承力扩大盘的新型桩,混凝土扩盘桩如图 1.1-1 所示。

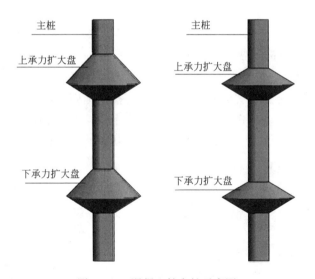

图 1.1-1　混凝土扩盘桩示意图

混凝土扩盘桩主要由主桩、承力扩大盘两个部分组成,而影响其承载力的主要因素有:主桩径的大小、承力扩大盘悬挑径的大小、承力扩大盘的坡角(盘高度)、承力扩大盘的间距、承力扩大盘的数量、承力扩大盘的截面形式、盘所在土层及相邻土层厚度(盘位置)、土层性状等因素。由于桩身构造的变化,使得该型桩的受力状态发生了较大的变化。作为一种新型变截面灌注桩,具有以下

1

特点：

1）混凝土扩盘桩承载力高，由于加设了承力扩大盘，大大提高了单桩的承载能力，尤其作为抗拔桩和抗倾覆桩，承载效果更好。通过静载试验表明，与普通混凝土直孔灌注桩相比，混凝土扩盘桩的竖向承载力可以大大提高。

2）设计灵活，混凝土扩盘桩可以根据持力层的位置、土层情况、承载力需求等，灵活设置承力扩大盘的位置及参数，有效地利用地基的承载力。

3）沉降量小且均匀，由于实际工程现场性状相同的土层可能不在一个标高上，而混凝土扩盘桩可以将承力扩大盘设置在性状相同的土层上，可以保证桩具有相同的沉降量，且承力扩大盘增加了桩的端承作用，因此大大降低了沉降量，尤其对于抗拔桩，对位移的控制更加有效。

4）经济社会效果好，在荷载一定的情况下，混凝土扩盘桩相比普通混凝土直孔灌注桩节省钢筋 30%，缩短工期 30%左右，总体节省成本可达 20%。而且新型成桩机具改善了现场的作业环境状态，达到了高效、节能、环保的效果。

1.1.2 混凝土扩盘桩的分类

混凝土扩盘桩根据成桩、成盘施工工艺的不同，主要分为三类：挤扩多盘桩、旋扩多盘桩、钻扩多盘桩。

1. 挤扩多盘桩

挤扩多盘桩是在原有普通混凝土直孔灌注桩的基础上，在施工过程中通过专门的挤扩设备，在桩身特定部位连续挤压桩周土体，形成承力扩大盘空腔，再灌注混凝土，形成具有多个承力扩大盘的桩体，从而达到提高单桩极限承载力的目的。挤扩多盘桩成盘设备如图 1.1-2 所示。

LZ800

LZ600型挤扩支盘机

图 1.1-2　挤扩多盘桩成盘设备

挤扩多盘桩克服了以往普通混凝土直孔灌注桩只能由桩端和桩身侧摩阻力来抵抗竖向荷载和水平荷载的不足，通过增设挤扩而形成的承力扩大盘，提高了桩体的抗压、抗拔以及抗倾覆承载力。挤扩多盘桩可以充分地利用工程地质条件，将承力扩大盘设置在坚硬的土层当中，以达到较好的承力效果；同时，挤扩设备通过挤压的方式，提高了盘周土体的密实度，使桩周土的强度也得到了一定提升。

然而，随着挤扩多盘桩逐步应用于诸多工程当中，一些问题和缺陷也逐渐被人们发现。例如，由于挤扩设备的设计和实际施工操作等局限性，如果土层有硬物或孤石等存在时，设备会卡住，或造成最终形成的承力扩大盘左右不对称（见图 1.1-3），施工效率和成盘质量很难保证；另外，在混凝土扩盘桩的成桩过程中，由于成孔、成盘和清土是由不同的设备完成，施工中需反复更换设备，不利于施工现场管理和施工进度控制。

2. 旋扩多盘桩

旋扩多盘桩是在挤扩多盘桩的基础上，通过改进成盘设备，将原来的双支挤扩设备变成三支，增加施工设备的稳定性，而且在挤扩臂上增加了旋切装置，可以在挤扩的同时进行旋切，提高了形成盘腔的效率和质量，成盘效果比挤扩设备改进了许多。旋扩多盘桩成盘设备如图 1.1-4 所示。

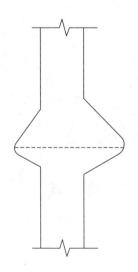

图 1.1-3　承力扩大盘左右不对称　　　　图 1.1-4　旋扩多盘桩成盘设备

这种新型的施工方法和设备与传统的挤扩成盘方式不同，是采用边旋切边挤扩的设计理念。在施工过程中，三个旋扩臂可以一边旋转一边向外张开，一次旋扩出圆锥形盘腔。这种旋扩方法克服了传统挤扩方法挤扩次数多、成孔效果差、效率低等诸多缺陷，是目前应用较为广泛的成盘方式。但这种成盘方式仍然是先成孔，后成盘，多种机具共同工作，成盘时设备悬空作业，因此仍然存在承力扩大盘左右不对称，需要反复更换设备、施工过程复杂、硬质地层施工困难、施工工期长等缺点。

3. 钻扩多盘桩

钻扩多盘桩是在现有挤扩、旋扩成盘工艺的基础上，完全改变原有的工艺过程，采用正反循环结合的施工工艺，边成孔边成盘，通过专用的钻扩清一体机，将钻孔、扩盘、清孔这三个基本工序衔接在一起，形成钻、扩、清一体化，使三者既能独立运行，又能交替运行。钻机正循环作业成孔，反循环作业成盘，使成桩效率大幅提高。同时，配合专门设计的盘腔检测仪，保证成盘质量达到要求后，浇筑混凝土。这种方法改善了施工环境，缩短了施工工期，降低了施工成本，使成孔、成盘的质量得到显著地提高，是目前较为理想的混凝土扩盘桩施工工艺。钻扩多盘桩的成桩机具称为钻扩清一体机，其主要设备如图 1.1-5 所示，施工的钻扩多盘桩实桩如图 1.1-6 所示。

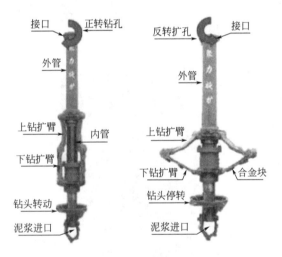

图 1.1-5　钻扩多盘桩成孔成盘设备示意图　　　图 1.1-6　钻扩多盘桩实桩图

1.2　混凝土扩盘桩发展现状

1.2.1　混凝土扩盘桩的桩型及成桩工艺

随着社会的进步和经济的发展，高层、超高层建筑层出不穷，人们努力寻找各种方法以提高直孔灌注桩的承载力。最初，随着成桩设备的改进，可以通过制作更大桩长和桩径的灌注桩来提高桩侧摩阻力和端承力，但这些方法大大地增加了材料的消耗和施工成本，桩身过长也会使其长细比增大，削弱了桩体本身的承载能力。因此，人们在增大桩基端承力这一想法上提出了许多新型桩，比如扩底桩、夯扩桩和桩底注浆等改良桩型；为了进一步提高桩基端承力，创新性地提出了挤扩支盘桩，并逐渐演化发展出挤扩多盘桩、旋扩多盘桩和钻扩多盘桩等桩型。

扩底桩和普通直孔灌注桩的施工方法相似，只是在钻机成孔后增加了一道扩孔工序，具体施工控制步骤为：成孔→扩孔→清孔→成桩→成桩检验。当钻机成孔到达设计标高位置后，将钻头提起，更换扩孔钻头并放置于孔底位置，开始扩孔作业，随后进行清孔、浇筑混凝土等其他工序。扩底桩实桩如图 1.2-1 所示。扩底桩在一定程度上使桩的极限承载能力得到了改善。

图 1.2-1　扩底桩实桩图

仅在桩端增加扩大部分，对承载力的提高毕竟有限，于是人们开始在桩身的变截面上开拓思路，因此有了挤扩支盘桩。挤扩支盘桩是变截面桩的一种形式，由主桩、若干对分支和若干承力扩大盘组成，其结构形式如图 1.2-2 所示。承力扩大盘和分支的设置增加了桩体的端承力，同时也增加了长桩的侧向支撑点。挤扩支盘桩主桩部分的施工工艺与普通直孔灌注桩完全相同，只是在形成承力扩大盘和分支时，是通过专门的挤扩机具在桩孔内不同位置挤扩出近似于圆锥盘的扩大腔和十字分支，然后进行浇筑混凝土等其他工序。分支、承力扩大盘周围的土体经过挤压后，土体的密实度可增加，达到了提高承载力的目的。挤扩支盘桩实桩如图 1.2-3 所示。

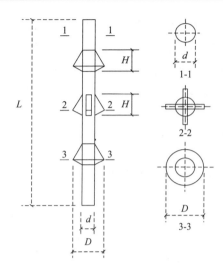
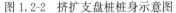

图 1.2-2 挤扩支盘桩桩身示意图

图 1.2-3 挤扩支盘桩实桩图

挤扩多盘桩和旋扩多盘桩在桩型上摒弃了挤扩支盘桩的分支，在分支位置处同样增设了承力扩大盘，进一步增加了桩体本身端承力的面积，提高了单桩承载能力。从承力扩大盘的数量上，又分为单盘桩、双盘桩和多盘桩，可根据设计的不同要求和不同工程地质条件，选择承力扩大盘的设置位置进行成盘作业。在施工工艺方面，挤扩多盘桩和旋扩多盘桩的成孔成盘工艺都是相同的，先进行主桩部分的钻孔，钻孔完毕后，应用专门的挤扩或旋扩设备在特定位置施作承力扩大盘腔，然后进行后续作业，具体施工工序为：测量放线确定桩位→挖桩坑设置钢板护筒→桩机就位→主桩钻孔至设计深度→检查孔深和泥浆密度→将挤扩装置或旋扩装置吊入已钻孔内→按设计位置挤扩或旋扩承力扩大盘腔→测孔深、清孔→安装并下放钢筋笼→下放导管并进行二次清孔→检查孔深→灌注混凝土→拆除护身并清理桩头。施工流程示意图如图 1.2-4 所示。

钻扩多盘桩在桩型上与挤扩多盘桩和旋扩多盘桩基本相似，但在施工工艺上是完全不同的。挤扩支盘桩、挤扩多盘桩和旋扩多盘桩的主桩部分施工和分支、承力扩大盘部分施工是独立且分开进行的，并增加清孔程序，而且成支或成盘时都是将扩径设备悬吊在半空中进行作业，成盘的稳定性和承力扩大盘的几何形状不易得到保证。而钻扩多盘桩在施工时，可以实现主桩钻孔、承力扩大盘扩径和清孔三者同时进行，由于成孔和成盘同时进行，因此，在承力扩大盘位置进行扩盘时，钻机的钻头能够顶在孔底，而不是处于悬空状态，这大大地提高了成桩的效果和稳定性。具体施工工艺流程为：测量放线确定桩位→挖桩坑设置钢板护筒→钻扩清一体机就位→正循环钻孔、清孔→反循环扩盘、清孔→正循环钻孔、清孔

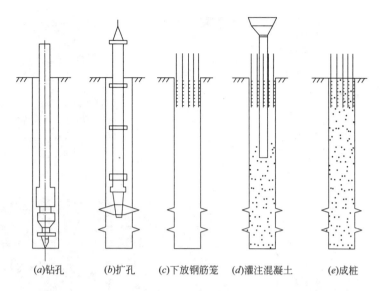

(a)钻孔　　(b)扩孔　　(c)下放钢筋笼　　(d)灌注混凝土　　(e)成桩

图 1.2-4　挤扩多盘桩和旋扩多盘桩施工流程示意图

→反循环进行第二次扩盘、清孔作业→测孔深、盘径→ 安装并下放钢筋笼→下放导管并进行二次清孔→检查孔深→灌注混凝土→拆除护身并清理桩头。施工流程示意图如图 1.2-5 所示，施工过程模拟图如图 1.2-6 所示（图片来自北京荣创岩土工程股份有限公司）。

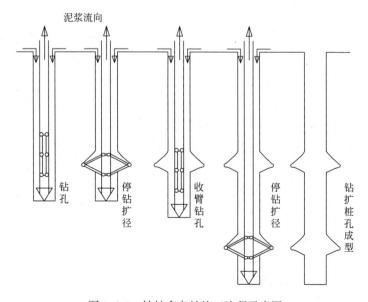

图 1.2-5　钻扩多盘桩施工流程示意图

(a)钻扩清一体机就位　　　(b)正循环钻孔、清孔　　　(c)反循环扩盘、清孔

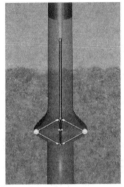 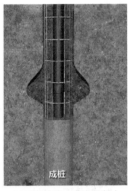 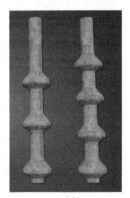

(d)孔径检测　　　　　(e)下钢筋笼、灌注混凝土　　　(f)成桩

图 1.2-6　钻扩多盘桩施工过程模拟图

　　从图 1.2-5 和图 1.2-6 可以看出，钻扩机具的扩径设备与钻机的钻杆是连接在一起的，在正常钻孔作业时，钻扩臂向内收拢，此时钻扩臂能与钻头一起向下钻孔；当钻扩臂到达承力扩大盘设计位置时，钻头停止钻动，钻头顶在孔底（使钻头和钻杆上部两点形成稳定的旋转中轴线，提高了成盘的稳定性，克服了设备晃动及旋转易偏心的缺陷），此时附着于钻杆上的钻扩臂伴随着钻杆反钻开始向外张开，旋转切削土体，形成承力扩大盘腔，完成一个盘之后，钻扩臂收回，钻头继续向下钻孔。在钻孔、扩盘的过程中始终采用泥浆倒流的方式以实现清孔目的，同时泥浆护壁还能防止塌孔。这种钻扩清一体的施工设备与方法具有操作简便、效率高、成孔质量好、废弃泥浆排放少、适用土层广泛等优点。

1.2.2　混凝土扩盘桩的研究现状

1. 混凝土扩盘桩理论研究现状

　　目前，对桩基传力机理的理论研究方法大体可以归纳为三种，即荷载传递法、弹性理论法和有限单元法。

1）荷载传递法

荷载传递法是由 Seed 和 Reese 在 20 世纪 50 年代首次提出计算单桩荷载传递的方法。其基本思想是将桩体沿长度方向离散成若干个弹性单元体，各个单元体与土体之间的侧摩阻力通过弹簧来描述，可为线性或非线性，桩与土之间的侧摩阻力 q_s 与位移 s 的关系可以用弹簧力与位移的关系代替；桩端阻力 q_p 与桩端沉降 s_p 的关系也可以等效为桩端弹性单元体与土间的弹簧力与位移的关系。经过一些学者的研究与拓展，荷载传递法又可以分为位移协调法和解析法两种计算方法。

荷载传递法提出以来得到了广泛的应用，但也有一定的缺点和局限性，比如：（1）土体反力的大小与桩身的挠度 y 没有直接关系，故只适用于刚性短桩，而不适用于深基础的长桩；（2）没有考虑桩体材料和土体的连续性。沿桩身任意一点的位移只与该点的侧摩阻力有关，而与桩身其他点的应力无关。在实际应用中特别是群桩分析时，还需借助其他连续法的理论。

2）弹性理论法

弹性理论法的基本思路是将桩体本身看作线弹性材料，而把土体理想化为一个均质、各向同性的弹性半无限体，土的弹性模量 E_0 和泊松比 μ 为定值，或沿地基深度按某种规律变化，通过 Mindlin 公式推导出土体的柔度矩阵后，可以求解桩土边界位移的平衡方程，最终可得出桩体位移、桩侧摩阻力等参数。

随后，学者们在弹性理论法的基础上，对非均质土、成层土等地基情况和端承桩、桩土间有相对滑移等情况进行了深入探讨。

弹性理论法的缺点是：（1）实际工程中地质条件比较复杂，很难精准确定 E_0、μ 等参数，当土体中存在淤泥等其他土质时，淤泥下面的桩土位移、转角、应力等很难计算，因此工程中主要运用此方法做初步计算。（2）运用 Mindlin 公式时通常会认定荷载作用于一个理想的、均质的各向同性半无线体内，这往往会忽略因桩体的存在而产生的影响。

3）有限单元法

随着计算机技术的发展，人们逐渐将计算方法的注意点转移到计算机上。有限单元法是目前工程领域里适用性最强的数值模拟方法，在当今土木工程分析中应用也最为广泛。该方法起源于 20 世纪 50 年代，从最开始的杆件问题扩展到弹性力学问题和弹塑性力学问题，从二维平面问题扩展到三维空间问题，从固体力学问题拓展到热力学、流体力学和电磁学问题等。有限单元法可以考虑到多种因素，如土体的非线性、蠕变、固结效应和动力效应等。其基本思想是：将连续的桩体和土体离散为有限个单元，并在每一个单元中设置有限个节点，各个单元仅在节点处连接，成为一个整体。选定场函数的节点值作为基本未知量，并在第一单元中假定一插值函数来表示场函数的分布规律，然后建立有限单元方程求解节点未知量，将复杂结构中无限自由度的问题转化为有限个节点自由度的问题，求解后，就可以通过求得的节点值和设定的插值函数计算出整个集合上的场函数。具体步骤为：结构离散化→确定单元位移模式→单元特性分析→建立整个结构节点平衡的方程组→解方程组并输出计算结果。

随着混凝土扩盘桩的发展，国内许多学者已经将这些理论分析方法逐渐应用到挤扩多盘桩、旋扩多盘桩和钻扩多盘桩上。

2. 混凝土扩盘桩试验研究方法现状

在混凝土扩盘桩的试验研究方法中，传统的研究方法主要有三种：现场实桩静载试验；全截面原型足尺实桩试验；全截面小比例模型桩埋土试验。为了克服传统研究方法的缺陷，笔者创新地提出了半截面桩试验方法，并不断地发展完善。

1）现场实桩静载试验

为了研究桩基的承力性能，一些学者往往借助实际工程现场的桩基进行试验研究，这种方法充分地利用了真实的工程环境，得出的结果最为准确。该方法主要是通过在桩身、桩端和钢筋上安装应力计、位移杆等装置，逐级在桩顶部位施加荷载，测得每一阶段桩身的应力变化和桩端的沉降值，最终绘制出该桩的 $Q\text{-}s$ 曲线（Q 表示桩顶荷载，s 表示桩的沉降量），从而分析桩的承力性能。这种方法的缺陷是很难根据研究的内容来选择适合施工现场的场地和桩型，试验过程中无法观察到破坏过程，试验结果也会因工期和一些其他的因素而受影响，试验桩往往不能达到极限荷载就停止。

2）全截面原型足尺实桩试验

原型足尺实桩试验是在真实的土体中进行的，所用的试验桩也与实际应用的桩比例相同，桩体材料可为混凝土或钢筋混凝土，在桩身和桩端处安装应力计和位移杆等装置，加载装置为千斤顶、反力钢梁和反力桩等，桩在受力时，符合其实际受力情况，因此，所得出的试验结果较为准确、真实。但是，这种大型的足尺实桩试验从基坑开挖、成孔、成盘到混凝土浇筑成桩，再到养护，整个过程会耗费很多的时间、人力、物力和财力。而且由于是全截面桩，试验过程中也无法观察到破坏过程，只能通过测试数据推测得出相关结论。

3）全截面小比例模型桩埋土试验

早期的小比例混凝土扩盘桩模型试验研究大多是用钢、铜、石膏等材料代替实际的混凝土材料作为小比例模型桩，将整个模型桩埋置于盛土器内经过分层碾压的土层当中，通过埋置压力盒、设置应变片等方法来测试桩、土的位移和应力变化，研究桩体的受力特性和承载能力。但在试验过程当中，桩体全部被土体包裹住，只能通过测试数据推测桩下土体的破坏状态而无法直接观察到桩身和桩端土体的破坏情况，这种方法使混凝土扩盘桩等变截面桩的研究产生了一定的影响。

4）早期的半截面桩试验方法

进入21世纪以来，笔者在完成博士论文的过程中，半截面桩的概念创新性地被提出。小比例模型桩逐渐变更为小比例半截面模型桩。其基本理念是用半截面混凝土扩盘桩（即混凝土扩盘桩沿对称轴剖开）代替整个混凝土扩盘桩进行试验研究，因此出现了可观测的平面。在试验中，将半截面桩的平剖面紧贴盛土器的钢化玻璃表面，垂直并固定，然后对盛土器进行填土并分层压实，形成试件后进行加载试验。早期的抗压、抗拔试验装置（获授权2项国家实用新型专利）如图1.2-7和图1.2-8所示。

图1.2-7　早期抗压试验装置　　　　　图1.2-8　早期抗拔试验装置

由于盛土器四壁为透明玻璃，试验中可以更清晰地观察到整个试验过程中桩周土的破坏状态，为研究、分析混凝土扩盘桩的桩周土体受力特点和土体破坏状态提供了极大的便利。但是，早期的试验方法中的土体依旧是分层压实填埋的，与实际工程现场的土和土层结构有很大的差异，试验结果也不具有足够的说服力。本专著中新的试验方法对早期的试验方法又进行了改进和完善。

1.3　本专著主要研究成果

本专著主要研究成果包括：混凝土扩盘桩在竖向荷载（压力、拉力）作用下桩周土体破坏机理的半截面桩有限元分析方法和试验研究方法、混凝土扩盘桩盘参数和桩周土参数对破坏机理的影响、承载力的计算方法和设计原则。

1）利用有限元分析法对半截面混凝土扩盘桩模型进行模拟。确定模型参数并建立模型，对模型进行逐级加载，整理并提取模拟结果的数据，为半截面桩的试验研究及验证奠定基础、提供依据。

2）创造性地提出半截面桩现场试验方法，试验场地在真实的土层当中，扩盘桩为混凝土材料，与实际工程中的扩盘桩大小相同。试验中可以直接地观测到桩-土相互作用的情况和桩周土体的破坏状态，逐级加载并记录数据后，通过荷载-位移曲线可以分析出桩-土的变化过程和扩盘桩的承载能力。

3）创新性地提出原状土半截面桩试验方法，试验通过定制的取土装置获取未经扰动过的地基土层中的原状土体，用埋桩的方式构造原状土-半截面桩模型试件，在原创的试验加载台中进行扩盘桩的抗压、抗拔试验，使小比例模型桩的试验结果更真实、更有说服力。

4）改进了原有的小比例模型桩埋土试验方法，创新性地设计了可拆装的盛土器，不仅可安装观测玻璃，还改善了细节，有利于埋桩和加载操作，更适用于细粉砂土层。

5）分析对破坏机理产生影响的因素。其中，混凝土扩盘桩盘参数包括盘悬挑径、盘坡角（盘高度）、盘间距、盘数量、盘截面形式，桩周土体参数包括盘所在土层厚度（盘位置）、盘上土层厚度及性状、黏土含水率、细粉砂土含水率等。

6）利用滑移线承载机理和抗冲切破坏机理确定竖向压力和竖向拉力作用下单盘桩、双盘桩、多盘桩的计算模式，并提出相关的设计原则。

7）对初步完成的关于混凝土扩盘桩在水平荷载下的研究、沉降计算及群桩效应进行说明。

第2章 混凝土扩盘桩桩周土体破坏机理的半截面桩研究方法

混凝土扩盘桩由于承力扩大盘的设置，桩周土体破坏机理以及桩的承载机理都比普通混凝土直孔灌注桩复杂许多，为了使研究能更加准确、详细，笔者创新性地提出了全新的半截面桩试验研究方法，为了与此相配合，有限元分析也采用半截面桩进行，使有限元分析和试验研究统一，以便进行对比分析。

2.1 混凝土扩盘桩的半截面桩有限元分析方法

在混凝土扩盘桩的有限元分析中，主要采用 ANSYS 软件建立分析模型，同时为了保持有限元分析与试验研究的统一性，以便完成有限元分析与试验研究结果的对比分析，验证试验研究的可靠性，有限元分析也采用半截面桩。

2.1.1 有限元分析模型建立

1. 有限元分析模型建立的原则

在有限元分析模型中，包括混凝土扩盘桩和桩周土体两种材料，根据两种材料的基本特点以及共同作用的实际情况，在模型建立时遵循以下基本假设：

1）由于研究主要考虑桩周土体的变化，因此，假设在土体达到破坏之前，桩的工作状态一直处于弹性阶段，在达到极限荷载时，桩身没有破坏，主要是土体破坏，因此桩身材料采用线弹性材料；

2）为了使研究工作目标明确、操作简单可行，在研究非土层厚度因素时，采用单一特性的土层模拟整个土层，考虑土的弹塑性、大变形以及初始应力的影响，采用 ANSYS 中的 Drucker-Prager 模型（简称 DP 模型）；

3）在竖向荷载作用下，竖向荷载通过盘端、桩端和桩侧摩阻力传递给土体，在桩和土之间设置接触单元，并根据实际情况，模拟桩-土间的相对滑动与分离，在整个模拟分析过程中，摩擦系数不变，根据不同受力情况，在盘端、桩端设置桩土之间缝隙；

4）模型中不考虑时间效应的影响，桩、土均认为是均匀、各向同性的材料，荷载为静力荷载。

2. 有限元分析模型参数的设定

1) 桩土单元模型

在 ANSYS 有限元分析模型中，桩单元采用 SOLID 65。因为 SOLID 65 单元可用于含钢筋或不含钢筋的三维实体模型，单元性质为八节点各向同性材料，可以模拟混凝土的开裂（三个正交方向）、压碎、塑性变形及徐变，还可以模拟钢筋的拉伸、压缩和蠕变。例如，用于混凝土时，单元实体可以用来模拟混凝土；在其他情况下，该单元还可用于土体材料。单元由 8 个节点定义，每个节点均有 3 个自由度：分别为 X、Y、Z 方向。该模型单元的优势在于它能够描述非线性材料的性能，既可以定义混凝土桩单元，也可以定义土体单元。

2) 土体模型参数

ANSYS 中的 Drucker-Prager 模型（简称 DP 模型）屈服准则和莫尔-库伦准则非常近似，是在密塞斯准则的基础上考虑平均主应力对土体抗剪强度的影响而发展的一种破坏准则，DP 破坏准则的屈服面不随材料的屈服状态而发生改变，其本构模型采用理想的弹塑性模型。该准则的屈服强度随着模型侧限压力的增大而增大，将由于材料屈服引起的体积膨胀考虑在内，但没有考虑温度变化的影响。该模型比较适合颗粒状材料，比如岩土、混凝土等，故细粉砂土采用 Drucker-Prager 弹塑性模型描述土的非线性特性。

3) 材料属性

在 ANSYS 模拟分析中，本构模型和参数是模拟分析的关键，这是因为假定在加载的过程中混凝土扩盘桩不会破坏，而是土体发生破坏。分析过程中，混凝土桩模型基本采用 C30 混凝土，土体模型包括黏土和细粉砂土两种情况，相关参数按实际试验中选用的土体的实际参数，包括黏聚力、内摩擦角、含水率、密度、弹性模量、泊松比等，这样有利于模拟分析结果与试验研究结果有更好的可比性。

3. 有限元分析模型的构建

1) 桩、土模型的规格

对于混凝土扩盘桩模型，为了尽量符合实际应用情况，使承力扩大盘及桩周土体模型规格在合理的范围内，主桩径选用 500mm，根据研究需要，设定盘径（相应的盘悬挑径）、盘坡角（相应的盘高）、盘间距、盘数量、土层厚度（相应的盘位置）、含水率等相关参数，桩长一般选用 10000mm，但根据实际需求，比如承力扩大盘数量、间距以及抗拔、抗压分析等要求的不同，可对模型进行合理调整。在每种分析中，对比模型数量不少于 3 个，以便形成变化曲线，进行对比分析，得出相应的分析结论。

对于土体模型，由于抗压和抗拔分析中，桩周土体的影响范围有较大区别，因此要分别设定。对于抗压桩，由于桩周土体受影响的区域偏小，而盘下、桩端土体影响范围较大，因此土体模型沿桩径向扩大范围超过盘径的 3 倍即可，而盘下有效土体厚度需超过盘悬挑径的 2 倍以上，盘端土体厚度应超过主桩径的 3 倍以上。对于抗拔桩，由于桩周土体、盘上土体受影响较大，因此土体模型沿桩径向扩大范围超过盘悬挑径的 5 倍以上，盘上面至土体模型顶面的厚度最好不小于盘悬挑径的 3 倍，而桩端下面土体厚度大于 500mm 即可。具体的模型尺寸根据研究的内容相应确定。

　　2）网格划分

　　模型规格确定后，根据要求分别建立桩、土的分析模型，并对桩、土模型进行网格划分。首先，由于桩、土模型截面均为半圆形，因此网格划分的形式采用映射网格划分（见图 2.1-1），生成的单元形式比较规则；其次，由于主要研究承力扩大盘周围土体的破坏机理，因此在混凝土扩盘桩承力扩大盘位置进行局部细分，但必须保证桩与土的模型对应位置的划分比例相等（承力扩大盘局部见图 2.1-2），桩、土模型的网格划分如图 2.1-3 和图 2.1-4 所示。

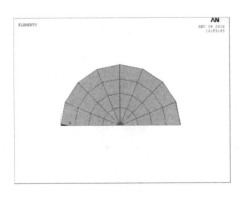

图 2.1-1　映射网格划分

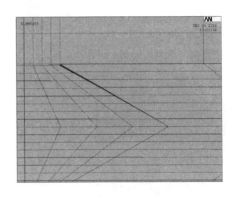

图 2.1-2　承力扩大盘位置网格局部细化

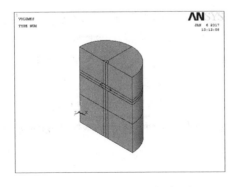

图 2.1-3　桩土模型网格划分透视图

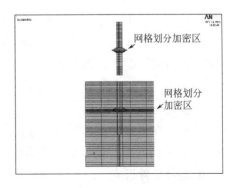

图 2.1-4　桩土模型网格划分立面图

3）桩土接触面

接触问题是一种非线性行为，ANSYS 模拟分析中的接触问题分为两种：刚性体-柔性体的接触和半柔性体-柔性体的接触。一般情况下，一种软材料和一种硬材料接触时，可以假定为刚性体-柔性体的接触，因此混凝土桩体与土体的接触属于刚性体与柔性体的接触。另外，ANSYS 支持三种接触方式：点-点、点-面、面-面接触。每种接触方式使用不同的接触单元集，并适用于某一特定类型的问题。ANSYS 程序提供多种摩擦模型，本研究选取的是 Standard（标准）摩擦模型，可有效地模拟桩与桩周土体之间的接触与摩擦。

分析模型采用了刚性体-柔性体的面-面接触单元，为了实现"目标"面和"接触"面形成接触对，使用 Targe170 和 Conta173 或 Conta174 定义接触对。通过模型合并，将桩模型移入到土体模型中，之后进行各个节点的压缩合并，使之成为一个整体，形成桩土共同工作分析模型，如图 2.1-5 所示。

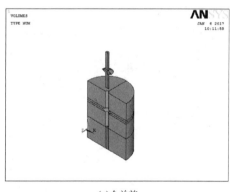

(a)合并前　　　　　　　　　　　　　(b)合并后

图 2.1-5　桩土合并模型

与此同时，由于在加载初期，桩身在竖向压力作用下，承力扩大盘上表面即与土体分开；桩身在竖向拉力作用初期，承力扩大盘下表面和桩端底面即与土体分别产生分离。因此，为保证 ANSYS 有限元模拟和实际受力状态的一致性，在建立 ANSYS 有限元模型时，对相关部位作无接触面处理，即对于抗压桩，在承力扩大盘上表面与土体接触部位留有 10mm 的缝隙，具体细节如图 2.1-6 所示；对于抗拔桩，在承力扩大盘下表面与土体接触部位和桩端底面与土体接触部位分别预留 10mm 的缝隙，具体细节如图 2.1-7 所示。

4. 边界条件设定

有限元分析的主要目的是通过有限元软件分析结构或构件在一定荷载作用下

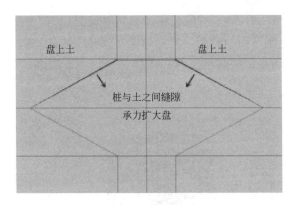

图 2.1-6　抗压桩承力扩大盘上表面与土体接触部位的预留缝

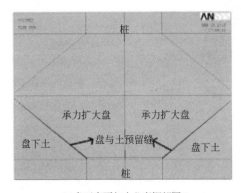

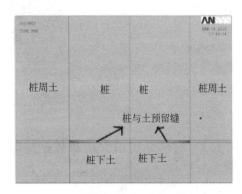

(a)盘下表面与土分离细部图　　　　　　　　　(b)桩端底面与土分离细部图

图 2.1-7　抗拔桩模型中桩与土体局部分离处理

的响应，用简单的方法模拟出实际的响应效果，因此边界条件的处理是否准确、是否符合实际状况，是 ANSYS 有限元模拟成功与否的关键一步。目前，对边界条件处理大体分为三种方法：（1）考虑到实际的土体是半无限大空间，采用无界单元与有限单元模型；（2）施加弹簧单元模拟桩与土之间的相互关系，径向弹簧模拟土体受力状态对桩的径向反作用力与变形情况，切向弹簧模拟土体对桩的摩擦力；（3）对模拟模型采用足够大的计算边界以消除边界条件对计算结果的影响。

　　鉴于模拟分析主要研究的是在桩身不坏的前提下，对混凝土扩盘桩施加竖向力，来观察分析桩土相互作用机理和桩身、土体的应力、应变等变化情况，因此需要保证桩身周围土体的范围足够大，才能消除边界约束对分析结果的影响，以便更加清晰准确地看到桩周土体的位移和应力变化。综合考虑以上情况，分析模型采用第三种方法，消除其他因素对模拟结果的影响。由于模型试验研究采用半截面桩模型，为保证 ANSYS 有限元模拟与实际情况相符，在半截面桩和土体侧平面施加垂直于此侧平面的约束；桩身周围半圆柱土体的半圆弧形侧立面，采用 X、Y、Z 三向的约束；半圆柱土体底面施加平行于此底面法线方向的约束，如图 2.1-8 所示。

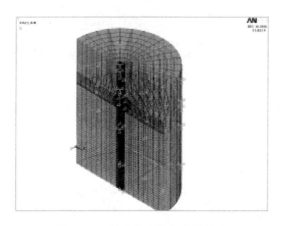

图 2.1-8　桩土模型施加边界约束

2.1.2　有限元模拟分析及数据提取

1. 模拟分析的加载方式及原则

在模拟过程中，为保证模拟分析的加载方式与试验的加载方式一致，按照分级加载的方式进行加载。模拟分析中采用面荷载的加载方式，加载的位置在半截面桩顶面。按照公式 $P = F / A$，将集中荷载换算成面荷载，比如：从 2MPa 开始加载，以后每级按大约 2MPa 递增。当加载到分析数据不收敛，无法继续进行加载时，即考虑达到极限荷载。

2. 分析数据的提取及整理

在模拟分析结果中，根据不同的试验目的、不同的模型参数、不同的试验条件等，进行分类构建分析模型，提取相应的模拟分析云图和分析数据，并形成变化曲线和对比曲线，以便进行相关的分析。提取的主要内容包括以下几类：

1）第一类：破坏机理研究

（1）抗压、抗拔桩的荷载-位移云图，以及桩顶中心点的最大位移及荷载-位移曲线；

（2）抗压、抗拔桩的剪应力云图，沿桩长桩与土接触面的桩身及桩周土体的剪应力数据及对比曲线；

（3）抗压、抗拔桩上主要点的位移、弹性应变、竖向应力及水平应力数据及对比曲线；

（4）抗压、抗拔桩盘上、盘下正应力及区域数据及对比曲线。

2）第二类：参数影响研究

（1）抗压、抗拔桩的荷载-位移云图，极限荷载下的最大竖向位移以及盘上某点的荷载、位移数据；

（2）抗压、抗拔桩的 Y 向应力、剪应力云图，沿桩长桩与土接触面的桩身及桩周土体的剪应力数据及对比曲线；

（3）抗压、抗拔桩模拟分析模型 Y 向总应变等值线。

通过对上述分析结果的整理和分析，提出相关的有限元分析研究结论，具体分析详见后续相关章节内容的阐述。

2.2　混凝土扩盘桩的半截面桩试验方法

由于混凝土扩盘桩截面变化，破坏机理比较复杂，传统的试验研究方法很难全面揭示。本章提出的半截面桩试验方法是全新的试验方法，可以全过程实时观测桩周土体破坏过程，为深入研究混凝土扩盘桩承载机理提供可靠依据。包括三种试验方法：半截面桩小模型埋土试验方法、半截面桩现场大比例试验方法、半截面桩小模型原状土试验方法。

2.2.1　传统试验方法的特点及缺陷

1. 传统试验方法的特点

传统的桩基础试验方法主要包括现场试验（见图 2.2-1）和试验室全截面模型试验（见图 2.2-2，图片来自福州大学福建省高校工程研究中心），采用的桩均

图 2.2-1　现场静载试验　　　　　图 2.2-2　试验室模型试验

是与实际桩截面形式相同的全截面桩，包括圆桩、方桩或其他横截面形式的桩。混凝土扩盘桩试验研究的初期，也采用这些传统的试验方法进行研究。

1) 现场试验的特点

对于单桩承载力研究，主要采用一些传统的现场对比性试验，通过相同地质条件场地、相同桩径及承力扩大盘数量的混凝土扩盘桩和等截面灌注桩进行静载试验，研究单桩极限承载力及荷载-位移曲线等方面的数据，从而证明混凝土扩盘桩的各方面性能优于传统的等截面灌注桩。关于荷载传递规律方面的试验研究，主要是结合实际施工现场的静载试验，在桩身以及土体固定部位埋设钢筋应力计和压力盒，收集相应的数据，进而研究混凝土扩盘桩的荷载传递机理。

目前关于混凝土扩盘桩的现场试验研究，还仅限于通过静载试验施加荷载，记录桩端力-位移曲线；埋置压力盒和应变片来推测桩下土体破坏状态和荷载传递规律。而且，对工程桩进行试验时，不允许加载至破坏，很难得到极限荷载值，只能通过模拟、推算等方法进行估测；而对试验桩进行试验时，可能由于对其极限承载力的估计不足，试验时达到其最大加载而未破坏，无法确定单桩的极限承载力。同时，由于桩完全埋置于土中，无法观察桩周土体的破坏状态。

2) 模型试验的特点

为了降低试验成本，有些研究主要采用室内模型试验，通常在模型桩顶放置百分表、在桩身布置应变片、在承力扩大盘下及桩端放置压力盒，从而得出荷载-位移曲线，对混凝土扩盘桩的一些特性进行分析。

传统的试验室模型试验在很多方面都有其独特的优势，比如设计灵活、操作简便、节约成本等。但是，小比例模型试验由于土体真实情况等方面与实际情况存在差异，使得其所得数据信息存在一定偏差。

2. 传统试验方法的缺陷

无论是现场试验还是模型试验，传统试验方法存在的主要问题是：由于桩试件都是埋置在土中的，试验中只有测试数据，如桩顶竖向力和位移、桩周土体的压力等，却看不到周围土体在整个试验加载过程中的整体变化形态，只能通过测试数据推测桩周土体的破坏状态，无法实时看到桩周土体的真实破坏状态。而且由于小比例模型试验采用的埋土方法对土的物理参数有较大的影响，在试验材料、模型比例、土体的真实情况与实际场地的土体等方面不可避免地存在差异，故导致试验所得的数据有所偏差，从而影响最终的分析结果。

由于直孔灌注桩截面简单，这一缺陷不是主要问题，而对于沿桩长桩身直径发生变化的混凝土扩盘桩等变截面桩而言，由于桩身构造复杂、桩周土体破坏状态复杂，因此，传统试验方法不能满足试验研究的需求，会导致试验结果的不准确或产生误区。

2.2.2　半截面桩试验方法的特点

　　针对传统试验方法的缺陷，在早期室内小模型试验及 ANSYS 模拟分析模型的启发下，提出了半截面桩模型试件（获授权国家实用新型专利），并设计了相应的取土（或盛土）设备，进而发明了半截面桩的试验方法，主要包括半截面桩小模型埋土试验方法、半截面桩现场大比例试验方法、半截面桩小模型原状土试验方法三种适用于不同情况的新型试验方法。这些试验方法的主要特点是：

　　1）桩模型采用半截面，即将圆形桩沿桩长从对称轴剖开，使圆形桩有一个平面（见图 2.2-3）。

　　2）现场试验桩纵向平面直接裸露（见图 2.2-4），试验室模型试验的取土器（或盛土器）是可拆装的，有一个面可用玻璃安装（见图 2.2-5），从而可以直接看到桩和土结合后的表面；因此，实现了从加载到破坏的整个过程，可以全程实时观测和记录桩周土体的破坏状态和过程。

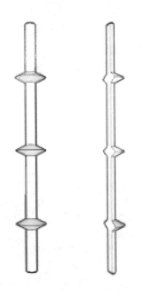

图 2.2-3　全截面桩和半截面桩

图 2.2-4　现场大比例试验试件

　　由于混凝土扩盘桩的模型试验需要在特定的加载平台上进行，根据取土器（或盛土器）的大小以及小吨位拉拔仪对半截面模型桩的加载方式，同时为了便于观测位移传感器，专门设计加载支架及平台，如图 2.2-6、图 2.2-7 所示。在刚性平台上通过螺栓将两个工字钢锚固，形成立柱组成支架，并在两个工字钢之间设置反力梁，用于固定位移传感器和拉拔仪，平台中部有条形长孔，还有相应

(a)埋土试验盛土器

(b)盛土器埋土、埋桩并加玻璃后

(c)原状土试验取土器

(d)取土器埋桩并加玻璃后

图 2.2-5 试验室模型试验取土器（或盛土器）及试件

图 2.2-6 加载支架及平台的模拟图

图 2.2-7 加载支架及平台的实物图

的配套设施，可以做相关的抗压、抗拔模型桩试验，为后续研究打下了良好的基础。

混凝土扩盘桩的半截面桩现场大比例试验方法（获授权国家发明专利）涉及现场开挖，并通过对试验场地设计、半截面桩设计、加载和反力装置设计等，使该试验具有可行性。试验方案如图 2.2-8 所示。

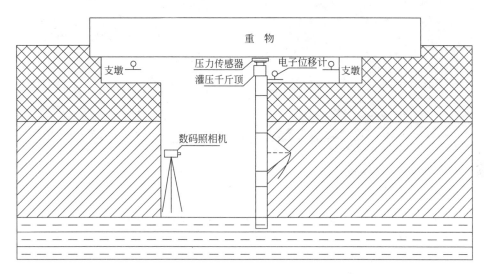

图 2.2-8　现场试验的加载支架及试验方案示意图

上述全新的半截面桩试验方法适用于各种复杂截面桩的试验研究，能够推动新型桩基础技术的进一步发展。

2.2.3　半截面桩小模型埋土试验方法

早期的混凝土扩盘桩模型试验都是采用埋土试验方法，但是，在试验的过程中，由于是小模型试验，桩试件比较小，为了桩土的很好结合，会直接采用砂土，或者将现场取回的土进行研磨后埋置，因此会破坏土体的性状，影响试验效果。随着试验方法的改进，对于黏土的模型试验已经基本采用原状土模型试验方法。而由于细砂土的特性，埋土试验方法对细砂土受力状态影响较小，因此，目前半截面桩小模型埋土试验方法（获授理国家发明专利）基本用于细砂土试验。

1. 试验方案

本试验方法主要采用小模型试验桩和细砂土制作桩土试件模型，专门制作可拆装盛土器，按试验要求制备砂土，通过分层埋置法将砂土埋置于盛土器中，并按要求埋置试验桩，在埋桩一侧安装玻璃，形成桩土试件，将试件放置在专门制作的加载台架（获授权国家发明专利）上进行加载试验，如图 2.2-9、图 2.2-10 所示。

图 2.2-9　抗压试验　　　　　　　　　图 2.2-10　抗拔试验

　　该试验方法主要包括试验用砂的准备、试件的制作、试验设备及附件、试件就位和试验加载及数据记录等几个主要部分。

　　1）试验用砂的准备

　　土的工程分类是岩土工程勘测和设计的前提，而工程分类要遵循同类土的工程性质最大程度相似和异类土的工程性质显著差异的原则。根据《建筑地基基础设计规范》GB 50007—2011 关于地基土分类的原则，将地基土分为岩石、碎石土、砂土、粉土、黏性土和人工填土等。

　　含水率和密实度作为土体的重要参数，关系到土体的黏聚力、内摩擦角、膨胀角和密度等重要物理力学指标的变化，因此砂土试验应主要控制含水率和密实度两项指标，固定一项值，以另一项值的递进变化为参数进行试验设计。

　　比如：在密实度固定，含水率递变的基础上进行埋土试验研究，试验中含水率是唯一变量，因此在确保密实度等其他因素基本相同的情况下，确保含水率形成均匀递变是试验的一个难点。因此，在本试验方法中，试验前期测出盛土器的质量，进而通过控制每个盛土器所填细砂的质量相同来达到密实度基本相同的条件，再根据公式 $\omega = \dfrac{m_{水}}{m_{砂}} \times 100\%$ 控制用水量，从而控制砂的含水率，形成递变。首先，试验开始时称取至少能够填满一个盛土器的一定质量的砂，并且记录质量；其次，根据欲配砂含水率，利用公式 $\omega = \dfrac{m_{水}}{m_{砂}} \times 100\%$ 计算出需加水的质量；最后，利用固定容器称取计算所需的用水量，加水拌和均匀即可，加水过程中需要做到少量多次，避免单次加水量过多，导致含水率失控，如图 2.2-11 所示。

图 2.2-11 称量所需质量的砂、水并加水拌和

2）试验模型桩设计

在研究混凝土扩盘桩竖向承载能力及桩周土体破坏形态的过程中，在桩的施工质量可以保证的情况下，基本考虑桩不会先于土体发生破坏，因此试验研究中假设混凝土扩盘桩刚度较大，为保证桩在试验中不出现破坏，模型桩材料选用圆钢，并在专门的精密加工厂进行精密加工，以保证与设计图纸相符。主桩和桩盘的参数，比如桩径、桩长、盘悬挑径、盘坡角、盘截面形式、盘数量、盘间距等，可以根据试验研究的目的进行设计。需要注意的是：如果是抗拔试验，在桩头处需要留出一定距离进行打孔，以便连接拉拔连接件，图 2.2-12 所示为研究砂土不同含水率情况下抗拔桩桩周土体破坏状态时的桩模型；如果是抗压试验，在试验需求的桩长之外，也要适当增加 20～30mm 的模型桩桩长，保证施加荷载后，桩可以有足够的向下位移。

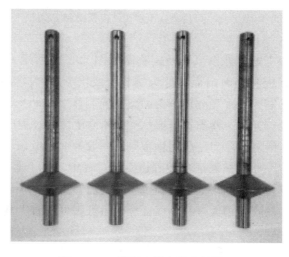

图 2.2-12 混凝土扩盘桩实桩模型

3）试验盛土器设计

由于细粉砂土的特点，采用半截面桩小模型埋土试验，因此需要盛砂设备，此处称为盛土器。盛土器秉承的设计原则是：既要满足混凝土扩盘桩抗压、抗拔破坏的影响范围，又要满足试验过程中方便移动、制作成本经济合理、刚度满足试验要求，而且还要考虑到边界效应等因素的影响。试验前最好利用 ANSYS 有限元模拟软件大致确定混凝土扩盘桩周围土体在竖向力作用下的影响范围，根据影响范围确定试验所用盛土器的尺寸。如果尺寸过大，试验用砂量增加，试验工作量增加；如果尺寸过小，盛土器会对土体的破坏状态产生影响，导致试验结果不准确。

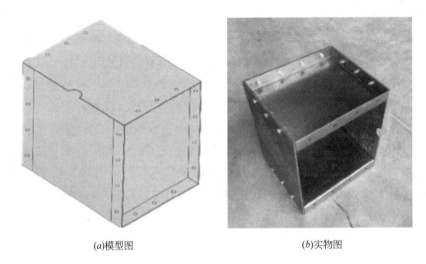

(a)模型图   (b)实物图

图 2.2-13　可拼装盛土器设计模型图和实物图

拼装完成的盛土器设计模型图及实物图如图 2.2-13 所示。本试验方法的盛土器主要由凹形钢板和平面钢板两部分拼装组成，考虑到模型桩试验的可观测性，盛土器的正面需要固定观测玻璃，因此需要制作 2 个凹形钢板，3 个平面钢板，各钢板通过螺栓连接。盛土器需要承受细粉砂土压实过程中产生的侧向压力和加载过程中产生的侧向压力，所用钢板厚度一般为 3～4mm（实际厚度要根据盛土器的尺寸确定，原则是保证在装砂压实的过程中，盛土器不会变形）。为了方便试验加载，其中顶面的平面钢板长边中心处需要留设 20mm 的半圆孔，半圆孔直径要比试验桩的直径稍大一些，保证埋桩后桩头可以露出盛土器顶面一定高度，如图 2.2-14 所示。

图 2.2-14　埋桩后的实物图　　　　　图 2.2-15　表面测平整度

2. 试件制作

1）埋砂

待试验所用细砂拌和均匀后，将盛土器需安装观测玻璃面朝上放置，进行分层埋土。埋土过程中需少量分层，均匀埋砂，并且进行分层击实，确保每层埋砂的均匀性、密实性大致相同；另一方面，需要控制埋砂时间，尽可能缩短埋砂时间，避免拌和后的细砂暴露时间过长而导致水分流失，增大理论含水率和实际含水率的误差，影响试验结果。

2）埋桩

在盛土器埋砂工作完成后，平整表面，清理表面浮砂，并运用水平尺进行抄平，如图 2.2-15 所示；为了保证试验加载顺利，必须保证桩埋置的准确性。在盛土器上进行模型桩的定位，桩顶部位需凸出土层表面至少 20mm。在盛土器的中心部位确定埋置模型桩的位置，确保桩顶凸出部分在盛土器钢板表面预留半圆孔处居中，并用工具在修整过的土体表面将模型桩的轮廓线描绘出来，如图 2.2-16 所示；在不扰动其他部位细砂的情况下，运用相应的工具将所描绘的模型桩轮廓线进行切削成型，基本形成桩形的凹槽，如图 2.2-17、图 2.2-18 所示；最后将模型桩放置在凹槽中，用钢板轻轻压入，完成埋桩过程，并标注模型桩编号，如图 2.2-19 所示。在此过程中，为了方便安装观测玻璃并且避免半截面桩受力过程中，观测玻璃受扭而破碎，并保证桩土与玻璃充分贴合，需再次用水平尺确保钢桩埋置平面、砂层表面和盛土器边缘钢板处于同一水平面上，避免凹凸不平。

图 2.2-16　钢桩定位

图 2.2-17　按定位切土

图 2.2-18　形成凹槽

图 2.2-19　压入桩成型

3）平面网格标记

为了保证在桩顶施加荷载压桩过程中变化效果更加明显，更加直观地观察到桩底和盘周围砂土随着荷载的增加逐渐变化的过程，本试验采用砂土表面网格标记的形式，利用事先准备好的水彩笔，在砂土上进行网格标记。首先将直尺放在盛土器的边缘上，在模型桩的承力扩大盘以下（抗压试验）或以上（抗拔试验）部分用水彩笔每隔 10mm 画标记，然后用直尺，以盛土器边缘上标记的点为控制点在细砂平面上划水平线，如图 2.2-20 所示。

4）安装玻璃

为了能够清晰地观察试验过程中桩周土体的破坏状态，安装玻璃前应该将玻璃擦拭干净，表面不得有污垢和水印等。分别在盛土器上面和下面各安装两个玻璃固定装置，将玻璃和盛土器固定在一起，为了避免玻璃固定处的应力集中而导致玻璃在试验加载阶段出现破裂，需要在玻璃固定装置与玻璃接触面处垫上小块较薄的泡沫板，并且玻璃固定装置上面的螺栓不能拧得太紧，起到固定作用即可。

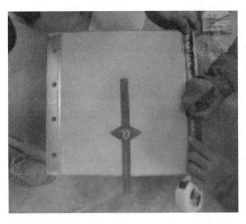

图 2.2-20　平面网格标记

需要重点强调的是由于细砂容易失水，因此必须控制从开始加水拌和细砂到最后试件完成的操作时间，否则会导致水分流失过多，影响试验结果的有效性。

3. 试验加载设备及试验加载

1）试验加载主要设备

针对试验研究内容，本试验方法专门设计了适用于半截面桩小模型埋土试验的抗压、抗拔试验多用加载台架（获授权国家发明专利），如图 2.2-21、图 2.2-22 所示。

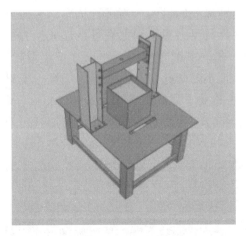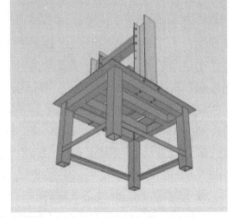

图 2.2-21　抗压、抗拔试验多用加载台架示意图

图 2.2-22　加载台架实物图

该加载台架主要由三部分组成，分别为加载平台、工字钢立柱和反力横梁。加载平台主要由四根空心钢柱和加载平面组成，四根空心钢柱通过四根连接梁连接成一个整体，从而增加了整个加载系统的整体稳定性；为了提高试验加载过程中试件的稳定性，在加载平面上凿开三个细长孔，方便固定立杆穿过固定横梁和加载平台，并进行固定。工字钢立柱主要是将反力横梁和加载平台连接在一起，并且将反力横梁的荷载传递到加载平台；另外，在工字钢立柱翼缘部位设置三组间距均匀的螺栓孔，以便根据试验要求调整反力横梁的位置。反力横梁需在中心部位凿开圆状孔，以方便试验的加载，该加载平台不仅可以进行混凝土扩盘桩抗压、抗拔试验研究，而且可以进行水平荷载的加载试验研究。当进行抗拉试验研究时，可将加载拉拔仪放置在反力横梁中心圆孔上部，通过连接件将钢桩端部与拉拔仪连接，达到加载的目的；当进行抗压试验研究时，需将加载拉拔仪放置在反力横梁下部，与反力横梁和加载平台形成反力加载系统；为了进行水平荷载的试验研究，在工字钢立柱内侧还设置了定滑轮，并且在定滑轮正上方反力横梁处凿开一个较小的圆孔，从而能够利用反力横梁进行水平荷载试验加载。由于本试验方法的盛土器高度一般小于 350mm，所以加载台架的大小应该能够完全容纳取土器。综合所有条件所设计的加载台架即在刚性平台左右两侧安装 800mm 高的钢柱，并在 600mm 高处安装可上下移动的横梁以便可以随时调整高度，在横梁中间打穿一个圆孔来安装试验所需的辅助设备。

2）试验加载辅助设备及附件

本试验方法中除了上述介绍的试验加载台架外，还需要一些附属设备，例如手动液压拉拔仪、位移传感器、抗压桩加载板、抗拔桩连接件、固定锚杆、固定横梁、观测玻璃以及玻璃固定装置等，这些设备主要包括以下内容：

（1）通用设备及附件

手动液压拉拔仪（见图 2.2-23），是本试验必备设备之一，本试验方法必须采用超小功率的（如专门工厂定制的 20kN）液压拉拔仪，这样既能满足小模型试验荷载的要求，也能够保证试验读数的精确性。该液压拉拔仪主要由 SYB 型手动油泵、液压增压器、数字显示表和高压胶管等部分构成。SYB 型手动油泵是将手动的机械能转换为液体的压力能的一种小型的液压泵站，其主要特点是动力为手动、高压、超小型、携带方便、操作简单、应用范围广等，试验时通过缓慢地移动手动油泵来控制加载的速度与所加荷载的大小，并通过数字显示表来观测荷载数值；液压增压器为单作用式增压器，由大柱塞推动小柱塞，由小柱塞输出超高压油，可循环连续增压，该增压器用于某些短时间或局部需要高压液体的液压系统中，常与较低压力的泵配合使用，以获得高压液体；而数字显示表显示所施加的压力，单位为 kN，结果可精确至小数点后三位，在一定程度上提高了试验数据的精确性，可以很好地满足本试验所需要的精度；高压胶管是连接油泵和油缸输送压力油液的部件，在不使用时，胶管与油缸脱开，胶管头部用橡胶帽堵上，油缸接头处用接头堵上，以防污物进入油管和油缸。

位移传感器（见图 2.2-24）。主要用于试验过程中记录半截面桩在加载的整个周期内的位移变化，通过试验之前的 ANSYS 有限元模拟确定位移传感的规格，一般可采用型号为 YHD-50 型、精度为 1mm、整个量程为 100mm 的位移传感器，该型号的位移传感器量程基本可以满足试验要求。

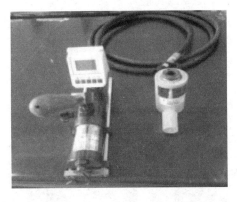

图 2.2-23　手动液压拉拔仪

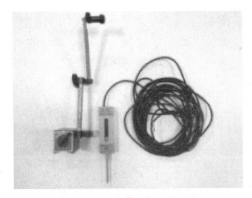

图 2.2-24　位移传感器

观测玻璃和固定卡夹。考虑到盛土器采用的是 3mm 厚的钢板，观测玻璃具体尺寸同埋桩一侧钢板相同，为防止试验加载过程中玻璃受力而破裂，故采用至少 10mm 厚的钢化玻璃（见图 2.2-25）；与观测玻璃配套使用的是玻璃固定卡夹

（见图 2.2-26），试验中将观测玻璃安装在拆下钢板的一侧，从而能够实现在试验过程中全程实时观测桩周土体的变化。通过玻璃固定卡夹将观测玻璃固定在盛土器上（见图 2.2-27），使观测玻璃在试验中不发生移动，便于全过程观测桩周土体破坏状态，这也是本试验方法的关键。

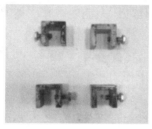

图 2.2-25　观测玻璃　　　　图 2.2-26　玻璃固定卡夹　　　　图 2.2-27　安装完成试件

摄像机和照相机。为了记录整个试验过程中桩周土体的变化情况，需要高精度的摄像机和照相机，记录试验过程和照片。并注意在拍摄过程中，由于表面有玻璃，应尽量采取措施，防止产生玻璃反光现象，保证照片质量。

（2）抗拔试验专用附件

① 固定螺杆（见图 2.2-28）。在竖向拉力作用下的试验研究中，盛土器在竖向拉力作用下有可能会发生向上移动，导致试验结果出现误差，因此本试验方法设计了固定螺杆。固定螺杆主要由大直径螺杆、螺栓和垫片组成，在大直径螺杆两端各有一个配套螺栓，其中垫片的主要目的是为了保证紧密接触以及固定的稳定性。四根固定螺杆分别固定在两根横梁的前、后位置，使其能够和加载台紧密地连接在一起从而保证盛土器在试验中不发生向上位移，避免影响试验结果。

图 2.2-28　固定螺杆　　　　图 2.2-29　固定取土器　　　　图 2.2-30　固定横梁

② 固定横梁（见图 2.2-29、图 2.2-30）。它是与固定螺杆配合使用的，避免盛土器随着竖向拉力的作用而向上移动，影响试验结果。试验中，将横梁固定在盛土器上。固定横梁由空心的方钢制成，这样既能保证固定横梁的抗弯刚度，也能节省材料，减轻构件自重，方便操作。在固定横梁上凿开三个圆孔，与试验加载平台上的三个细长孔位置相对应，要求该圆孔直径不能小于固定螺杆的直径，同时不能大于螺栓的直径。试验时，可将固定横梁架在盛土器边缘部位，将固定螺杆从上面穿过固定横梁的圆孔和加载平台的圆孔，最后拧紧两端螺栓，这样整个盛土器就被牢牢地固定在加载平台上，达到试验要求。

③ 连接件（见图 2.2-31）。用于连接桩头和液压拉拔仪，是本试验一个很重要的配件，为了能让液压拉拔仪提供竖直向上的拉力，本试验方法根据模型桩的尺寸，设计连接件。在连接件的下端中间部位设置宽为 $(d+1)$ mm 的槽（d 为模型桩桩径），并且在距端部 10mm 处开孔，为了能够夹住钢桩端部并进行固定，在连接件长杆的上部设置多个 6mm 的小孔，便于连接件穿过液压拉拔仪后用销钉穿过，调整高度进行固定。通过连接件能够保证液压拉拔仪和模型桩在同一垂直线上，液压拉拔仪提供竖直向上的力，通过连接件可以将竖直向上的力传递给模型桩，达到施加竖向垂直拉力的目的。

④ 其他附件。如销钉、带孔垫板（见图 2.2-32）、扳手、壁纸刀等。销钉：用来连接桩头与连接件。带孔垫板：放置于液压拉拔仪上面，承载安装位移传感器。扳手：用来拆卸安装盛土器上的螺栓。

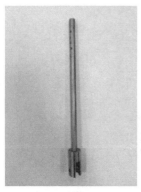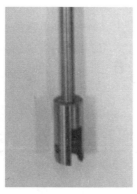

图 2.2-31　连接件　　　　　　　　　图 2.2-32　带孔垫板

（3）抗压试验专用附件

① 平衡垫块（见图 2.2-33）。由于模型桩直径尺寸非常小（10～20mm），半截面桩桩顶与拉拔仪底部尺寸差别较大，为了便于在桩顶平稳安放拉拔仪，使桩

顶与拉拔仪底部中心尽量重合，本试验方法在桩顶设计专门的带凹槽的平衡垫块。将拉拔仪放置于平衡垫块与横梁之间（见图2.2-34），拉拔仪上部与横梁之间的空隙可通过稍微加载拉拔仪使之闭合。

② 圆形薄钢板（见图2.2-35）。拉拔仪底部与平衡垫块之间加圆形薄钢板，目的是增加面积，便于安装位移传感器，钢板要尽量薄，以便减少桩顶加载前的额外荷载。

 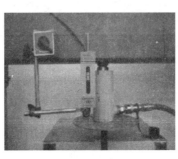 

图 2.2-33　平衡垫块　　　图 2.2-34　拉拔仪安装　　　图 2.2-35　圆形薄钢板

③ 电子秤。由于竖向抗压试验时，平衡垫块、圆形薄钢板和拉拔仪都是试验加载之前施加在桩顶的额外荷载，当拉拔仪的数据显示屏为零时，桩顶已经存在较小的荷载，因此在试验结束后要对附件及拉拔仪进行称重（见图2.2-36），并将此重量在数据整理时加入。

(a)平衡垫块称重　　　(b)圆形薄钢板称重　　　(c)拉拔仪称重

图 2.2-36　附件及拉拔仪的称重

4. 试验过程

试验操作包括几个主要的过程：盛土器就位、加载试件及测试设备的固定、试验加载及数据、图像记录。

1）盛土器就位

将已经准备好的盛土器搬运到试验加载台架上，在此过程中，为了做到轻拿轻放，避免盛土器与外界任何物体发生碰撞，可以预先在盛土器下面垫上钢板进行搬运；将盛土器搬运到加载台架上之后，底部钢板下四角可以增加垫块，根据盛土器的高度，调整垫块数量，保证盛土器和反力横梁之间的合理预留高度（略

图 2.2-37　试件就位

大于拉拔仪＋平衡垫块＋圆形薄钢板的总高度），使其更加有利于试验的加载。除此之外，还需根据试验加载的要求微调盛土器水平位置，比如对于抗拔桩，可以先用肉眼观察，确保盛土器钢桩桩顶与反力横梁中心圆孔位置对中，然后将连接件从反力横梁中心圆孔的正上方穿入，进行盛土器位置校准，确保盛土器内埋置好的模型桩位于反力横梁圆孔的中心位置，如图 2.2-37 所示。

有时为了避免在盛土器就位过程中造成玻璃移动或受扭破坏，可以在模型桩埋置完成且网格线画好后，用薄膜垫上，先将钢板安装上，然后进行盛土器就位操作。当盛土器具体位置确定之后，卸下正面的钢板，再进行观测玻璃的安装。卸下钢板后应立即安装观测玻璃，避免间隔时间过长而使砂土表面水分蒸发，影响含水率。

2）加载试件及测试设备的固定

（1）抗拔试验

当盛土器完全就位后，即可进行试件的固定工作。首先需要将固定横梁架在盛土器边缘，同时将固定螺杆自上而下穿过固定横梁和加载平台的圆孔，进而拧紧螺杆两端的螺栓，进行固定，如图 2.2-38 所示。在固定的整个过程中，应该轻拿轻放，避免震动过大影响待加载试件的具体位置和砂土的各方面性能。最后在反力横梁中心圆孔上方放置拉拔仪，将拉杆从反力横梁的圆孔中穿过，并且穿过反力横梁上的拉拔仪，并在桩头与拉拔仪两侧均运用销

图 2.2-38　待加载试件固定

钉进行固定使其呈垂直状态，这样在试验中才能保证竖向拉力作用是垂直施加在桩头上的。

在拉拔仪下面垫置中心带圆孔的钢板以调整拉拔仪高度，在拉拔仪上端放置一块中心带圆孔的钢板用以放置位移传感器，将连接件自上而下依次穿过钢板、拉拔仪和反力横梁，用销钉连接钢桩端部并且固定拉拔仪上部连接件，便于加载试验，在此过程中一定要确保连接件和钢桩在同一垂直平面内，否则会在很大程度上影响试验结果；待拉拔仪安装完成以后，进行位移传感器的安装，保证位移传感器指针能够垂直放在垫片上，指针不受外物的影响能够自由运动，并且位移传感器刻度盘正对前方，从而确保试验读数的准确性，如图 2.2-39 所示。

图 2.2-39　抗拔试验加载试件安装完成

由于盛土器有顶板，有时为了避免抗拔加载过程中顶板对细砂的约束作用，试验加载前要将顶板拆下，并用盛土器卡夹将盛土器侧板固定。

（2）抗压试验

盛土器就位后，调整好平衡垫块、圆形薄钢板的相对位置，轻轻放置在模型桩桩顶，并将拉拔仪对正中心位置放置。轻轻加力，至拉拔仪上部刚刚接触到反力横梁。安装位移传感器。

检查试验装置安装是否正确，测量仪器（位移传感器、数字显示表）运行是否正常，液压拉拔仪、位移传感器是否垂直，玻璃固定是否牢固，确认一切正常后，将数字显示表初始值归零，记录位移传感器初始值，开始准备加载，加载前试件安装完成，如图 2.2-40 所示。

3）试验加载及数据、图像记录

在试验加载过程中，确保有固定人员负责液压拉拔仪手动加载、位移传感器

图 2.2-40　抗压试验加载试件安装完成

读数和记录相关试验数据及观察试验现象拍照、录像等工作。试验数据采集包括模型桩桩顶位移、模型桩受到的竖向力、模型桩桩周土体破坏的照片及土体性状的测定等。

　　由于本试验方法采用的是半截面桩小模型埋土试验方法，半截面桩的极限承载力较小，而试验所采用的小吨位液压拉拔仪（工厂专门加工制作）相对于半截面桩量程较大，手动液压拉拔仪控制荷载比较困难，不能够有效控制施加荷载均匀递变。因此，本试验方法可以通过控制位移增量，记录荷载增量的方法进行试验加载。

　　在试验加载过程中，采用人工加载方式，缓慢移动液压拉拔仪，确保控制液压拉拔仪手动加载的幅度，进而控制位移传感器位移增加幅度。位移传感器每增加一个位移量即 1mm，记录位移读数及对应的液压拉拔仪读数；当位移传感器增加两个位移量即 2mm 时，除了记录位移和荷载读数外，还需要利用数码相机拍摄半截面桩桩周土体的破坏状态，在此过程中，要重点观察半截面桩承力扩大盘上（或盘下）部分土体裂缝出现的先后顺序并且分析裂缝出现的原因等，试验全过程可以用录像机录像。在整个试验加载过程中，应该实时观察半截面桩桩周土体的破坏状态，记录相关数据，加载结束后在玻璃面板上描绘土体破坏情况。根据试验数据绘制荷载-位移曲线，对比不同模型的荷载-位移曲线，详细分析其变化趋势，进而得出相应的结论。

　　根据相关规定当出现以下情况时，可以终止加载，试验结束。

　　（1）当荷载增加而桩顶位移不变，或者桩顶位移变化而荷载不变时，即认为半截面桩桩周土体已经达到极限状态，宣告土体达到破坏，可以停止加载。

（2）根据之前的试验数据，发现当采用小比例模型桩进行室内试验时，桩极限荷载下的位移一般不超过 20mm，所以当超出拉拔仪的最大伸长量 40mm 时认为土体破坏即已达到极限荷载。

（3）不适于继续加载的其他情况引起试验无法继续进行时。

4）试验后取样

在每一组试验做完后立即进行现场取样，需要运用环刀进行土样的获取，如图 2.2-41 所示。将土样送到土工试验室测定试验所用砂土的含水率和黏聚力、内摩擦角和膨胀角等参数，准备用于 ANSYS 有限元模拟和承载力计算。为了提高土样数据的精确性，根据试验检测的要求，每个试验模型取样个数不得少于四个，并且考虑到不同试验的研究目的，应该就半截面桩承力扩大盘周围的砂土进行取样；在取完土样之后，应该用不透气塑料保鲜膜包好土样，防止所取土样水分流失，导致试验参数产生误差。

图 2.2-41　试件取样

5）试验中的注意事项

由于试验中的操作多数是由人工完成的，为了保证试验的成功完成和试验结果的有效性，试验过程中应注意如下问题：

（1）试验配比时，要事先设计砂土的重量和掺水量；埋置时要分层压实；试验后要进行土样的物理性能指标试验；试件埋入时，土样表面要平整，玻璃要尽量与土样表面充分接触；加载时要保证中心受力，且保证垂直度。

（2）桩顶位移是用位移传感器测量的，所以采用人工读数，为了避免不同身高不同视角产生的视觉误差，所有读数均由同一人完成，且保证视线与刻度平行。

（3）模型桩受到拉拔仪的竖向力可由拉拔仪的压力显示器直接读出，施加荷载也采用专人专控，避免人工误差，最大化地提高试验的精确性。为了使模型桩的受力均匀以及安装位移传感器在桩顶加装了一些垫片，同时在加载前拉拔仪也放置在桩顶上，所以模型桩受到的竖向力应包括垫片的重量、拉拔仪的重量以及拉拔仪施加的力即压力表的读数，由三者组成。

（4）从试验开始，每间隔 2mm 位移，用数码相机记录桩周土体的破坏状态。需要注意的是，试验为了直观地观察土体的破坏状态安装的观测玻璃在照相时容易反光，影响照片质量，所以本试验用了一块黑纸板遮光，同时为了提高照片质量，在试验室寻找到光线不影响拍摄的地方进行试验，记录试验现象。

2.2.4　半截面桩现场大比例试验方法

半截面桩现场大比例试验是通过对半截面实桩进行现场静载试验，来真实地反映混凝土扩盘桩桩土共同工作情况，对土体破坏状况进行全过程观测。该试验方法克服了传统方法只通过测试数据来估测盘下土体破坏情况，却看不到土体变化的缺点，丰富了混凝土扩盘桩现场试验的方法，为工程实践提供可靠的依据。该试验方法主要适用于混凝土扩盘桩埋置于黏土的情况，因此场地的设计以及半截面桩的制作成型是试验成功的关键。

1. 试验场地、试件及桩位的设计方案

1）试验场地

试验前要选择适合的试验场地，因此要根据场地的地质勘察报告情况，选择最适合的场地进行试验。试验场地选择的原则主要包括以下几个方面：

（1）试验要求将混凝土扩盘桩的承力扩大盘设置在黏土层中，因此，试验场地的黏土层上部的回填土等其他土层厚度尽量不要太大，避免试验中要开挖的土层深度过大。同时由于基坑开挖后长时间不能回填，若基坑开挖过深，不利于土体的稳定。

（2）尽量保证在开挖深度范围内没有地下水，保证基坑侧土干燥、稳定，避免采用降水措施增加试验成本。

（3）试验场地周围要有一定的空间和比较方便的交通，便于桩基设备进入及施工。

2）半截面桩试件的设计

试验中的半截面桩数量及桩的参数应根据现场实际情况及需求进行设计。

下面以实际完成的抗压试验为例进行介绍。本试验共设置 3 根混凝土扩盘桩（分别记为 1 号桩、2 号桩、3 号桩）和 1 根普通混凝土直孔灌注桩（记为 4 号桩），且均制作成半截面形式。配筋情况如图 2.2-42 所示，设计桩身混凝土强度等级为 C30。普通混凝土直孔灌注桩直径 0.4m，桩长 4.2m；混凝土扩盘桩尺寸设计为桩径 0.4m，盘径 1.1m，盘高 0.4m，桩长 4.2m，桩盘位置根据现场黏土层分布情况而定，3 根混凝土扩盘桩的设计尺寸相同，如图 2.2-42 所示。

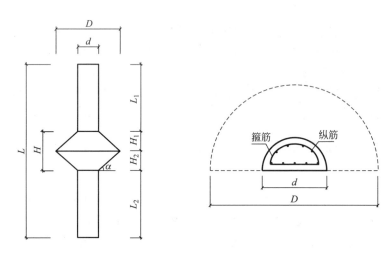

图 2.2-42　试验模型桩设计图

3）桩位及试验的设计方案

桩位的布置应考虑到桩土之间相互扰动、基坑支护和观测等因素的影响。因为，挤扩多盘桩在受压状态下，盘端处土体被剪切破坏，其桩盘底部会产生滑移破坏，土体向下滑动。所以，桩盘两端土体扰动范围取桩盘悬臂长度即可，即 0.35m，同时考虑基坑支护和观测因素，可设计基坑一侧的混凝土扩盘桩轴心间距为 2.4m，基坑两侧的混凝土扩盘桩轴心间距为 2m。为方便加载及位移的观测，设计桩顶高出基坑上表面 0.2m。如图 2.2-43 所示。

试验场地要开挖，相对桩距不能太大，要保证试验加载时的横梁跨度以及试验中水平支撑杆件不要过大；但也不能太小，要保证试验过程中有一定的观察距离，方便进行现场观察及记录破坏状态。方案如图 2.2-44 所示。

2. 现场试验桩的制作

试验现场的准备及试件的制作主要分为以下几个过程：放线、全截面桩孔成型，土方开挖，基坑支护，形成半截面桩孔，承力扩大盘成型、埋置压力盒、绑扎钢筋，支模板，浇筑混凝土，试件养护，试件支护，准备试验加载。

试验桩可以在现场先使用专门的设备，按照规定进行全截面桩挖孔，然后将桩孔用砂土填满，再进行后续的半截面桩制作。此方法简单，不必详述。本节介绍试验现场不具备成桩设备时的替代方法。

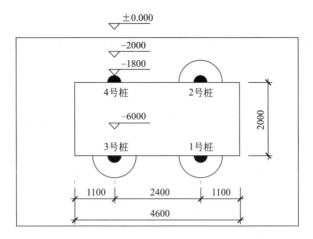

图 2.2-43　桩位平面图

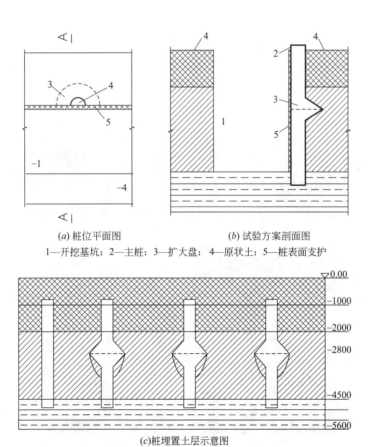

(a) 桩位平面图　　　　　　　　(b) 试验方案剖面图

1—开挖基坑；2—主桩；3—扩大盘；4—原状土；5—桩表面支护

(c)桩埋置土层示意图

图 2.2-44　试验场地设计方案

本试验由于条件限制，因此采用压桩法成孔人工成盘。在制作试验场地之前，先进行放线工作，并在桩位预先压入 4 根直径 0.4m、长 6m 的管桩（后文详细介绍），静置 15d 之后，开始试验场地的制作。

本试验的重点在于混凝土扩盘桩半截面桩试件的制作。以往的现场试验多以足尺的原桩静载试验为主，通过先进的机械设备和成熟的施工工艺可以很容易地制作成桩，而本次试验所采用的半截面挤扩多盘桩则需要特殊的施工方法制作，试验桩的制作过程为：管桩压入→基坑开挖与支护→人工切面→拔桩→人工成盘→模板支护→下钢筋笼→混凝土灌注及养护成型。

1）管桩压入

本次试验的试验桩成孔利用管桩压制的方法制成。按照设计方案，试验前，在试验场地放线定位，并于已定好的桩位分别压入 4 根直径 0.4m、长 6m 的预制管桩，如图 2.2-45 所示。

(a)管桩吊起

(b)准备压桩

(c)接桩压入

(d)压桩完毕

图 2.2-45　管桩压入过程

管桩的压入是为了试验桩成孔所用，这是本次试验成桩过程中采用的特殊方法之一。在混凝土扩盘桩的施工技术中，桩孔的制作一般是利用专门的成桩设备，而本次试验的桩孔利用管桩压制而成，其优点在于：（1）在后续人工切挖半截面桩孔的过程中，管桩的存在有利于半截面桩孔的成型，防止塌孔；（2）管桩的压制过程对桩周土体起到一定的挤密作用，其成桩过程更接近实际工艺。

2）基坑开挖与支护

基坑开挖是试验场地制作的一部分，同时也为试件制作的后续工序提供了作业空间。尤其是深基坑的开挖，取土时应沿管桩内壁，并保持基坑内壁垂直，避免土体松动。深基坑开挖完成后，立即做好基坑支护工作，以保证后续深基坑内作业人员安全。

按照设计方案，首先进行浅基坑开挖，在试验区域利用挖掘机开挖长 6m、宽 6m、深 2m 的基坑，4 根预先压入的管桩位于基坑中央部分，开挖后将管桩上部暴露出来，如图 2.2-46 所示。

(a)浅基坑开挖现场　　　　　　　　　　　(b)浅基坑开挖完毕

图 2.2-46　浅基坑开挖

浅基坑开挖完成后，需要继续开挖深基坑。按照设计方案，深基坑沿着间距为 2m 的管桩内侧开挖，深基坑开挖尺寸为长 5m、宽 1.6m、深 4m。深基坑取土至管桩底部，并利用挖掘机械削直基坑内壁。试验场地如图 2.2-47 所示。深基坑应及时做好支护，防止基坑内壁土体塌落，在保护试验人员安全的同时，也起到了减少土体应力扩散的作用。

3）人工切面

切面作业是在深基坑的基础上，在 4 根管桩两侧一定范围内，人工削土至桩截面一半处，以此用来观测半截面混凝土扩盘桩成桩后，进行静载试验时桩土共同作用情况。考虑到桩土影响范围，盘上桩两侧外延切面削土 0.35m，盘下切面

(a)深基坑开挖现场　　　　　　　　(b)深基坑开挖完毕

图 2.2-47　深基坑开挖

削土 1.1m，如图 2.2-48 所示。

(a)切面削土作业1　　　　　　　　(b)切面削土作业2

图 2.2-48　人工切面

　　4）拔桩

　　人工切面完成后，利用吊车将管桩拔出，半截面混凝土扩盘桩桩孔制作成型。吊车拔桩时，要注意对管桩周围土体的保护，避免土体塌落。如图 2.2-49 所示。

　　5）人工成盘

　　半截面混凝土扩盘桩的承力扩大盘制作采用人工成盘的方式，成盘位置设置在黏土层上，如图 2.2-50 所示。做盘前，按照桩盘设计尺寸制作成盘模具，比照成盘模具进行成盘作业，以保证桩盘尺寸准确无误。经测得 3 根试验桩盘径 1.1m，盘高 0.4m。

(a)固定牵引

(b)上拔管桩

(c) 拔桩后侧面效果

(d) 拔桩后俯视效果

图 2.2-49　拔桩过程

(a)成盘模具比照

(b)控制盘高

(c)控制盘径

(d)成盘效果图

图 2.2-50　人工成盘

6）模板支护

模板支护分为两个阶段，第一阶段在管桩拔出后人工成盘前，这时只对成盘位置上部的半截面桩孔进行模板支护；第二阶段在人工成盘后，同时对桩盘和盘下的半截面桩孔进行模板支护，并保证上下模板对齐、无接缝错位。如图 2.2-51 所示。

(a)模板支护侧面效果　　　　　　　(b)模板支护俯视效果

图 2.2-51　模板支护

7）下钢筋笼

钢筋笼的截面尺寸按照保证足够的混凝土保护层厚度来制作，压力盒引出线固定在钢筋笼上，并与钢筋笼一同放入桩孔中。如图 2.2-52 所示。

(a)钢筋笼制作　　　　　　　(b)钢筋笼安放

图 2.2-52　钢筋笼的安放（一）

(c)盘下压力盒的放置　　　　　　　　　　(d)压力盒初始读数

图 2.2-52　钢筋笼的安放（二）

8）混凝土灌注及养护成型

混凝土灌注采用商品混凝土，如图 2.2-53 所示，强度等级为 C30，灌注混凝土时尤其注意盘位附近要振捣密实，保证灌注质量。进行养护，待达到龄期，桩成型后，拆模。

(a)商品混凝土罐车就位　　　　　　　　　　(b)灌注完毕

图 2.2-53　混凝土灌注

3. 试验设备与装置

1）设备

试验中使用的设备与现场静载试验的设备基本相同，规格按照试验需求选择。为了拍摄试验过程，增加了摄像机和照相机。本试验采用的设备名称及型号如表 2.2-1 所示。

试验使用设备统计表 表 2.2-1

设备名称	设备型号	数量(个)
中岩科技静载荷测试仪	RSM-JCⅢ（A）	1
中岩科技数控盒	RSM-JC（A）	1
高压油泵站	BZ63-25（功率：3kW，工作压力：63MPa，流量：2.5L/min）	1
钢弦频率显示器	GPC-2 型	1
位移传感器	YT-DG-0410	4
压力盒	GYH-1 型	8
分离式液压千斤顶	FZYS100-200	2
数码相机	佳能 SX600 HS	2

2）装置系统

本次试验装置由加载系统、反力系统和观测系统三个部分组成。

加载系统：由分离式液压千斤顶、高压油泵和高压油管构成加载系统，并由静载荷测试仪终端控制，如图 2.2-54 所示。

(a)分离式液压千斤顶   (b)高压油泵   (c)静载荷测试仪

图 2.2-54 试验加载设备

反力系统（见图 2.2-55）：反力系统采用压重平台反力装置，主要是由于本次试验的混凝土扩盘桩设计为半截面，且桩长仅为 4m，所以根据现场实际情况估算出半截面单桩的承载力不会太大；堆重由 1 根反力主梁、2 根副梁以及上部的混凝土重块构成，总重可达 840kN。

观测系统：观测系统主要由位移传感器、钢弦频率显示器、压力盒、数码相机和静载荷测试仪组成（见图 2.2-56），观测对象分别为荷载-位移情况、桩下及盘下压力值以及桩周土体破坏情况。

(a)反力钢梁

(b)混凝土重块

图 2.2-55　反力系统

(a)压力盒

(b)钢弦频率显示器

(c)位移传感器

(d)静载荷测试仪

图 2.2-56　观测系统

4. 试验过程

1) 试验的加载方式

本次试验的主要目的是观测混凝土扩盘桩在受压状态下桩土共同工作情况以及土体破坏情况，对于桩体最终的极限荷载值和沉降量并无严格要求，所以本次试验的加载方式采用快速维持荷载法，即试验加载不要求每级的下沉量达到相对稳定，而是按等时间间隔连续加载。

整个试验过程参照相关规范规定进行。预估最大试验荷载为 500kN，试验加载等级第一等级按照 40kN 进行加载，后续等级同样按照 40kN 逐级等量加载，每 20min 加一级荷载，并根据试验的具体情况加以调整。卸载时，按加载时分级荷载的 3 倍进行，每级荷载维持 30min，逐级等量卸载，直至卸载至零。

当出现以下情况时，可以终止加载：

（1）出现可判定荷载的陡降段或桩顶产生不停滞下沉，无法继续加载时；

（2）当荷载-位移曲线上有可判断极限承载力的陡降段，且桩顶总沉降量超过 40mm 时；

（3）达到预估最大试验荷载时；

（4）其他情况引起试验无法进行时。

2) 数据的采集

（1）试验的荷载与沉降值由静载荷测试仪直接记录，仪器设置每级荷载施加后按第 5min、10min、15min、20min 读取荷载沉降值。

（2）在每级荷载施加前后，用钢弦频率显示器测量安置在桩下和盘下的压力盒数值（4 号桩仅桩下）。

（3）试验前，在深基坑内试验桩前安置摄像机，对试验时桩土共同工作情况进行全程录像。并且在每一级荷载施加完成后，暂时停止加载持荷过程中，在保证安全的前提下派人员下入深基坑内，对桩周土体（尤其盘周土体）进行观察及拍照记录。

（4）卸载时，可不测回弹变形。

5. 试验中的注意事项

本次试验采用特殊的施工工艺来制作半截面混凝土扩盘桩，因此，在制作过程中各个工序要有条不紊地进行，各个工序的实施都要保证半截面桩成桩效果与工程桩一致。另外，施工过程中保证人员安全的同时，还要做好试验现场的安全和保护工作。具体注意事项如下：

1) 为制作半截面桩孔，在人工切面工序之后，需要将管桩拔出。拔桩前要做好土体侧壁支撑，以保证拔桩过程中桩周土体稳定，最大程度避免土体松散掉落。

2）由于试验桩孔采用管桩压制，所以桩端土体已被压实，为了保证桩土效果与工程桩一致，在拔出管桩之后，将桩端土体下挖 50mm，并回填夯实，以减小桩端土体压实效果的影响。

3）试验桩在桩端及盘下均埋有压力盒（4 号桩仅存在于桩端），并通过导线将接头引出地面，在浇筑混凝土前，要将压力盒接头进行编号加以区分，防止错误记录。

4）本次试验进行了深基坑作业，所以在后续的施工中要保证人员安全，下入基坑中时，要佩戴安全帽和安全绳索，基坑也要做好支护工作，防止坍塌。另外，试验场地要做好试验现场安全警示和安全防护工作（图 2.2-57）。如图 2.2-57 所示。

(a)作业人员佩戴安全帽

(b)基坑支护

(c)试验场地周围架设围栏

(d)安全警示

图 2.2-57　安全防护措施

5）由于试验的需要，试验现场挖掘了深约 6m 的基坑，且试验阶段正处于多雨季节，因此要做好防雨工作。本次试验特地准备了 4 根钢梁架和塑料布，在试验区域做了简易防雨棚，有效地防止了雨水流入试验场地，保证了试验的顺利进行，并在基坑周围利用土体制作了挡水围坝，防止下雨时雨水灌入。如图 2.2-58 所示。

(a)钢梁架   (b)简易防雨棚

图 2.2-58　预防降雨措施

6. 小结

本部分主要介绍了混凝土扩盘桩半截面现场大比例试验的方案设计以及实现过程，首先介绍了试验的前期准备，包括试验场地的选定与勘察，试验场地、试件和桩位的初步设计方案，试验场地和试件的制作，试验的加载方式、数据采集方式以及试验中的注意事项等。当然，半截面桩现场大比例试验的方案、装置及过程有待进一步完善，使之具有较强的普遍性和推广性，丰富桩基础的试验方法。

由于半截面桩现场大比例试验，采用的是实际施工现场的自然土体，全过程观测混凝土扩盘桩在受压状态下桩周土体从加载到破坏的整体情况，验证了已有的 ANSYS 有限元模拟结果和小模型试验结果，为变截面桩的试验研究提供了一个全新的方法。然而，现场大比例试验在安全和经济效益方面也存在一些缺陷，例如在现场开挖深度达 6m 的基坑，尽管沿着基坑都有支护结构，但是考虑到某些自然条件，在基坑底部从事挖空的作业人员仍存在着极大的安全隐患；另一方面，半截面桩现场大比例试验从试验准备阶段到结束阶段会消耗很大的人力、财力，试验成本较高，不适于大量的试验研究。

2.2.5　半截面桩小模型原状土试验方法

半截面桩小模型原状土试验方法（获授权国家发明专利）所采用的是一种全新的桩基础试验研究模式。该试验方法的特点是采用原状土，在试验室完成小模型试验，因此它既不需要现场大比例试验的复杂设备和高成本，又不会像埋土试验会破坏土的原有性状。该试验方法能够清晰地看到桩体的位移情况以及桩周土体的破坏情况，具有占用资源少、试验方法及设备简便易行等优势，同时这种试验方法可以弥补传统桩基础试验研究中只能靠仪器收集数据进行分析和推理的不足，对研究混凝土扩盘桩的破坏情况提供了最佳的试验方法。

1. 试验方案

本试验方法主要是对混凝土扩盘桩小模型进行抗拔、抗压破坏的原状土试验，通过控制某个单一变量设计试验，具体试验方案如下：

1）根据试验需要，设计不同类型分组的混凝土扩盘桩模型以及取土器，并进行加工定做。

2）根据试验需求，选取合适的取土场地，在现场用取土器取原状土的土样，并将其运送到试验室进行封存保护，以备试验使用。

3）开始试验时，将取土器保护膜拆开、清理杂土并拆下取土器一侧钢板，进行桩模型的定位与埋置，以形成初步的待加载试件。

4）将待加载试件搬运到试验台上进行辅助设备的安装（观测玻璃、横梁、连接件、位移传感器、拉拔仪等），完成试验前的准备工作。

5）采用手动加载，通过控制位移的方法进行加载，观测数据，并在整个过程中用摄像机和数码相机进行拍摄记录，直至试验完成。

6）加载完成后进行桩周土体破坏情况的描绘，并将观测玻璃卸去，拍摄桩周土体完整的破坏情况。

7）进行数据的整理分析。

2. 试验模型设计

1）半截面桩小比例模型设计与制作

本试验方法的半截面桩小比例模型设计要求与半截面桩小模型埋土试验方法是基本相同的，根据试验需求，先设计好试验模型桩的尺寸和各种参数。由于试验研究的目的是混凝土扩盘桩对桩周土体的破坏，为保证桩在试验中不出现破坏，模型桩材料选用圆钢，并在专门的精密加工厂进行加工，以保证与设计图纸相符。例如，不同截面形式的桩模型如图 2.2-59 所示，桩参数如表 2.2-2 所示。

　　(*a*)1号桩　　　　　　(*b*)2号桩　　　　　　(*c*)3号桩　　　　　　(*d*)4号桩

图 2.2-59　1∶40 模型桩图

模型桩参数

表 2.2-2

桩号	桩长(mm)	桩径(mm)	盘径(mm)	盘上坡角(°)	盘下坡角(°)
1	270	23	57	31	31
2	270	23	57	31	56
3	270	23	57	27	27
4	270	23	57	27	47

2）取土器设计与制作

本试验方法所采用的取土器是为了满足试验需求而专门设计的可拆装取土器。为确保获取原状土的同时，土样不受到扰动，并方便后期埋置模型桩。取土器的平面形状为矩形，上下镂空，四周为可拆卸的钢板，并且在取土器的侧板底端设有楔形的坡角，以便在实际取土中更好地将取土器压入土中。

由于半截面桩小模型原状土试验的模型桩对土体是有一定的影响范围的，所以对取土器的长、宽、高都是有一定要求的，取土器的长与高是根据模型桩的尺寸（桩长、盘径等）配合有限元模型分析结果而设计的，通过估算得出模型桩在竖向拉（压）力作用下，桩周土体的影响范围大约为 5 倍（2 倍）的盘悬挑径。取土器的高是根据模型桩的长度以及受力状态设计出来的，对于抗拔和抗压试验，模型桩的大小有较大的区别。比如，某抗拔桩的取土器设计参数如表 2.2-3 所示，实物如图 2.2-60 所示。

取土器设计参数

表 2.2-3

长度 L(mm)	宽度 B(mm)	高度 H(mm)	厚度 T(mm)	数量(个)	耳边(mm)
350	300	300	3	4	20

图 2.2-60　取土器实物图

　　由于所需要的原状土具有一定的黏性与承载力，所以设计的取土器为防止其在压入土体时发生变形，要有一定的刚度。为保证刚度的满足，取土器所采用的钢板为厚度≥4mm 的冷轧钢板，冷轧钢板具有相对较好的刚度与硬度。

　　取土器的前后钢板是可拆卸的，并且在两边留出 20mm 的翼缘，因为在试验过程中需要将一侧的钢板拆下再安装上玻璃并用卡夹固定，从而保证取土器不变形，能够更好地实现试验过程的全程观测。

3. 取土场地选取及取土

1）取土场地选取

　　本试验方法要取原状土，因此取土场地应根据地质勘察报告反复考察。主要需要注意以下几点：

　　（1）覆土层不要太厚，避免基坑开挖太深，工程量较大；

　　（2）尽量保证没有地下水，避免采取降水措施，增加成本；

　　（3）如果能选择实际的施工现场，在土方开挖后，在一定区域进行取土，是比较好的一种方法。

　　例如，已经完成的试验中，在长春地区对多个场地及施工现场基坑开挖的踏勘和钻孔初探，反复比对分析后，最终将试验取土场地选在长春市硅谷大街西北、超强街西南的某项目施工现场。勘察时拟建场地为农田，地面平坦，地势由西向东倾斜。孔口高程最大值为 214.89m，孔口高程最小值为 213.26m，最大高差 1.63m。本次勘察的最大深度为 30.00m，所显示的地层上部为第四纪黏性土层，下部为白垩纪泥岩。根据岩土的物理力学性质分为如下 8 层（见图 2.2-61）：

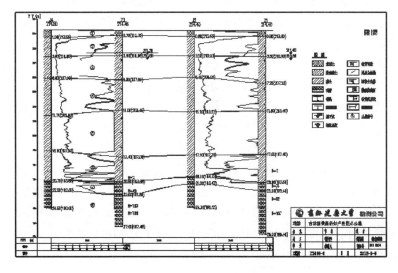

图 2.2-61　工程地质勘察图

第①层素填土：灰黑色、灰褐色为主，地表为耕植土，主要成分为黏性土，夹少量砂石，含植物根系，稍湿，稍密。勘察时呈冻结状态。层厚 0.70～1.40m。

第②层粉质黏土：黄褐色，可塑状态，中等偏高压缩性，局部高压缩性。土中可见大量细孔，含少量植物根系等物。勘察时上部呈冻结状态。层厚 2.00～3.80m，层顶深度 0.70～1.40m，层顶标高 212.30～214.10m。

第③层粉质黏土：黄褐色，软塑状态，中等偏高压缩性，局部为高压缩性。层厚 1.40～3.80m，层顶深度 3.00～4.60m，层顶标高 208.96～211.37m。

第④层粉质黏土：黄褐色，可塑状态，中等压缩性为主，局部为中等偏高压缩性。层厚 3.80～6.30m，层顶深度 5.70～7.30m，层顶标高 206.45～208.49m。

第⑤层黏土：黄褐色，硬塑状态，中等偏低压缩性。层厚 1.30～6.40m，层顶深度 11.00～13.00m，层顶标高 200.90～203.46m。

其他各层土情况省略。

由于该试验所需的原状土为强度和塑性良好的粉质黏土，所以结合地质勘察报告以及试验所需求土的实际情况，最终选择第③层的粉质黏土，这层土为黄褐色，且塑性良好并具有较好的承载力，与试验所需求的土体比较符合。

2）现场取土

试验所需的原状土获取是通过专门设计的取土器完成的，尽量提高所获取的原状土土样的准确性和真实性，能够有效避免原状土体的扰动。

以某次试验实际情况为例，介绍取土过程。取土的具体操作过程包括：取土场地准备；取土器摆放、压入、取出；修整取土器表面的多余土体；对修整好的取土器进行封膜保护，并运送到试验室。

（1）取土场地准备

由于所选取的场地是一块未受扰动的场地，所以场地表面具有一定厚度的杂土或者回填土，第一步就是清除场地表面的杂土，以保证能够露出试验所需原状土土层。将场地尽可能整平，以便于取土器的摆放。如图 2.2-62（a）所示。

（2）取土器摆放、压入、取出

场地整平后，将取土器按照一定的距离均匀地摆放在场地上面。为了让取土器完整地压入土中，避免取土器侧板变形，在取土器上面放置一块钢板，当取土器基本压入土层中时，为了让取土器入土更深些，将临时放置的钢板取下，用备用的取土器放置在已压入的取土器上面，对准取土器四边，再压入一定深度。然后将备用取土器移开，用挖掘机将压入的取土器挖出。如图 2.2-62（b）、（c）、（d）所示。

(a)场地整平　　　　　(b)取土器摆放　　　　　(c)取土器压入

(d)取土器取出　　　　　(e)修整浮土　　　　　(f)封存包膜

(g)封存完毕　　　　　(h)装车运输　　　　　(i)摆放到试验室

图 2.2-62　取土过程

（3）修整取土器表面的多余土体

　　由于所取出的取土器是和周围土体一并挖出的，这样的取出方法能够保证所获取的原状土尽量不受扰动，所以取土器表面会附带多余的土体，需要将多余的土体进行清理以便于取土器的封存。如图 2.2-62（e）所示。

（4）对修整好的取土器进行封膜保护，并用货车运送到试验室

　　取土器去除表面多余的土体后，需要用稍厚的塑料膜对取土器进行密封，以保证原状土的水分不会过快蒸发，而影响原状土性状。如图 2.2-62（f）、（g）所示。

　　封存完整后将取土器搬运到货车上运送到试验室，放置在阴凉避光处，以备

试验使用。放置时观测取土器，将较平的一面用于埋桩做试验，为了避免因土体自重导致土体凹陷，所以将用于做试验的一侧放在下面，并做好记号。如图 2.2-62（h）、（i）所示。

4. 试验设备

本试验方法仍然是室内半截面桩小模型试验，但取土和埋桩过程与埋土试验法有所不同，试验设备与埋土试验法的设备基本相同，即采用专门设计的试验加载台架和必要的附属设备和附件。在此不重复介绍。

由于原状土试验的取土器上、下是镂空的，只有四面侧板，当把埋桩一侧的侧板拆下时，取土器无法保证形状固定，因此需增加取土器卡夹（见图 2.2-63），在拆下侧板前，从上面将取土器固定，保证拆下侧板后，取土器不变形，防止在加载过程中取土器变化以及土体胀裂（见图 2.2-64）。

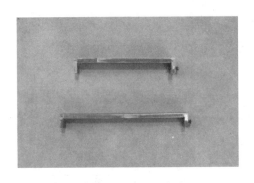

图 2.2-63　取土器卡夹

图 2.2-64　安装取土器卡夹后的取土器

5. 试验桩的埋置

试验桩的埋置主要包括以下几个步骤：

1）将存放好的取土器搬运到试验加载台架附近，清理表面浮土，将取土器上下两端土表面整平。将预埋桩一侧钢板拆下，为了方便安装观测玻璃并且避免半截面桩受力过程中观测玻璃受扭而破碎，要进行表面整平，用水平尺确保土层表面和取土器边缘钢板保持在同一水平面上（见图 2.2-65）。

2）为了方便试验加载，桩顶部位需凸出土层表面至少 20mm；在盛土器的中心部位确定埋桩的位置，尽量居中（见图 2.2-66）。

3）在不扰动其他部位土体的情况下，根据定位线进行切土，最后基本形成桩形的凹槽（见图 2.2-67）。

4）将试验桩放置在凹槽中，用钢板轻轻压入，完成埋桩过程，并标注试验桩编号（见图 2.2-68）。

图 2.2-65　清理浮土与拆卸钢板

图 2.2-66　模型桩定位

图 2.2-67　桩孔成型

图 2.2-68　压桩与成型

5）将观测玻璃用卡夹固定在埋桩一侧表面，形成试验试件，以备加载试验（见图 2.2-69 和图 2.2-70）。

图 2.2-69　抗拔试验加载

图 2.2-70　抗压试验加载

6. 试验过程

本试验方法的目的仍然是研究不同类型的混凝土扩盘桩抗压、抗拔破坏机理，因此与半截面桩小模型埋土试验方法的加载过程及试验数据记录基本相同，具体步骤详见 2.2.3 中"4.试验过程"，此处不再重复介绍。图 2.2-69 和图 2.2-70 为半截面桩小模型原状土试验的试件及装置。只是增加了取土器卡夹固定步骤。

7. 全截面桩与半截面桩的原状土试验对比

为了验证半截面桩模型试验的可靠性，专门设置了一个全截面桩试验与半截面桩在荷载、位移、土体破坏情况等方面做分析比较，进一步证实半截面桩模型试验的可靠性，与全截面桩相对应的半截面桩定为 7 号桩。全截面桩试验的加载方式、数据采集方式等过程与半截面桩模型试验大体相同，只在试件截面和埋桩方面有差别。

1）全截面桩与半截面桩试验异同

全截面桩与半截面桩最大的不同之处就是模型桩的截面，全截面模型桩是实际工程桩按一定比例缩小的模型，半截面模型桩的截面是全截面模型桩对称的二分之一，如图 2.2-71 所示。此外，全截面桩土样是由两块土体合并在一起，将全桩放在中间，不能实时观测随着荷载的增加桩和土之间的变化情况，不过在加载完之后将两土体分离，也可观察土体的最终破坏情况。半截面桩平面一侧与玻璃贴在一起，可实时观测桩土之间的相互作用情况。除此之外，全截面桩与半截面桩试验所用的土体以及加载方式等试验条件完全相同。

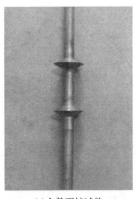 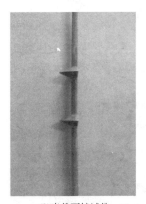

(a)全截面桩试件   (b)半截面桩试件

图 2.2-71 全截面桩与半截面桩试件

2）全截面桩原状土试验过程

为了避免叙述冗杂，这里主要介绍全截面桩的埋桩过程。全截面桩是用土工刀在两个侧面可以完全对称重合的土块上分别削出两个半桩凹槽，然后将桩放在两土体之间合并固定而成，具体过程如图 2.2-72 所示。

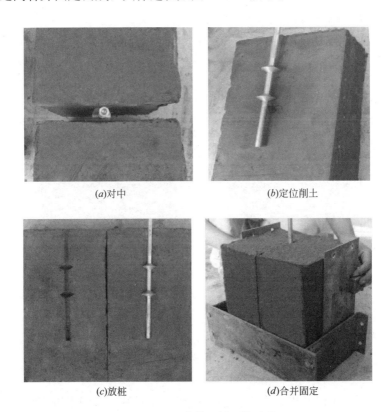

(a)对中 　　　　　　　　　(b)定位削土

(c)放桩 　　　　　　　　　(d)合并固定

图 2.2-72　全截面桩埋桩过程

① 将全截面桩放在两土块中间，两土体向中间靠拢印出桩体的位置。

② 把模型桩根据盘位置放在土体上，用壁纸刀沿桩身外沿划出桩的外轮廓线。

③ 用刀具在轮廓线内削土成孔，注意两块土体上的半桩位置一定要对称，保证合并时能重合。

④ 桩放置于两土体中间，将两土体合并挤压密实，最后用固定装置固定牢固。

3）全截面桩与半截面桩试验结果对比

半截面桩试验最大的优点就是能够看到桩土破坏的情况，以往都是通过半截面桩试验结果来确定全截面桩的破坏情况。为了验证半截面桩试验结果的可靠性，专门设置了一组全截面桩与7号桩对比。通过对两个试验位移、荷载数据及桩周土体破坏状态等试验结果作对比，进一步验证了半截面桩代替全截面桩试验的可靠性，为半截面桩试验的进一步推广奠定了良好的理论和实践基础。

① 土体破坏情况对比

这里重点观察全截面模型桩与半截面模型桩达到最终破坏时桩周土体的破坏状态是否相同，如图2.2-73所示。

(a)半截面模型桩桩周土体最终破坏情况　　(b)全截面模型桩桩周土体最终破坏情况

图2.2-73　半截面模型桩与全截面模型桩桩周土体最终破坏情况

从图2.2-73可以看出，半截面模型桩盘下土体由于受压同时受到侧面玻璃的约束水分被挤出，有明显的水印。全截面模型桩由于是两块土体合并在一起，两接触面可能接触不密实所以水印不明显，但也可以看出盘下土体的影响范围。半截面模型桩与全截面模型桩破坏时土体情况都是两盘之间的土体被剪切，下盘盘下土体在受剪切破坏的同时受压，并产生土体滑移，范围的形状和大小十分相似。

② 荷载-位移曲线对比

通过以上对半截面模型桩与全截面模型桩试验结果的对比可以得出，半截面模型桩在荷载-位移曲线变化趋势、承载力、桩土破坏形态等方面与全截面模型桩试验结果都是十分相似的，所以说通过半截面桩试验代替全截面桩试验所得结果是可靠的。图2.2-74为半截面桩和全截面桩试验的荷载-位移曲线。

从图2.2-74也可以看出，全截面桩和半截面桩的荷载-位移曲线的发展趋势基本相同，符合静载试验荷载-位移曲线规律。由于半截面桩还有个平面，因此

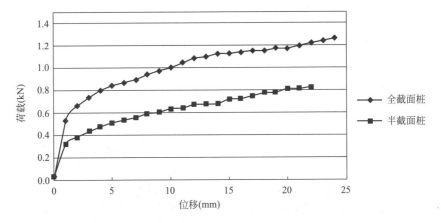

图 2.2-74　半截面桩和全截面桩试验的荷载-位移曲线

全截面桩的荷载值并不是半截面桩的 2 倍，这也符合规律。该试验结果进一步证明了半截面桩试验方法是可行的，其试验结果是可靠的。

8. 小结

半截面桩小模型原状土试验主要包括：试验方案的设计、试验模型的设计、取土场地的选取及取土、试验设备、试验加载过程。本试验方法与半截面桩小模型埋土试验方法基本相同，唯一独创性的地方是取原状土，细砂土用埋土法试验基本没有问题，黏土埋土试验是将现场取回的土进行研磨处理，然后进行埋置，对于黏性土，经过处理土的性状与实际土有非常大的区别，不能保证试验结果的准确性。半截面桩小模型原状土试验方法通过专门设计的取土器，可以取得现场的原状土，因此在保证完成直接观测试验过程中桩周土体变化情况功能的同时，还可以保证试验土的性状不变，提高了试验的准确性，为进一步研究混凝土扩盘桩抗拔、抗压破坏状态以及承载力提供了可靠的试验研究方法，能够保证混凝土扩盘桩设计的合理性和实际工程的可行性。同时，克服了现场大比例试验过程复杂、浪费人力及物力、无法完成大量试验研究等缺点。

2.2.6　试验结果示例

试验数据是试验结果分析的根本依据，保证试验数据的准确性是试验研究成功的关键。本节介绍的试验方法可以采集的数据包括桩身位移值、竖向压力荷载值、从加载到破坏过程中桩土相互作用的照片和图像。由于半截面桩试验方法可以清楚地观察到试件从加载到破坏的全过程，因此对混凝土扩盘桩在竖向力作用下的破坏状态有了新的发现，改变了目前混凝土扩盘桩承载力计算的模式，形成了新的桩周土体破坏机理及承载力计算概念。

1. 抗压桩桩周土体破坏照片

对于已经完成的大量混凝土扩盘桩半截面桩试验，此节仅选取几个有代表性的试验结果，介绍半截面桩试验的效果，详细内容见后续各章、节。

1）抗压桩破坏情况示例

不同试验方法的抗压桩破坏情况如图 2.2-75～图 2.2-77 所示。

 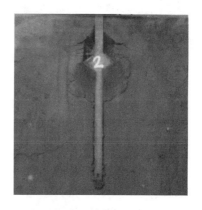

图 2.2-75　砂土中抗压桩的破坏情况　　　图 2.2-76　黏土中抗压桩的破坏情况

图 2.2-77　现场大比例抗压试验的桩周土体破坏情况

2）抗拔桩破坏情况示例

不同试验方法的抗拔桩破坏情况如图 2.2-78、图 2.2-79 所示。

2. 荷载-位移曲线分析

从大量试验得到的荷载-位移曲线中列举 3 个有代表性的曲线，如图 2.2-80～图 2.2-82 所示。

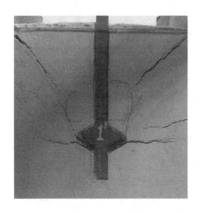

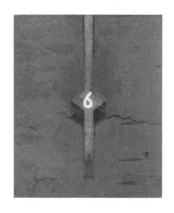

图 2.2-78　砂土中抗拔桩的破坏情况　　　　图 2.2-79　黏土中抗拔桩的破坏情况

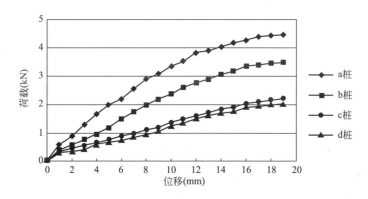

图 2.2-80　半截面桩小模型抗压试验的荷载-位移曲线

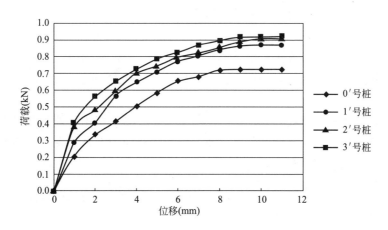

图 2.2-81　半截面桩小模型抗拔试验的荷载-位移曲线

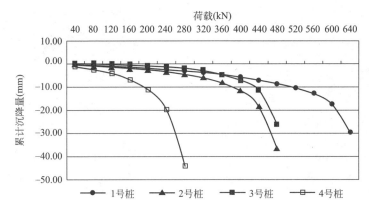

图 2.2-82　半截面桩现场大比例抗压试验的荷载-位移曲线

从图中曲线可以看出，各种试验方法得出的荷载-位移曲线的发展规律是相同的，而且基本符合静载试验的荷载-位移曲线规律，说明半截面桩试验方法不仅是可行的，而且试验结果是可靠的。

2.2.7　总结

混凝土扩盘桩的半截面桩试验方法是独创的全新可实时观测试验方法，包括半截面桩小模型埋土试验方法、半截面桩小模型原状土试验方法和半截面桩现场大比例试验方法等，分别适用于不同的试验要求。这些试验方法突破了传统的桩基础试验方法只能测试试验数据的局限性，在试验中能够实现全过程真实观察桩及桩周土体的破坏状态，且研究证明该试验方法是可行的，试验结果是可靠的，这将为研究混凝土扩盘桩提供全新的试验研究方法。这些试验方法的研究成果可以大大提高该型桩破坏机理及承载力研究的可靠性，为推进该型桩的设计应用奠定了坚实的理论基础。

本章所介绍的试验方法，也适用于其他复杂、特殊截面桩，比如沿桩长方向桩截面不规则、变截面等新桩型，为新型桩的研究和发展提供了新的最佳试验研究方法。

当然，这些试验方法还有待于进一步完善，尤其应用于其他类似桩型时，还应该根据不同桩型的构造特点，对试验方法进行相应的细节处理，以便使这些方法有更好的普遍适用性和可靠度。

第3章　混凝土扩盘桩桩周土体破坏机理

与普通混凝土直孔灌注桩相比，混凝土扩盘桩由于承力扩大盘的设置，桩周土体的破坏状态发生了较大的变化，通过半截面桩的有限元模拟分析和试验研究，提出了基于滑移线理论以及冲切理论（仅用于特定情况下的抗拔桩）的混凝土扩盘桩桩周土体破坏机理，下面分别阐述抗压桩和抗拔桩桩周土体破坏机理。

3.1　抗压桩的破坏机理

3.1.1　抗压桩破坏机理的模拟分析

1. 抗压桩的有限元分析模型

按照 2.1 节的有限元分析方法建立抗压桩的有限元分析模型，以单盘桩为目标进行研究，为了使 ANSYS 有限元模拟与模型试验有一定的对比性，把 AN-SYS 模拟中的材料属性相关参数设定为与模型试验保持一致。混凝土扩盘桩采用 C30 混凝土。桩周土体相关力学性能参数依据试验中取得的土体（以粉质黏土为例）力学性能参数实际值设定，参考土力学相关资料，取混凝土扩盘桩与土体的摩擦系数为 0.4，混凝土扩盘桩和土体共同作用时处于轴对称状态，且桩身和土体中心重合。混凝土扩盘桩和粉质黏土的具体物理特性参数取值，如表 3.1-1 所示。

抗压桩模拟分析模型桩土材料参数　　　　　　　　　　表 3.1-1

材料	密度 (kg/m³)	弹性模量 (MPa)	泊松比	黏聚力 (MPa)	内摩擦角 (°)	桩土摩擦系数
混凝土	2500	2.95×10^4	0.29	—	—	0.4
粉质黏土	1450	29.5	0.34	17.4	18.29	0.4

抗压桩的承力扩大盘盘径为 2m，混凝土扩盘桩的桩长设计值为 7.5m，主桩径为 0.5m，承力扩大盘坡角取 35°，考虑到边界条件可能产生的影响，土体的计

算区域范围尽量大些，沿承力扩大盘径向取 10m，沿混凝土扩盘桩向下取 5m，桩土模型示意图如图 3.1-1 所示。

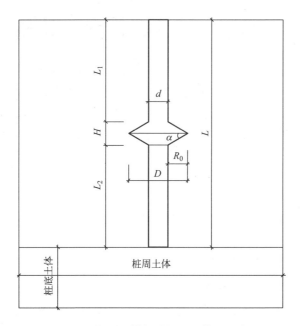

图 3.1-1　抗压桩模拟分析桩土模型示意图

通过对该分析模型桩进行加载，直至破坏。加载的方法为从荷载 1.5MPa 开始加载，按 1.5MPa 逐级递增加载，直至加载到极限荷载，换算成 kN 为单位即从 150kN 开始加载，按 150kN 逐级递增加载。

用 ANSYS 软件模拟分析在分级加载过程中的变化情况，记录不同荷载量级下桩土的竖向位移、桩身的剪应力以及桩周土体的剪应力。提取 Y 方向的位移值和加载至最大荷载的位移云图，桩身和桩周土体沿着与桩身一侧接触面的剪应力值和加载至最大荷载的剪应力云图，提取荷载、位移、剪应力数值，形成曲线；分析混凝土扩盘桩抗压桩的破坏机理以及承力扩大盘对桩土相互作用的影响。

2. 抗压桩的荷载-位移模拟结果分析

提取加载至破坏的竖向位移云图，如图 3.1-2 所示；提取位移数据，并将数据形成曲线，如图 3.1-3 所示。

从图 3.1-2 可以看出，由于承力扩大盘的存在，使得桩周土体的位移变化不同于传统的一致性规律，而是在承力扩大盘附近发生了较大的变化，盘端处最大，沿桩盘向下逐渐向桩边回收；同时，桩端下部土体也不呈传统的 45°方向的

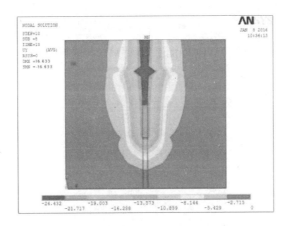

图 3.1-2　抗压桩模拟分析模型的位移云图

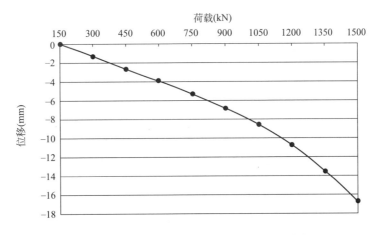

图 3.1-3　抗压桩桩顶中心点的荷载-位移曲线

扩散状态，而是呈"心形"分布。

从图 3.1-3 可以看出，在加载至 900kN 之前，荷载-位移曲线几乎为线性增长；超过 900kN 之后，位移的增量开始有明显的变化，荷载-位移曲线为凸形曲线增长，同样荷载增幅情况下，位移急剧增大，说明此时半截面桩承力扩大盘下土体即将达到极限承载状态。承载力＞900kN 之后，随着荷载的不断增大，土体发生滑移破坏，极限荷载为 1500kN。

3. 抗压桩的应力结果分析

运用 ANSYS 软件进行分析，加载至极限荷载值 1500kN 时，提取 YZ 方向的（沿桩长）剪应力值和剪应力云图，其中剪应力值按桩和土分别归类。

1）桩身剪应力

抗压桩模拟分析剪应力云图如图 3.1-4 所示，提取桩身剪应力值，并形成桩身剪应力值变化曲线，如图 3.1-5 所示。

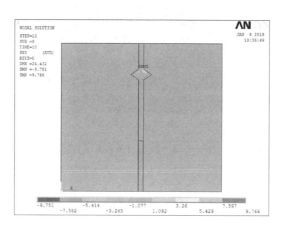

图 3.1-4　抗压桩模拟分析 YZ 方向的剪应力云图

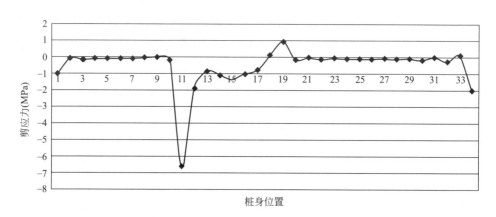

图 3.1-5　抗压桩桩身剪应力值变化曲线

从图 3.1-4 可以看出，整个桩土模型剪应力区域沿混凝土扩盘桩中心轴线对称分布，模拟分析桩 XY 平面剪应力最大值位于扩大盘下表面处，说明盘下土体的应力提高较多。而盘上土体出现负值，说明由于盘上土体分离，剪应力出现反向。

从图 3.1-5 可以看出，桩身的剪应力在承力扩大盘位置最大，盘下一定范围内剪应力的大小、方向均发生变化，而与无盘部位的规律不同，这说明承力扩大盘的存在影响了剪应力的分布规律。

2）桩周土体剪应力

为了便于观察桩周土体沿桩身接触面剪应力的变化，提取桩周土体沿桩身接触面的剪应力值，并根据数值绘制成曲线，如图 3.1-6 所示。

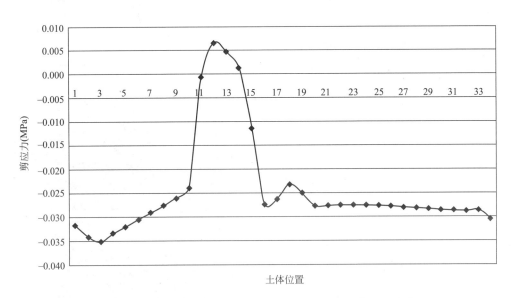

图 3.1-6　抗压桩桩周土体沿桩身接触面的剪应力值变化曲线

从图 3.1-6 可以看出，在竖向受压的情况下，剪应力值在承力扩大盘处发生突变，桩周土体在承力扩大盘端接触点的剪应力反向，承力扩大盘下剪应力值局部减小，说明承力扩大盘下的桩侧摩阻力发生了变化。桩周土体剪应力的变化基本与桩身对应。

3.1.2　抗压桩破坏机理的试验研究

为了提高试验结果的可靠性，分别进行三种试验，半截面桩原状土模型试验、半截面桩现场大比例试验和半截面桩小模型埋土试验，以便做破坏状态的对比分析。

1. 抗压半截面桩原状土模型试验结果分析——黏性土

1）抗压桩试验模型的设计

试验模型是根据有限元分析的桩模型，采用小比例半截面模型桩，按 1∶50 的比例缩小，并采用自制取土器取持力层原状土土样，制作模型试验试件。

试验模型桩的横截面采用半圆形，如图 3.1-7 所示，具体参数如表 3.1-2 所示。半截面模型桩在受压过程中，观测桩土相互作用下土体由受压到极限破坏的全过程，并记录相关图片及数据。

抗压试验模型桩参数　　　　　　　　表 3.1-2

项目	桩长 L (mm)	主桩径 d (mm)	盘径 D (mm)	盘悬挑径(mm) $R_0 = (D-d)/2$	盘坡角 α (°)
参数	190	10	40	15	35

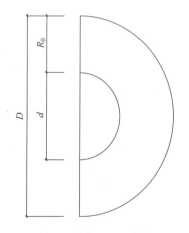

图 3.1-7　抗压试验模型桩的横截面示意图　　　图 3.1-8　抗压试验取土器实物图

取土器按 2.2 节中的要求制作，为了便于拆卸和安装取土器，其形状设计为矩形，根据试验土影响范围要求，取土器大小为 300mm×300mm×300mm，钢板厚 4mm，如图 3.1-8 所示，既满足试验桩周围土体宽度，又满足半截面模型桩受压至土体破坏的位移量要求。

根据取土场地地质勘察报告，依据土工试验、原位测试成果及地区经验，对场地土层的结构以及岩土的物理力学性质进行分析总结，取得该场地各土层的岩土力学特性参数，地基土承载力特征值 f_{ak} 具体数据如表 3.1-3 所示。

根据混凝土扩盘桩小比例原状土模型的试验目的和设计方案对土体承载力的要求，取第②层粉质黏土作为试验研究的取土土样。在试验室对粉质黏土的基本物理力学性能指标进行测定、汇总。具体土体基本物理力学性能指标，如表 3.1-4 所示。整个试验过程按 2.2 节中半截面桩原状土模型试验要求完成。

地基土承载力特征值 f_{ak}　　　　　　　　　　　表 3.1-3

层号	土层名称	地基土承载力特征值 f_{ak}(kPa)		
		依土工试验	依原位试验	建议值
②	粉质黏土	145	130	130
③	粉质黏土	105	100	100
④	粉质黏土混砂	140	130	130
⑤	粗砂	—	235	240
⑥	全风化泥岩	—	280	280
⑥₁	全风化泥岩	—	350	350
⑦	强风化泥岩	—	500	500

第②层粉质黏土基本物理力学性能指标　　　　　表 3.1-4

统计项目		最大值	最小值	平均值	统计数
密度 ρ(g/cm³)		1.87	1.83	1.85	15
天然含水量 ω(%)		33.4	25.5	29.6	15
天然孔隙比 e		0.919	0.762	0.861	15
土粒相对密度 Gs		2.72	2.71	2.72	15
液限 ω_L		38.6	31.8	35.1	15
塑限 ω_P		25.6	20.5	22.7	15
液性指数 I_L		0.82	0.41	0.56	15
塑性指数 I_P		14.0	10.6	12.3	15
压缩系数	0.1~0.2(1/MPa)	0.564	0.201	0.415	15
压缩模量	0.1~0.2(MPa)	5.74	3.19	4.32	15

注：试验室通过直剪试验测得试验用土的黏聚力为 60kPa，内摩擦角为 13°。

2）抗压桩桩周土体破坏状态的分析

试验通过手动控制千斤顶施加压力，控制半截面模型桩桩顶位移的增量，随时观察并记录模型桩桩周土体破坏情况以及桩顶位移量和所加荷载值。桩周土体破坏过程如图 3.1-9 所示。

由图 3.1-9 可以清晰地观察模型桩加载过程中桩周土体的破坏过程，由此可得出如下分析结论：

① 施加荷载的初期阶段，承力扩大盘上表面发生桩土分离，出现缝隙，这是由于竖向压力作用下，混凝土扩盘桩向下移动，盘上土体由于自身黏聚力作

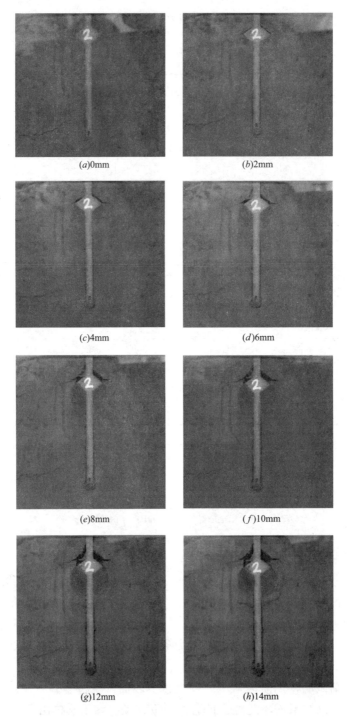

(a)0mm
(b)2mm

(c)4mm
(d)6mm

(e)8mm
(f)10mm

(g)12mm
(h)14mm

图 3.1-9　抗压试验模型桩桩周土体破坏全过程（一）

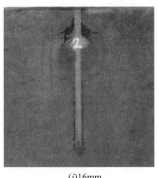 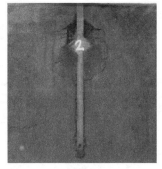

(i)16mm　　　　　　　　　　　　　(j)20mm

图 3.1-9　抗压试验模型桩桩周土体破坏全过程（二）

用，土体保持不动，导致土体与盘上表面发生脱离，同时在承力扩大盘的两侧端部出现微小的水平裂缝，这是由于两侧盘端土体在盘的作用下，随盘向下滑动，盘端土体产生拉裂，并向外发展，形成水平裂缝；承力扩大盘的下部出现小范围的水印，这是由于承力扩大盘下部的土体受压变得密实后，土体中的水分骤增溢出，附着于观测玻璃上，此为承力扩大盘受压对盘下土体的影响范围的直观表现；模型桩桩端下方土体同样出现小范围水印，土体压缩。

②　随着荷载的不断增大，位移量也不断增加，承力扩大盘盘上的缝隙逐渐增大，基本为桩顶位移量的直观表现；承力扩大盘盘下土体出现水印的范围逐渐增大，并且在向下发展的同时，呈向内收敛的趋势，这是由于盘下土体出现滑移，竖向发展不断增大，影响范围越来越大，而水平方向逐渐缩小，呈滑移线性收敛，整体水印呈"心形"分布，桩端水印也基本呈"心形"分布。

③　当土体加载到极限破坏的时候，测量承力扩大盘下"心形"水印（即抗压桩承力扩大盘对盘下土体的影响范围）的大小，其纵向长度约为 4 倍的承力扩大盘悬挑径，水平范围约为 1.3 倍的承力扩大盘悬挑径。

3）抗压桩荷载-位移曲线

记录试验中所得到的半截面模型桩原状土试验的位移数据与荷载数据，需要注意的是要将试验时加载的桩顶垫块（见第 2 章）重量换算成以 kN 为单位记入初始荷载。根据位移、荷载数据，绘制抗压试验桩的荷载-位移曲线，如图 3.1-10 所示。由于是模型试验，故不考虑数值的大小，仅研究曲线发展规律。

从图 3.1-10 可以看出，在加载的过程中，随着位移的增加，荷载均呈现递增的趋势，且前期桩顶的竖向荷载增长趋势较陡，中期桩顶的竖向荷载增加趋势逐渐趋于平缓，最后阶段桩顶的竖向荷载增加趋势逐渐减缓并趋近于水平线，即当竖向拉力不再增加时，竖向位移继续增加，表明土体已达到破坏状态。该曲线

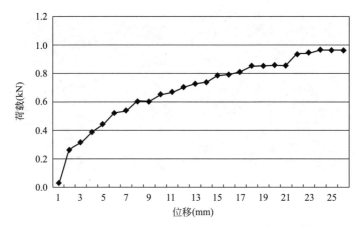

图 3.1-10　抗压半截面桩原状土模型试验桩顶荷载-位移曲线

的总体趋势符合桩基础的荷载-位移曲线发展规律，说明试验结果是可靠的。

2. 抗压半截面桩现场大比例试验结果分析——黏性土

由于模型试验受到桩材质、尺寸效应等各方面的影响，为了进一步验证桩周土体破坏状态的可靠性，通过现场大比例试验进行深入研究。为了保证试验数据的可靠性，试验中做了 3 根同样规格的混凝土扩盘桩（1 号桩、2 号桩、3 号桩），同时做了 1 根无盘桩（4 号桩），进行对比。

1）土体物理力学性能指标

根据试验场地的岩土工程勘察报告，试验场地土层的第①层为人工回填的素填土，其基本物理力学性能指标无法通过试验测得，第②层为粉质黏土；另外，本次试验的半截面桩桩长仅为 4.2m 左右，承力扩大盘位于桩体中下部，即承力扩大盘和桩端均落在第②层的粉质黏土层，所以仅给出第②层粉质黏土层的基本物理力学性能指标，如表 3.1-5 所示。

第②层粉质黏土基本物理力学性能指标　　　　　　表 3.1-5

统计项目	最大值	最小值	平均值	统计数
密度 ρ(g/cm³)	1.89	1.77	1.84	4
天然含水量 ω(%)	39.3	23.2	28.8	4
天然孔隙比 e	1.052	0.733	0.906	4
土粒相对密度 Gs	2.73	2.71	2.72	4
液限 ω_L	37.7	29.0	32.6	4
塑限 ω_P	25.7	18.5	21.1	4

续表

统计项目		最大值	最小值	平均值	统计数
液性指数 I_{L}		1.13	0.41	0.66	4
塑性指数 I_{P}		12.0	10.4	11.5	4
压缩系数	0.1～0.2(1/MPa)	0.564	0.201	0.415	4
压缩模量	0.1～0.2(MPa)	8.82	3.64	5.24	4

注：试验室通过直剪试验测得试验用土的黏聚力为 52kPa，内摩擦角为 14°。

各层岩土地基承载力特征值 f_{ak} 具体数据如表 3.1-6 所示。

现场试验地基岩土承载力特征值 f_{ak}　　　　　表 3.1-6

层号	土层名称	地基土承载力特征值 f_{ak}(kPa)		
		依土工试验	依原位试验	建议值
②	粉质黏土	130		130
③	全风化泥岩		220	220
④	强风化泥岩		400	400
⑤	中风化泥岩		500	500

2）荷载、位移原始数据整理

根据试验中 4 根模型桩加载数据形成 1～4 号桩的荷载-位移曲线对比图，如图 3.1-11 所示。

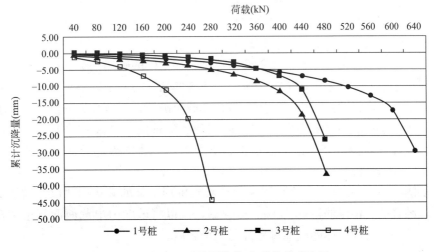

图 3.1-11　1～4 号桩荷载-位移曲线对比图

从图 3.1-11 可以看出，桩的竖向位移初始阶段发展较为平缓，随着桩顶荷载的不断增大，后半阶段增量较大，曲线呈陡降型，荷载-位移曲线的发展趋势符合正常规律。2 号桩和 3 号桩的荷载-位移曲线较为接近，两者均加载至 400kN 左右即呈现陡降趋势，盘下土体破坏较大，据此估测荷载已达到极限承载力，无法继续加载，实际 2 号桩、3 号桩极限承载力约为 400kN；而 1 号桩则加载到 600kN 左右时，其荷载-位移曲线才呈现陡降趋势并达到极限承载力，实际 1 号桩极限承载力约为 600kN。1 号桩极限承载力比 2 号桩、3 号桩大的原因是水平支撑的影响，在 2 号桩、3 号桩试验的后期，都出现了较小程度的桩身向基坑内侧倾斜的现象，因此在做 1 号桩加载试验时，为了保持桩身垂直稳定，防止其向基坑内倾斜，在桩身部位又多加了几道水平支撑，直至加载破坏，桩身均未发生倾斜现象，因此，承载力提高。

由于 4 号桩为半截面普通混凝土直孔灌注桩，从试验桩的荷载-位移曲线可以看出，4 号桩的竖向位移初始阶段发展较为平缓，随着桩顶荷载的不断增大，后半阶段增量较大，曲线呈陡降型，荷载-位移曲线的发展趋势与其他桩相同。但当荷载加至 240kN 左右时，其荷载-位移曲线已呈现陡降趋势，即达到极限承载力，实际 4 号桩极限承载力约为 240kN。

通过对比分析可以看出：在荷载加载前期，相同荷载条件下，1、2、3 号桩的竖向位移要远小于 4 号桩，1、2、3 号桩的荷载-位移曲线发展较为平缓，4 号桩沉降量大，发展迅速；同时，1、2、3 号桩的极限承载力值分别达到 600kN、440kN、440kN（平均值为 493kN），而 4 号桩的极限承载力仅达到 240kN，说明桩长仅 4m 左右的单盘混凝土扩盘桩，其极限承载力约为普通混凝土直孔灌注桩的 2.06 倍。由此可以充分证明，混凝土扩盘桩较普通混凝土直孔灌注桩具有承载力高、沉降量小、沉降发展较慢等优点。

3）桩周土体破坏情况（过程分析）

本次现场试验的一大特点是能够观测到桩周土体的破坏情况，这突破了传统的只靠埋设压力盒和钢筋应力计来推测土体破坏情况的方法，结果更真实，现象更直接。在本次试验过程中，桩周土体被加载至破坏，工作人员分阶段下入基坑内对桩土变化情况进行拍照记录，从而实现了对桩周土体破坏情况的全过程记录。以 1 号桩为例，分别记录桩盘上、下及桩周土体的破坏情况，如图 3.1-12 和图 3.1-13 所示。

从图 3.1-12 和图 3.1-13 可以清楚地看到桩周土体的破坏形式以及破坏的全过程，结合前文记录的荷载-位移曲线数据，可以将试验中半截面混凝土扩盘桩在受压状态下桩周土体的破坏过程分为三个阶段。

第一阶段：此阶段为静载荷试验加载初期，由于施加荷载较小，桩身竖向位

图 3.1-12　1 号桩盘下土体破坏全过程

图 3.1-13　1 号桩盘上土体破坏全过程

移微小，桩盘周围土体变化不大。在桩盘端处土体首先发生剪切破坏，土体产生裂缝；盘上土体因为与桩身之间存在摩擦力，在桩身竖向产生微小位移的情况下，盘上土体同时产生微小裂缝；盘下土体变化微小，土体基本保持原状。

　　第二阶段：此阶段静载荷试验进入中期，桩顶荷载逐渐增大，桩身位移随着荷载的增大而增大，但位移较小且增长缓慢，桩盘周围土体开裂缝隙进一步增大。桩盘端处剪切破坏逐渐增大，土体裂缝向外扩展；盘上土体因摩擦力的存在产生向下的拉应力，在拉应力的作用下，盘上土体裂缝增大，并逐步出现松动现象；盘下土体受压并开始持力，随着荷载的进一步增大，盘下土体在桩端处产生滑移破坏，滑移线沿着大约45°方向向桩外侧发展。

第三阶段：此阶段静载荷试验进入后期，荷载-位移曲线已经开始呈现陡降趋势，即在荷载增量较小的情况下，桩身位移变化很大，试验桩已无法继续承担荷载，试验即告结束，此时桩盘周围土体破坏严重，荷载已加载至破坏状态。盘上土体裂缝较大，最终盘上土体产生分离且发生松动掉落现象，并与盘下滑移破坏裂缝贯通；盘下土体已经丧失持荷能力，滑移破坏进一步增大，滑移线上部与盘上缝隙贯通，下部逐步呈竖向发展，并最终有向桩身回拢的趋势。

4）桩周土体破坏情况（对比分析）

观测桩周土体破坏情况是试验的主要任务，选取各个试验桩桩周土体破坏前后情况的图片进行分析，如图3.1-14~图3.1-16所示。

(a)加载前   (b)破坏后

(c)盘下土体破坏情况   (d)盘上土体破坏情况

图3.1-14　1号桩土体破坏情况

(a)加载前　　　　　　　　　　　　　(b)破坏后

(c)盘下土体破坏情况　　　　　　　　(d)盘上土体破坏情况

图 3.1-15　2 号桩土体破坏情况

　　从半截面桩（1～3 号桩）土体破坏前后对比照片可以清楚地看到土体的破坏形式，分析结果得出如下结论：

　　（1）对于盘上土体的破坏形式，在混凝土扩盘桩小比例模型试验中这样描述：在桩刚发生位移时，盘上表面与土体脱开，盘上一定范围内桩周土体与桩分离（或产生水平拉应力）。从本次试验桩盘上土体破坏形式图 3.1-17 中可以清晰地看到，在桩体发生位移时，并非盘上表面土体与桩分离，而是盘上一定范围内土体受拉产生裂缝，裂缝逐渐增大，最终导致盘上部土体自身产生分离。这一破坏形式可以从拔出的半截面试验桩看出（见图 3.1-17），盘上土体一起同桩体带出，并未发生分离，主要原因是在混凝土浇筑和固化的过程中，由于混凝土的膨

(a)加载前 (b)破坏后

(c)盘下土体破坏情况 (d)盘上土体破坏情况

图 3.1-16 3号桩土体破坏情况

图 3.1-17 盘上土体破坏形式

胀，盘周围混凝土和桩周土结合的比较紧密，在竖向力作用下，盘上一小部分土体随盘一同下移，使得桩土分离不是发生在桩盘上表面，而是发生在盘上的土与土之间。而此范围的土体因受拉产生破坏，与周围土体分离，在计算承载力时不应考虑这一范围的土体摩阻力，此结论与有限元分析和模型桩试验的结果实质上是相符的。

（2）1～3 号桩在加载初期，盘下土体被压实，且随着荷载的不断增大，土体压实度也不断增大。由于承力扩大盘的存在，使得试验桩前期的沉降量很小；此结论与理论分析和小模型试验结果相符。

（3）1～3 号桩的盘下土体破坏形式基本相同，即随着荷载的增大，盘端处土体发生剪切破坏，盘下土体向下滑动；破坏时产生的滑移线最初见于盘端处，并向桩外侧发展，当滑移线发展到一定程度时，滑移线逐渐向下发展的同时，向内回收，最后回收到桩身侧面，滑移区影响范围沿着桩长竖向高度约为 2.0～2.5 倍盘悬挑径，水平方向约为 1.2 倍盘悬挑径。盘下土体在桩顶荷载的作用下产生滑移破坏，这一结论验证了小模型试验的试验结论，此结论也与理论分析结果相符。

5）半截面混凝土扩盘桩与普通混凝土直孔灌注桩对比

半截面普通混凝土直孔灌注桩（4 号桩）土体破坏情况如图 3.1-18 所示。

(a)加载前　　　　　　　　　　　　(b)破坏后

图 3.1-18　4 号桩土体破坏情况

（1）承载原理不同

混凝土扩盘桩的承载原理与普通混凝土直孔灌注桩有很大区别，其最大的不同在于承力扩大盘的设置。混凝土扩盘桩选择具有较高的摩阻力和压缩模量的土层来作为持力层，并在此土层设置承力扩大盘，当荷载从上部结构传来时，混凝土扩盘桩就形成了由桩身、承力扩大盘和桩端共同承担荷载的桩型，其中承力扩大盘起到了一定的端承作用。相比较而言，普通混凝土直孔灌注桩则通过桩端作用于岩层或良好土体和桩身的侧摩阻力来抵抗上部传来的竖向荷载。总之，两者承载原理不同的根本在于承力扩大盘的存在，混凝土扩盘桩可以简单理解为普通混凝土直孔灌注桩与若干承力扩大盘的组合桩型，而这一组合改变了原有普通混凝土直孔灌注桩的承载原理，提高了其承载能力。

（2）桩土破坏情况不同

正如前文所述，由于混凝土扩盘桩的特殊构造致使其承载原理方面与普通混凝土直孔灌注桩有着明显的不同，而在桩周土体破坏情况方面也同样存在差异，如图 3.1-19 所示。

(a)3号桩加载后　　　　　　　　(b)4号桩加载后

图 3.1-19　混凝土扩盘桩和普通混凝土直孔灌注桩破坏情况

对于 1~3 号桩的桩周土体破坏情况已经在前文详细描述，这里不再赘述。而从图 3.1-19 中 4 号桩破坏后的图片能够清晰地看到土体的破坏形式，由于普通混凝土直孔灌注桩主要是靠桩端阻力和桩侧摩阻力来承担上部结构传来的荷载，所以从图中可以看出，桩端在荷载的作用下已经沉入土体当中，而由于与土体摩阻力的存在，桩侧与桩身周围的土体已经产生较大的裂缝，并且由于半剖面一侧土体无支护，已经有一部分土体脱落了，只是由于混凝土与桩周土体的黏附作用，所以破坏时桩周有少量土体附着于桩身，并与桩共同下移。总之，对比两种桩型桩周土体的破坏情况可以发现，混凝土扩盘桩盘下土体滑移破坏形式对桩承载力提高更有帮助。

6) 结论

通过对试验桩的荷载-位移曲线、破坏全过程及桩周土体破坏情况的对比，得到以下几点结论：

① 当桩体发生竖向位移时，并非盘上表面土体与桩分离，而是盘上一定范围内土体受拉产生裂缝，随着裂缝逐渐增大，最终导致盘上部土体自身产生分离。盘上裂缝沿桩身影响高度约为 1.0～1.5 倍盘悬挑径，而此范围土体因受拉产生破坏，在计算承载力时不考虑这一范围的土体摩阻力。

② 混凝土扩盘桩在加载初期，盘下土体被压实，且随着荷载的不断增大，土体压实度也不断增大。由于承力扩大盘的存在，使得试验桩前期的沉降量很小。

③ 盘下土体在桩顶荷载的作用下产生滑移破坏，这一结论验证了小模型试验的试验结论。破坏产生的滑移线最初见于盘端处，并向桩外侧发展，当滑移线发展到一定程度时，滑移线逐渐向下发展，并在最后向桩身一侧回拢，滑移区影响范围沿着桩长竖向高度约为 2.0～2.5 倍盘悬挑径，水平方向约为 1.2 倍盘悬挑径。因为盘下土体产生压缩，所以在计算承载力时这一范围的土体侧摩阻力有所增大。

④ 根据试验观测到的桩周土体的破坏形式以及破坏的全过程，结合荷载-位移曲线数据，将试验中半截面混凝土扩盘桩在受压状态下桩周土体的破坏过程分为三个阶段：盘上土体裂缝较大，最终盘上土体产生分离且发生松动掉落现象；盘下土体压缩后，盘下土体滑移逐步呈竖向发展，并最终有向桩身回拢的趋势，滑移部分曲线基本呈"心形"，土体最终产生滑移破坏。

⑤ 将半截面普通混凝土直孔灌注桩与半截面混凝土扩盘桩进行对比分析可知：混凝土扩盘桩盘下土体的滑移破坏形式对桩承载力提高更有帮助；对比两者的荷载-位移曲线形式可知：混凝土扩盘桩在荷载加载前期沉降量小，沉降发展平缓，且最终达到的极限承载力约为普通混凝土直孔灌注桩的 2.06 倍，在缩短工期、降低造价、保护环境等方面，混凝土扩盘桩都具有普通混凝土直孔灌注桩无法比拟的优势。

3. 抗压半截面桩小模型埋土试验结果分析——细粉砂土

1) 抗压试验模型桩及盛土器设计

抗压试验模型桩采用钢制桩（见图 3.1-20），模型桩具体尺寸参数如表 3.1-7

所示。由于细粉砂土的特点，采用半截面桩小模型埋土试验，根据之前的经验确定混凝土扩盘桩的影响范围，因此设计盛土器的尺寸为 280mm × 320mm × 320mm，如图 3.1-21 所示。该盛土器需要承受细粉砂土压实过程中产生的侧向压力和加载过程中产生的侧向压力，因此凹槽形状的侧钢板和平面钢板的板厚为 3mm；顶面的钢板留有半圆形的豁口，便于试验时桩身能够高出顶板 30～40mm；盛土器侧面凸出的钢板用于螺栓固定玻璃平板。

图 3.1-20　抗压试验模型桩实物图　　　　图 3.1-21　抗压试验盛土器实物图

抗压试验模型桩尺寸参数　　　　　　　　　　　表 3.1-7

项目	主桩径 d (mm)	桩长 L (mm)	盘径 D (mm)	盘高 H (mm)	盘坡脚 α (°)	盘悬挑径 R_0 (mm)
试验参数	20	220	80	32	28	30
模拟参数	500	6700	2000	800	28	750

2）细粉砂土含水率的确定

含水率作为土体的一项重要参数，关系到土体的黏聚力、内摩擦角、膨胀角和密度等重要物理力学指标的变化，当含水率过高时，土体的黏聚力很小，几乎为零；而当含水率过低即土体处于干燥状态时，其抗剪强度极低，为了更加符合实际情况，研究过高或者过低的细粉砂土含水率意义不大，因此本试验只研究含水率在 20％以下的情况。

根据土工试验指导书对土体含水率的计算公式说明如下：

$$\omega = \frac{[(湿土+盒重)-盒重]-[(干土+盒重)-盒重]}{(干土+盒重)-盒重}$$

从公式中可以总结出细粉砂土的含水率是水的质量与干砂的质量之比，所以控制细粉砂土的质量和水的质量是控制含水率的关键所在，于是本节采用以下方法对细粉砂土和水的质量进行控制。

试验对细粉砂土的称重采用的是电子台秤，精度为 0.01kg，最大称重为 150kg。首先对整袋的细粉砂土称重，然后将细粉砂土全部洒在预先铺好的塑料薄膜上，采用塑料薄膜的目的是在细粉砂土加水搅拌的过程中防止水分流失，再对装细粉砂土的袋子进行称重，用整袋细粉砂土的质量减去袋子的质量就得到需要细粉砂土的质量。

对水的称重仍然采用上述的电子台秤。装水用的是 5L 的硬塑料水桶，加水后称水和桶的总质量再减去水桶单独称重的质量，得到水的质量。根据含水率的计算公式，试验设计将细粉砂土含水率控制在 15%，按上述方法制备的试验所用细粉砂土的力学参数见表 3.1-8。

抗压试验细粉砂土的力学参数　　　　　表 3.1-8

模型编号	理论含水率 ω	实测含水率 ω	黏聚力 c (kPa)	内摩擦角 φ (°)	密度 ρ (g/cm^3)
b	12.5%	12.05%	46.9	38.7	1.82

3）抗压桩荷载-位移曲线分析

根据第 2 章介绍的试验方法进行试验。进行试验加载时，采取的记录方式是位移控制法，即位移计每增加 1mm，记录一次加载数值，根据试验得到的荷载、位移绘制荷载-位移曲线，如图 3.1-22 所示。

从图 3.1-22 可以看出，随着桩顶位移的增加，荷载也逐渐增大，位移为 0mm 时，荷载并不为 0，这是由于加载试验需要辅助设备，包括千斤顶、千斤顶垫片、桩顶垫块，这些辅助设备的静荷载经过称重为 0.034kN。且在最初位移每变化 1mm，荷载随位移增加的幅度比试验后期要大，说明混凝土扩盘桩由于桩端与承力扩大盘的存在，在一定荷载情况下位移变化较小。继续加载，其荷载-位移曲线趋于平缓，荷载随位移变化率逐渐降低，说明此时位移变化时荷载的变化减小。随着对桩顶加载到最后阶段，荷载-位移曲线接近水平，即对桩顶施加较小的荷载，桩的竖向位移很大，说明抗压试验桩已达到极限破坏状态，对应的荷载值是极限荷载值。

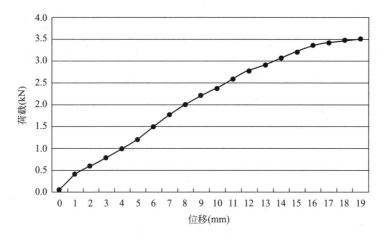

图 3.1-22　抗压半截面桩埋土试验模型桩的荷载-位移曲线

4）抗压桩桩周土体破坏状态结果分析

对桩顶施加荷载的过程中，每产生 1mm 位移，用数码相机记录桩周细粉砂土的破坏情况，以 b 桩为代表选择有代表性的图片描述桩周土体的破坏过程，如图 3.1-23 所示。

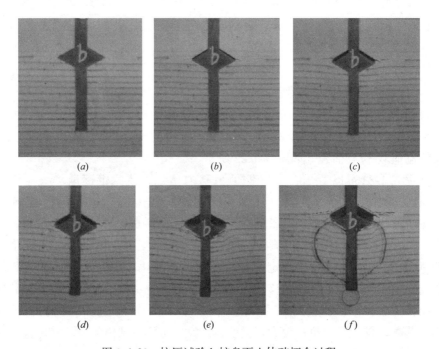

    (a)   (b)   (c)

    (d)   (e)   (f)

图 3.1-23　抗压试验 b 桩盘下土体破坏全过程

本试验创新性地在细粉砂土的表面画上水平网格线,当对半截面桩加载时,盘下土体挤压,挤压导致的细粉砂土的竖向移动通过网格线的弯曲反映,这样就能够清晰地看到盘下受力土体的影响范围以及形状。

图 3.1-23 为 b 桩随桩顶荷载的增加桩周细粉砂土的破坏全过程。图 3.1-23 (a) 是未加载的状态。图 3.1-23 (b) 是加载初期,桩端及承力扩大盘下面与细粉砂土结合紧密,试验桩盘下周围的水平网格线未弯曲。在加载一定荷载之后,图 3.1-23 (c) 中盘端位置出现微小的水平裂缝,盘上细粉砂土与盘分离,且随着荷载的增加盘上裂缝增大,只有承力扩大盘下较小范围内的网格线出现微弯曲,盘下土体变化不明显。再继续加载,如图 3.1-23 (d) 所示,盘上土体与盘的裂缝更大,承力扩大盘端土体受到的剪切力越来越大,土体裂缝不断扩展,盘端土体开始出现剪切破坏,盘下及桩端的水平网格线弯曲明显,说明盘下和桩端的土体开始受到挤压,且从网格线的弯曲状态发现盘下土体影响范围呈"心形"。图 3.1-23 (e) 为加载末期,荷载继续加大,单位竖向位移变化很小,说明已经达到极限破坏状态,盘下水平网格线沿着竖向弯曲明显,甚至盘下附近和桩端的网格线已经出现中断的情况,说明盘周土体已经发生滑移破坏。图 3.1-23 (f) 为承力扩大盘周土体的破坏状态,从盘下土体的破坏状态发现,试验桩的竖向抗压承载力主要由盘下土体提供。

总之,对于细粉砂土,抗压桩的盘下土体破坏状态,也基本为盘下土体的滑移破坏,只是由于细粉砂土缺乏黏聚力,滑移线竖向及水平方向的影响范围都比较大。

3.1.3　抗压桩的桩侧摩阻力变化区域

由于抗压破坏的状态,盘上土体与桩分离,盘上沿桩身一定长度内土体产生拉应力,影响桩侧摩阻力的计算长度;盘下土体压缩,并产生滑移破坏,盘下沿桩身一定长度内桩侧摩阻力增大。上述区域的长度与盘参数有对应的关系,因此,上述区域长度的研究,对桩侧摩阻力计算有重要意义。

1. 不同承力扩大盘悬挑径的抗压桩

分析模型主桩径 $d=500\text{mm}$,桩长 $L=5000\text{mm}$,盘高 $H=600\text{mm}$,承力扩大盘设在沿桩长中间位置。根据模拟分析结果提取相应的数据,形成桩周土体关键点的竖向位移、弹性应变、Y 向(沿桩长方向)正应力和 $X(Z)$ 向(垂直桩长方向)正应力曲线,如图 3.1-24~图 3.1-27 所示。

从图 3.1-24~图 3.1-27 可以看出,由于承力扩大盘的存在,桩周土体的受力状态有较大变化。除去桩身压缩等因素,各主要点竖向位移基本相同,由于桩端面积较小,盘面积较大,因此桩端的弹性应变、竖向应力和水平应力均比盘下

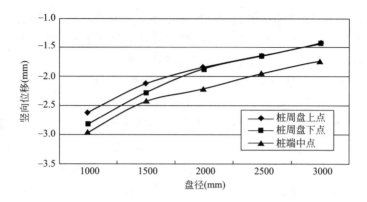

图 3.1-24　不同盘径抗压桩桩周盘上点、盘下点、桩端中点竖向位移曲线

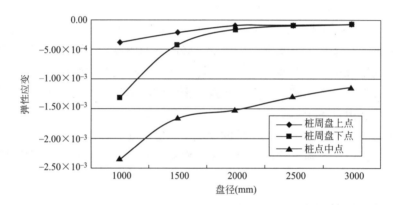

图 3.1-25　不同盘径抗压桩桩周盘上点、盘下点、桩端中点弹性应变曲线

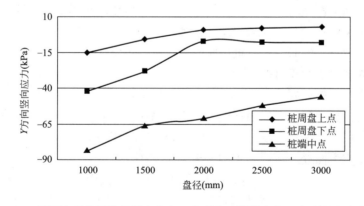

图 3.1-26　不同盘径抗压桩桩周盘上点、盘下点、桩端中点 Y 方向竖向应力曲线

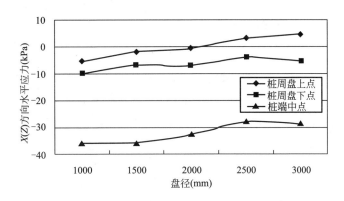

图 3.1-27　不同盘径抗压桩桩周盘上点、
盘下点、桩端中点 X（Z）方向水平应力曲线

大（接近 2～3 倍），但由于盘面积是桩端面积的 15 倍，因此简单通过竖向应力分析，盘端承担的竖向应力比桩端大许多（接近 5～7 倍）。同时，由于盘上土体与桩脱离，因此盘上值均比盘下值小，但当盘径大于 2000mm 后，逐渐接近或趋于相等，说明盘径大于一定值后，增大盘径的效率不高。

不同盘径的抗压桩在达到极限荷载时，根据计算数据提取的盘上受拉区长度 L_a、盘下受压区长度 L_b 及其与盘悬挑径比值 L_a/R_0（L_b/R_0）的变化曲线如图 3.1-28～图 3.1-31 所示，盘下压应力增大值等相关参数形成的曲线如图 3.1-32 所示。图中横坐标 1、2、3、4、5 分别代表盘径为 1000mm、1500mm、2000mm、2500mm、3000mm 的抗压模型。

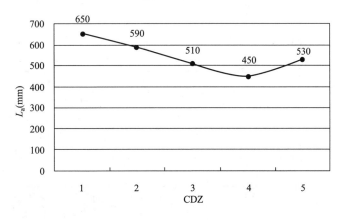

图 3.1-28　抗压桩盘上受拉区长度 L_a 随盘径变化曲线

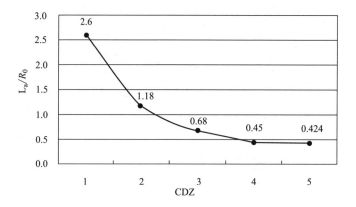

图 3.1-29　不同盘径抗压桩 L_a/R_0 变化曲线

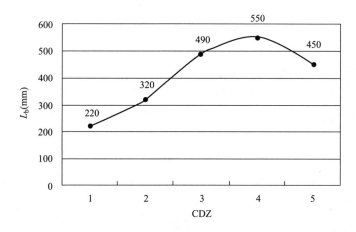

图 3.1-30　抗压桩盘下受压区长度 L_b 随盘径变化曲线

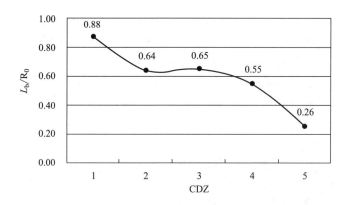

图 3.1-31　不同盘径抗压桩 L_b/R_0 变化曲线

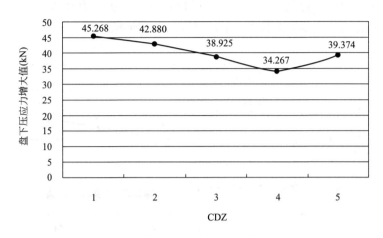

图 3.1-32　抗压桩盘下压应力增大值随盘径变化曲线

从图 3.1-28～图 3.1-32 可以看出，由于承力扩大盘的设置，桩周土体的应力发生了变化。具体分析结果如下：

1）从图 3.1-28 和图 3.1-29 可以看出，盘上局部土体出现拉应力（此范围设为 L_a），说明在此范围内，桩侧摩阻力为零，随着盘径的增加，L_a 的范围逐渐减小。根据图 3.1-29 的统计数据结果分析可以确定：L_a 与盘悬挑径 R_0 的关系为 $L_a = \alpha_1 \cdot R_0$，盘径为（0.5～2.5）R_0 时，相关参数 α_1 在 2.6～0.4 之间，随着盘悬挑径的增加，系数逐渐减小。

2）从图 3.1-30 和图 3.1-31 可以看出，盘下土体产生压缩，并产生滑移破坏，盘下土体在一定范围内出现压应力增大（此范围设为 L_b），说明在此范围内，桩侧摩阻力增加，因此该范围内桩侧摩阻力应为 $f_{侧c} = \gamma \cdot f_{侧}$，$\gamma$ 为桩侧摩阻力增大系数。同时，随着盘径的增加，L_b 的范围逐渐增大，但盘径过大时，L_b 的范围又会减小。根据图 3.1-31 的统计数据结果分析可以确定：L_b 与盘悬挑径 R_0 的关系为 $L_b = \beta_1 \cdot R_0$，盘径为（0.5～2.5）R_0 时，相关参数 β_1 在 0.8～0.25 之间，随着盘悬挑径的增加，系数逐渐减小。

3）从图 3.1-32 可以看出，随着盘径的增大，盘下压应力增大值会逐渐减小，但变化幅度不大，当盘径超过一定值时，盘下压应力增大值又会稍有增大。当盘径为（0.5～2）R_0 时，桩侧摩阻力增大系数约为 1.2～1.1。

2. 不同承力扩大盘坡角的抗压桩

分析模型主桩径 $d = 500\text{mm}$，桩长 $L = 5000\text{mm}$，盘径 $D = 1500\text{mm}$，承力扩大盘设在沿桩长中间位置。根据模拟分析结果提取相应的数据，形成桩周土体关键点的竖向位移、弹性应变、Y 向（沿桩长方向）正应力和 X（Z）向（垂直桩长方向）正应力曲线，如图 3.1-33～图 3.1-36 所示。

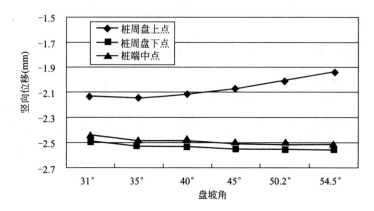

图 3.1-33　不同盘坡角抗压桩桩周盘上点、盘下点、桩端中点竖向位移曲线

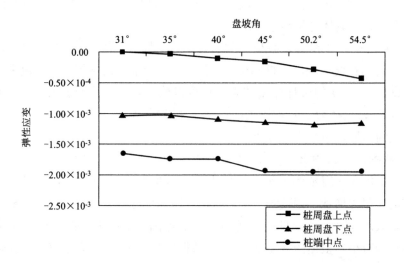

图 3.1-34　不同盘坡角抗压桩桩周盘上点、盘下点、桩端中点弹性应变曲线

从图 3.1-33～图 3.1-36 可以看出，由于承力扩大盘的存在，桩周土体的受力状态有较大变化。各项数据的曲线特点与盘径变化时基本相同，只是所有曲线都比较平缓，说明盘坡角的变化对各项数据的影响不大。同时，由于盘上土体与桩脱离，因此盘上值均比盘下值小，但当盘坡角大于 40° 后，逐渐接近或趋于相等。

不同盘坡角的抗压桩在达到极限荷载时，盘上受拉区长度 L_a、盘下受压区

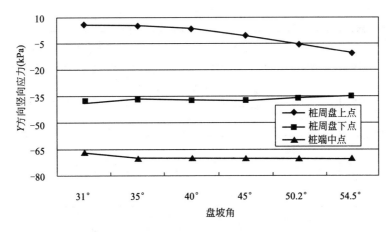

图 3.1-35　不同盘坡角抗压桩桩周盘上点、盘下点、桩端中点 Y 方向竖向应力曲线

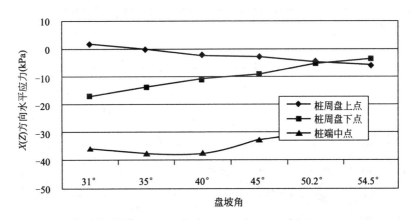

图 3.1-36　不同盘坡角抗压桩桩周盘上点、盘下点、桩端中点 X（Z）方向水平应力曲线

长度 L_b 及盘下压应力增大值等相关参数曲线如图 3.1-37～图 3.1-39 所示。图中横坐标 1、2、3、4、5、6 分别代表盘坡角为 31°、35°、40°、45°、50.2°、54.5° 的抗压模型。

从图 3.1-37～图 3.1-39 可以看出，由于承力扩大盘的设置，桩周土体的应力发生了变化。具体分析结果如下：

1）盘上局部土体出现拉应力（此范围设为 L_a），说明在此范围内，桩侧摩阻力为零。盘下土体在一定范围内出现压应力增大（此范围设为 L_b），说明在此范围内，桩侧摩阻力增加，因此该范围内桩侧摩阻力应为 $f_{侧c} = \gamma \cdot f_{侧}$，$\gamma$ 为桩侧摩阻力增大系数，约为 1.1。

2）随着盘坡角的增加，L_a 和 L_b 的范围都逐渐增大，但受拉区长度 L_a 的变

95

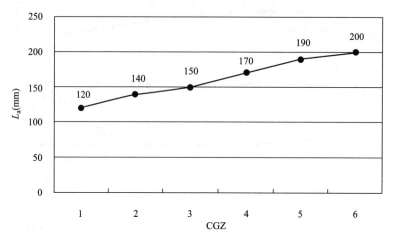

图 3.1-37　抗压桩盘上受拉区长度 L_a 随盘坡角变化曲线

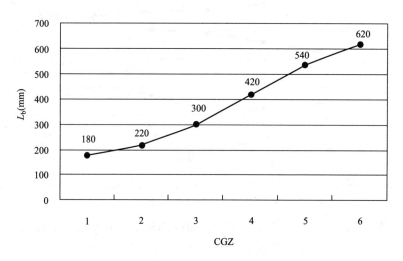

图 3.1-38　抗压桩盘下受压区长度 L_b 随盘坡角变化曲线

化较小,即受盘坡角影响较小,而 L_b 的变化较大,即受盘坡角影响较大。同时,除盘坡角较小时,盘下压应力增大值较小外,随着盘坡角的增加,盘下压应力增大值较大,但变化幅度不大,即盘坡角对盘下压应力增大值的影响较小。

3. 不同承力扩大盘间距的抗压桩

分析模型主桩径 $d = 500mm$,桩长 $L = 10000mm$,盘径 $D = 2000mm$,盘高 $H = 750mm$,上盘距桩顶 2000mm。根据模拟分析结果提取相应的数据,形成桩

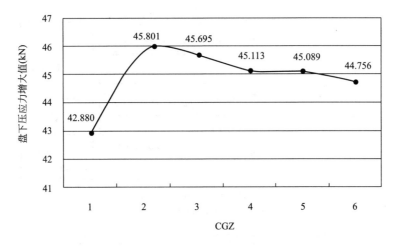

图 3.1-39　抗压桩盘下压应力增大值随盘坡角变化曲线

周土体关键点的竖向位移、弹性应变、Y 向（沿桩长方向）正应力和 X（Z）向（垂直桩长方向）正应力曲线，如图 3.1-40～图 3.1-43 所示。

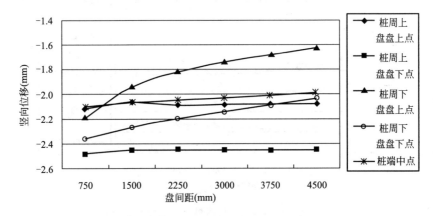

图 3.1-40　不同盘间距抗压桩桩周上盘盘上下点、下盘盘上下点、桩端中点竖向位移曲线

　　从图 3.1-40～图 3.1-43 可以看出，由于承力扩大盘的存在，桩周土体的受力状态有较大变化。各项数据曲线的整体趋势基本相同，但当盘间距较小时，会出现曲线交叉的状况，主要是由于上、下盘间的土体发生相互干扰，出现了整体的土体滑移，因此影响了相应的参数。

　　不同盘间距的抗压桩在达到极限荷载时，上、下盘上受拉区长度 L_{a1}、L_{a2}，盘下受压区长度 L_{b1}、L_{b2} 及盘下压应力增大值等相关参数曲线如图 3.1-44～图

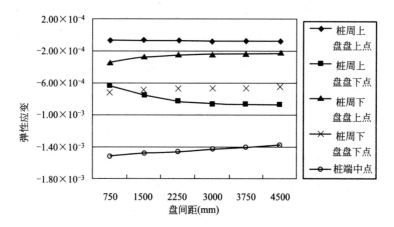

图 3.1-41　不同盘间距抗压桩桩周上盘盘上下点、
下盘盘上下点、桩端中点弹性应变曲线

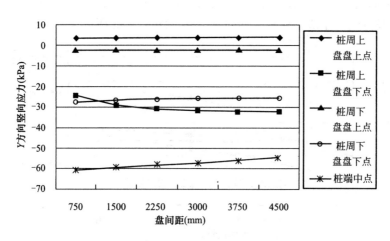

图 3.1-42　不同盘间距抗压桩桩周上盘盘上下点、
下盘盘上下点、桩端中点 Y 方向竖向应力曲线

3.1-46 所示。图中横坐标 1、2、3、4、5、6 分别代表盘间距为 750mm（R_0）、1500mm（$2R_0$）、2250mm（$3R_0$）、3000mm（$4R_0$）、3750mm（$5R_0$）、4500mm（$6R_0$）的抗压模型。

与前面的分析模型相似，都是盘上局部土体出现拉应力，盘下土体一定范围内出现压应力增大。但由于盘间距的不同，盘间土体的破坏状态发生变化。

从图 3.1-44～图 3.1-46 可以看出：

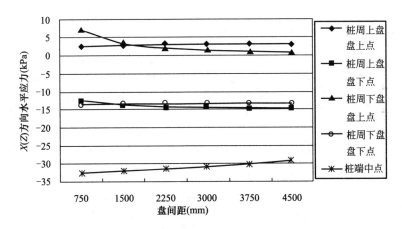

图 3.1-43　不同盘间距抗压桩桩周上盘盘上下点、
下盘盘上下点、桩端中点 X（Z）方向水平应力曲线

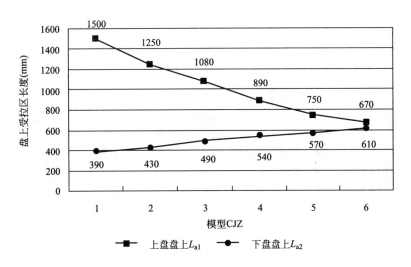

图 3.1-44　抗压桩盘上受拉区长度 L_a 随盘间距变化曲线

1）当盘间距较大时（$S_0 > 2R_0$），上、下盘间桩周土体相互影响较小，即上、下盘各自分别出现土体滑移破坏，且破坏形式与单盘桩基本相同。

2）当盘间距较小时（$S_0 \leqslant 2R_0$），上、下盘间桩周土体相互影响较大，盘间土体出现沿盘端土体的整体剪切破坏。因此，上盘上部的拉应力区和下盘下部的压应力增大区都按单盘规律计算，而由于上盘盘下土体的下移，下盘盘上受拉

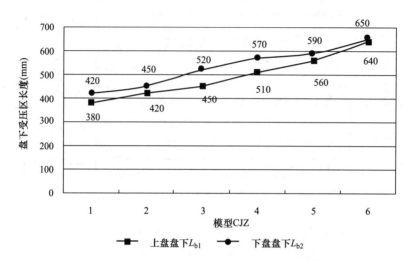

图 3.1-45　抗压桩盘下受压区长度 L_b 随盘间距变化曲线

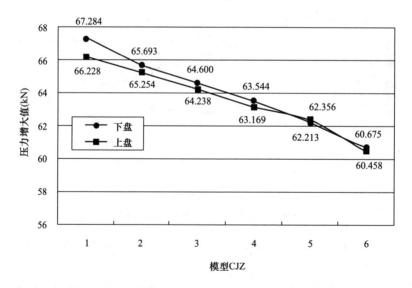

图 3.1-46　抗压桩盘下压应力增大值随盘间距变化曲线

区变小，使得盘间土体相互干扰，最终产生整体剪切破坏，因此，盘间的桩侧摩阻力计算公式变为 $F_{侧S} = 2\pi D \cdot S_0 \cdot \mu \cdot f_{侧}$。

3）同时，随着盘间距的增加，盘下压应力增大值逐渐减小，但变化幅度不大，即盘间距超过一定值后，盘间距的继续增加对盘下压应力增大值的影响不大。

3.2 抗拔桩的破坏机理

3.2.1 抗拔桩破坏机理的模拟分析

按照 2.1 节的有限元分析方法建立抗拔桩的有限元分析模型，以单盘桩为目标进行研究，桩土材料参数的设定同抗压桩（见 3.1.1）。

抗拔桩模拟分析模型桩参数如表 3.2-1 所示，模型尺寸示意图如图 3.2-1 所示。由于考虑到边界条件可能产生的影响，土体的计算区域范围尽量大些，沿承力扩大盘径向取 10m，沿混凝土扩盘桩向上取 7.5m，桩端下面取 2m，建立桩土模型基本参数如图 3.2-2 所示。

<table>
<tr><td colspan="6">抗拔桩模拟分析模型桩参数　　　　　　表 3.2-1</td></tr>
<tr><td>项目</td><td>桩长 L
（mm）</td><td>主桩径 d
（mm）</td><td>盘径 D
（mm）</td><td>盘悬挑径(mm)
$R_0 = D - d$</td><td>盘坡角 α
（°）</td></tr>
<tr><td>参数</td><td>8000</td><td>500</td><td>2000</td><td>750</td><td>35</td></tr>
</table>

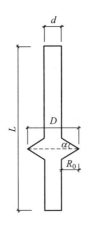

图 3.2-1 抗拔桩模拟分析
模型尺寸示意图

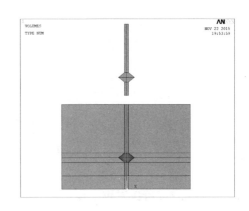

图 3.2-2 抗拔桩模拟分析
桩土模型示意图

模型分析荷载最大值为 1400kN，荷载从 140kN 开始，分 10 级加载，逐级按 140kN 递增加载。ANSYS 有限元模拟试验时需将集中荷载转换成桩顶面荷载，即从 1.4MPa 开始加载，每级增加 1.4MPa，加载至 14MPa 结束。

1.抗拔桩的荷载-位移模拟结果分析

提取加载至破坏的竖向位移云图，如图 3.2-3 所示；提取荷载、位移数据值并将表中数据形成曲线，如图 3.2-4 所示。

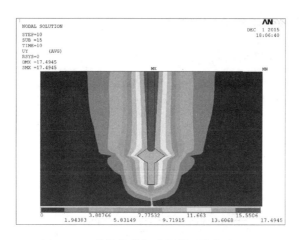

图 3.2-3 抗拔桩模拟分析模型的位移云图

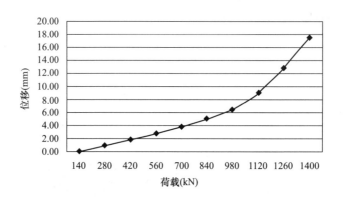

图 3.2-4 抗拔桩桩顶中心点的荷载-位移曲线

从图 3.2-3 可以看出，由于承力扩大盘的存在，使得桩周土体的位移变化不是传统的一致性规律，而是在承力扩大盘附近发生了较大的变化，盘端处最大，沿桩盘向上，逐渐向桩边回收。

从图 3.2-4 可以看出，在加载至 1000kN 之前，荷载-位移曲线几乎呈线性增长，超过 1000kN 之后，位移的增量开始有明显的增长，荷载-位移曲线为凹形曲线上升，即在同样荷载增幅的情况下，位移急剧增大，说明此时模型桩即将达到极限承载状态，极限承载力＞1000kN，随着荷载的不断增大，土体即将发生滑移破坏。

2. 抗拔桩的应力结果分析

运用 ANSYS 将桩加载至极限荷载值 1400kN 后，即在 10 级荷载（面荷载 14MPa）作用下，取桩的 YZ 方向的剪应力云图，同时在桩土模型中找到桩与土体的接触面，并沿桩身长度在接触面上均匀取点，然后再分别提取相应点在桩身和桩周土体受到的剪应力，分别归类分析。

1）桩身剪应力

抗拔桩模拟分析剪应力云图如图 3.2-5 所示。提取桩身剪应力值并根据这些数值形成桩身剪应力值变化曲线，如图 3.2-6 所示。

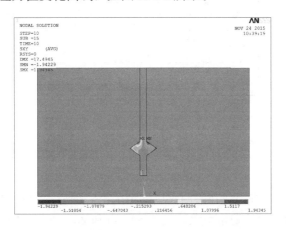

图 3.2-5　抗拔桩模拟分析 YZ 方向的剪应力云图

从图 3.2-5 可以看出，整个桩土模型剪应力区域沿混凝土扩盘桩中心轴线对称分布，模型桩 XY 平面剪应力最大值部位都在承力扩大盘上表面处。由于受力后，盘下表面和桩端均与土体发生分离，因此盘下及桩端均出现反向应力。

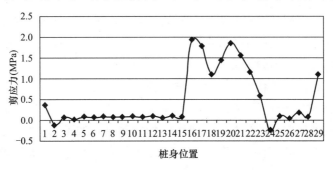

图 3.2-6　抗拔桩桩身剪应力值变化曲线

从图 3.2-6 可以看出，整个桩土模型桩身剪应力区域沿混凝土扩盘桩中心轴线对称分布，桩身的剪应力在承力扩大盘位置最大，盘上一定范围内剪应力的大小、方向均发生变化，而与无盘部位的规律不同，这说明承力扩大盘的存在影响了剪应力的分布规律。

2）桩周土体剪应力

沿桩长方向，提取土体与桩身接触面相应节点的剪应力值，为了便于观察桩周土体沿桩身接触面剪应力的变化，将桩周土体沿桩身接触面的剪应力值绘制成曲线，如图 3.2-7 所示。

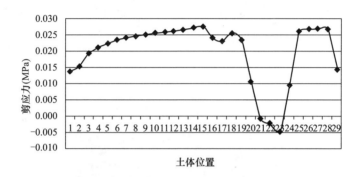

图 3.2-7　抗拔桩桩周土体沿桩身接触面的剪应力值变化曲线

从图 3.2-7 可以看出，在竖向受压的情况下，剪应力值在承力扩大盘处发生突变，15 点处剪应力绝对值最大，且 1～15 点和 25～29 点处的剪应力绝对值都分别大于 16～24 点剪应力绝对值，说明在竖向拉力荷载作用下，桩周土体剪应力与桩身剪应力对应。桩周土体在承力扩大盘端接触点的剪应力减小，承力扩大盘下剪应力减小，在竖向拉力作用下，桩端和盘下土体与桩分离。

3.2.2　抗拔桩破坏机理的试验研究

抗拔试验的模型是根据有限元分析的桩模型，采用小比例半截面模型桩，按1∶50 的比例缩小，并采用自制取土器取持力层原状土土样，制作试验模型，进行抗拔桩破坏机理的试验研究。

1. 抗拔半截面桩原状土模型试验结果分析——黏性土

1）抗拔桩试验模型的设计

抗拔试验模型桩采用横截面为半圆形的钢制桩，如图 3.2-8 所示，具体参数如表 3.2-2 所示。实现半截面模型桩在抗拔过程中，能观测到桩土相互作用下土体由受拉到极限破坏的全过程。

抗拔试验模型桩参数　　　　　　　　　表 3.2-2

项目	桩长 L (mm)	主桩径 d (mm)	盘径 D (mm)	盘悬挑径(mm) $R_0 = (D-d)/2$	盘坡角 α (°)
参数	120	10	40	15	35

图 3.2-8　抗拔试验半截面桩模型

图 3.2-9　抗拔试验取土器实物图

取土器按 2.2 节中的要求制作，抗拔桩对土体的影响范围为 4～5 倍的盘悬挑径（R_0），为了便于运输、拆卸和安装取土器，最终确定满足试验要求的取土器形状为矩形，尺寸大小为 300mm×300mm×300mm，如图 3.2-9 所示，既满足试验土体水平影响范围，又满足抗拔试验模型桩受拉至土体破坏的位移量要求。试验选取土样同抗压桩（详见 3.1.2），整个试验操作过程按 2.2 节中原状土试验完成。

2）抗拔桩桩周土体破坏状态的分析

本试验通过手动控制千斤顶，运用加载横梁反向施加拉力，从而控制抗拔试验模型桩桩顶位移的增量，随时观察并记录模型桩桩周土破坏情况以及桩顶位移量和施加荷载值。从加载直至土体破坏，桩周土体破坏的过程，如图 3.2-10 所示。

由图 3.2-10 可以清楚地看到桩周土体的破坏形式以及破坏的全过程，结合记录的荷载-位移曲线数据，可以将试验中抗拔试验模型桩在竖向拉力作用下桩周土体破坏过程分为三个阶段。

第一阶段：图 3.2-10（a）为未加载状态，加载初期由于施加荷载较小，桩

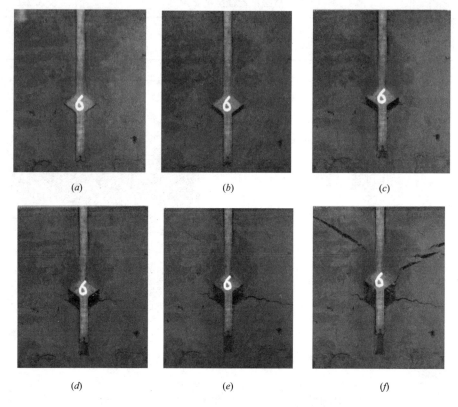

图 3.2-10　抗拔试验模型桩桩周土体破坏全过程

身竖向位移较小，试验模型桩周围土体整体情况变化不大，在土体弹塑性变形范围内；桩身位移初始，承力扩大盘及桩端分别都与盘下及桩端下部土体发生脱离，盘上土体变化微小，土体基本保持原状，如图 3.2-10（b）所示。

第二阶段：此阶段模型试验进入中期，桩顶竖向拉力逐渐增大，桩身位移随着荷载的增大而增大。桩盘下表面及桩端与土体的裂缝逐渐增大，同时，承力扩大盘盘端边缘出现水平裂缝，且随着荷载的增大，土体剪切破坏逐渐增大，盘上土体逐渐发生滑移现象，由于土中水分的析出，在盘上一定区域形成"心形"水印，水印范围随荷载的增大而增大，如图 3.2-10（c）、（d）所示，说明土体进入滑移破坏阶段。随着荷载和位移的进一步增大，桩周土体滑移破坏程度进一步加大，盘上土体裂缝继续增大并沿着滑移线向桩外侧、向上发展的同时，逐渐向桩身侧边回收，如图 3.2-10（e）所示。

第三阶段：此阶段静载荷试验进入后期，在荷载增长量较小的情况下，桩身位移增长量很大，承力扩大盘盘上土体达到极限承载力，试验即将结束。此时盘下及桩端与土体的分离达到最大，盘端水平裂缝达到最大，桩盘周围土体破坏达到最大，盘上土体滑移破坏产生的影响范围较大，由于承力扩大盘距土层上表面的距离不够大，且土层表面没有约束，最终盘上土体达到极限滑移破坏后，盘上土体发生整体冲切破坏，完全丧失承载能力，如图 3.2-10（f）所示。

3）抗拔桩荷载-位移曲线

将试验中所得到的抗拔试验模型桩的位移数据与荷载数据进行统计，需要注意的是要将试验时加载的垫块质量换算成以 kN 为单位记入初始荷载。根据位移、荷载数据表，绘制抗拔试验模型桩的荷载-位移曲线图，如图 3.2-11 所示。

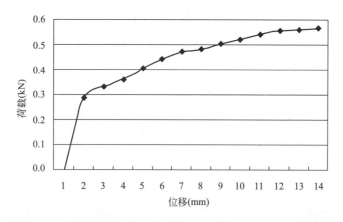

图 3.2-11　抗拔半截面桩原状土模型试验桩顶的荷载-位移曲线

从图 3.2-11 可以看出，在加载的过程中，随着位移的增加，荷载都是呈现凸形递增的趋势，且前期荷载增长趋势较陡，中期桩顶的竖向荷载增加趋势逐渐趋于平缓，最后阶段桩顶的竖向荷载增加趋势逐渐减缓并趋近于水平线，即竖向位移增加而竖向拉力不再增加，表明土体已达到破坏状态。荷载-位移曲线的前期、中期、后期三个阶段表现的比较明显，在桩顶位移小于 1mm 时，在竖向拉力作用下土体因挤压而变得密实，使土体初期承载力得到提高，单位位移下竖向荷载增长较快，符合荷载-位移曲线斜率在整个曲线中斜率最大的结果；中期阶段（桩顶位移 1～5mm）承力扩大盘下表面与土体发生脱离，盘上土体出现相对滑移，承力扩大盘边缘土体出现轻微开裂，土体整体性有所破坏，承载力有所降低，出现荷载-位移曲线斜率减缓现象；后期阶段（桩顶位移 5～13mm）竖向拉力荷载达到土体极限承载力，土体裂缝进一步发展，使承力扩大盘盘上土体与周围土体沿滑移线破坏，最后发生整体冲切破坏，在荷载增长很小的情况下，位移增长迅速。

2. 抗拔半截面桩小模型埋土试验结果分析——细粉砂土

1）抗拔试验模型桩及盛土器设计

同抗压桩相同，抗拔桩仍采用钢制桩。桩长为 6.7m，桩径为 500mm，而混凝土扩盘桩在竖向拉力作用下桩周土体可能发生冲切破坏，为了更加直观地观察试验现象，承力扩大盘位置设置在距离桩端 1m 处，盘径为 2000mm，盘高为 800mm，具体参数设置详见表 3.2-3；为了方便试验操作，将混凝土扩盘桩按照 1∶25 的比例制成试验模型桩，见图 3.2-12。

抗拔试验模型桩尺寸参数   表 3.2-3

项目	主桩径 d （mm）	桩长 L （mm）	盘径 D （mm）	盘高 H （mm）	盘坡脚 α （°）
模型参数	20	248＋20	80	32	28
实际参数	500	6700	2000	800	28

注：为方便试验加载，桩顶部位加长 20mm 凸出土层表面。

图 3.2-12 抗拔试验模型桩实物图

图 3.2-13 抗拔试验盛土器实物图

根据影响范围设计试验所用的盛土器尺寸为 300mm×280mm×320mm，如图 3.2-13 所示。为了方便试验加载，其中顶面的平钢板长边中心处需要留设 20mm 的半圆孔。

2）细粉砂土选取

试验所用细粉砂土力学参数见表 3.2-4。

抗拔试验细粉砂土的力学参数　　　　　　表 3.2-4

模型编号	理论含水率 $\omega(\%)$	实测含水率 $\omega(\%)$	黏聚力 $c(\text{kPa})$	内摩擦角 $\varphi(°)$	密度 ρ (g/cm^3)
$1'$	15	13.6	41.37	36.2	2.2

3）抗拔桩桩周土体破坏——表面无约束

（1）荷载-位移曲线分析

在试验阶段，分别对四组含水率的模型进行加载试验，当位移传感器读数每增加 1mm 时，记录相对应的液压拉拔仪荷载读数，一直持续加载，直到使桩的位移持续增加，而液压拉拔仪荷载读数几乎保持不变时，说明模型试件被破坏，停止加载。根据整理的荷载、位移试验数据，绘制半截面模型桩的荷载-位移曲线，$1'$号模型形成的荷载-位移曲线如图 3.2-14 所示。

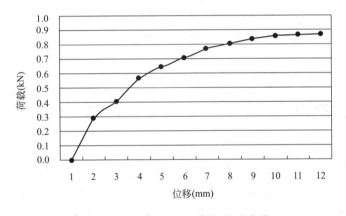

图 3.2-14　$1'$号模型桩荷载-位移曲线

通过观察模型桩荷载-位移曲线可以得知：在整个试验加载过程中，随着试验模型桩桩顶竖向位移的持续增大，桩顶所施加的荷载也在持续增加，曲线都有很明显的阶段性。在试验加载的初期阶段，即桩顶竖向位移在 0～2mm 范围内时，随着桩顶竖向位移的增加，桩顶荷载增加趋势比较明显，表明模型在加载初期，试验模型桩在竖向拉力作用下，承力扩大盘上部土体被压密实；当荷载持续增加到加载中间阶段，即桩顶竖向位移在 2～9mm 范围内时，随着竖向位移的持续增加，桩顶荷载增加趋势趋于平缓，原因是承力扩大盘上部土体被压密实以后，土体产生滑移；当试验加载进入后期时，即桩顶竖向位移超过 9mm 时，试验模型桩竖向位移持续增加，桩顶荷载增加趋势不明显，表明试验模型桩桩周土体已经接近极限承载力。随着竖向位移的增加，桩顶荷载增加趋势接近水平，说明在荷载几乎不增加的情况下，位移增长较快，达到土体的极限荷载而宣告试验结束。

（2）桩周土体破坏状态分析

为了能够更加具体地了解混凝土扩盘桩与桩周土体共同作用的破坏状态，在试验过程中，当位移传感器的读数每增加 1mm 时，记录对应的荷载值；当位移传感器的读数每增加 2mm 时，利用数码相机拍摄对应的桩周土体破坏状态，直到试验模型桩破坏。下面以细粉砂土含水率为 15％的 1′号模型桩为例，观察试验模型桩承力扩大盘周围土体的整个破坏状态，如图 3.2-15 所示。

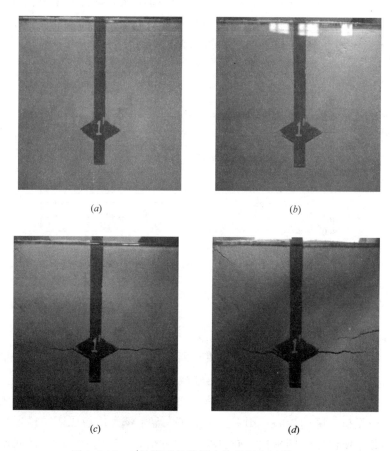

（a）   （b）

（c）   （d）

图 3.2-15 1′号模型桩桩周土体破坏全过程（一）

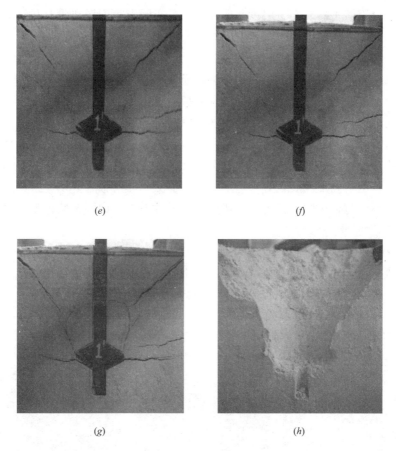

图 3.2-15　1′号模型桩桩周土体破坏全过程（二）

通过观察 1′ 号模型桩桩周土体从加载到破坏的全过程，可以清晰地将桩土共同作用破坏的整个过程分为三个阶段进行解读，具体如下：

第一阶段：在试验加载初期，桩顶施加的竖向荷载比较小，试验模型桩桩顶竖向位移较小，承力扩大盘下部及桩端与土体产生分离，并且盘端产生微小水平裂缝，有沿着承力扩大盘边横向发展的趋势，说明承力扩大盘盘端上、下细粉砂土产生竖向拉力，盘下的细粉砂土基本保持原状；而盘上的细粉砂土产生微小的压缩变形，变得更加密实。

第二阶段：随着试验模型桩桩顶竖向荷载逐渐增加，模型桩的竖向位移逐渐增大；盘下及桩端土体彻底与桩脱离，形成凌空范围，而且逐渐扩大；承力扩大盘盘端的水平裂缝逐渐向两边发展，并且裂缝宽度越来越大；盘上部分的细粉砂土逐渐被压密实，达到一定程度之后，沿着受力土体边缘发生滑移，形成弧状的滑移线；由于盛土器表面土层没有受到约束，盘距上表面距离没有足够大，在盘上部局部受力土体的带动下，盘上部大部分细粉砂土沿着一定方向出现斜向微裂缝，并且有从上向下发展的趋势。

第三阶段：到试验加载的后期，试验模型桩桩顶施加的竖向荷载比较大，桩顶的竖向位移随之增大；试验模型桩承力扩大盘下部与土体形成的凌空范围越来越大；而承力扩大盘两端水平裂缝发展速度缓慢，裂缝宽度较第二阶段时有所增大；承力扩大盘上部局部受力土体滑移越来越明显，并且弧形的滑移曲线带有回收的趋势，最终，还带动承力扩大盘上部土体产生整体冲切破坏，并且斜向裂缝越来越宽，从上向下发展，直到与承力扩大盘上土体滑移线外切。桩顶竖向荷载基本保持不变时，试验模型桩桩顶竖向位移继续增加，说明试验模型桩已经达到极限状态。

4）抗拔桩桩周土体破坏——表面有约束

在盛土器上面增加了钢板，以便增加土层表面的约束作用，按同样的加载试验方式，观察到的土体破坏状况如图 3.2-16 所示。

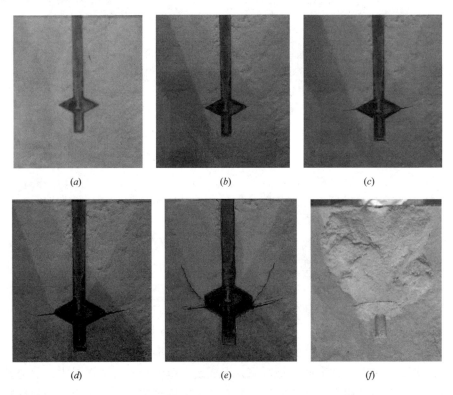

(a) (b) (c)

(d) (e) (f)

图 3.2-16　土层表面有约束的抗拔试验模型桩桩周土体破坏过程

从图 3.2-16 可以看出，由于土层表面有约束，土体最终破坏状态不是完全的冲切破坏。图 3.2-16（a）为未加载状态，在加载初期，与土体表面无约束的状态相似；初始加载后，盘下表面与土层分离，见图 3.2-16（b）；当荷载增大后，盘端首先出现水平裂缝，见图 3.2-16（c）；当荷载继续增大后，由于盘上土体上移，受到表面约束的反作用，因此，土体被压缩，盘上土体出现一定范围的滑移破坏区域，见图 3.2-16（d）；当荷载再继续增大后，滑移区上部土体出现了冲切现象，见图 3.2-16（e）；图 3.2-16（f）是破坏后，将桩移除后，看到的内部细粉砂土破坏状态，盘上小区域是滑移线范围，呈锥形，盘上大部分是冲切破坏的锥形。

5）土层表面有约束和无约束的抗拔桩对比分析

（1）荷载-位移曲线对比分析

考虑到混凝土扩盘桩在竖向拉力作用下，土层表面有约束和无约束两种情况下，桩周土体的破坏状态有不同之处。因此在试验阶段，针对两种情况，对细粉砂土含水率为 15% 时的试验模型桩分别进行了盛土器表面拼装盖板和不拼装盖板两种情况的试验加载，其中 1 号模型桩表示盛土器表面拼装盖板的情况，而 1′号模型桩表示盛土器表面未拼装盖板的情况，记录相关试验数据。试验结束后，整理两种情况下的荷载、位移数据，并绘制成荷载-位移曲线，如图 3.2-17 所示。

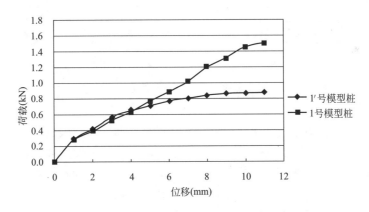

图 3.2-17　1 号和 1′号模型桩的荷载-位移曲线对比图

从图 3.2-17 可以看出：在细粉砂土含水率相同的情况下，盛土器表面有约束和无约束的试验承载力有很大的差异。具体来讲，在试验加载初期，即抗拔试验模型桩桩顶竖向位移在 0～2mm 范围内时，两种试验模型桩的承载力基本相同；当试验加载进入中期，即桩顶竖向位移在 2～5mm 范围内时，两种试验模型桩的曲线大致吻合，因为在这个阶段受影响土层尚未达到土层表面；当试验加载进入后期，即桩顶竖向位移超过 5mm 时，此时两种模型桩的曲线出现较大差异，1 号模型桩的竖向位移随着荷载的增加继续增加，而 1′ 号模型桩恰恰相反，当桩顶位移超过 5mm 时，桩顶荷载增加趋势较为平缓，而位移持续增加。由此可以得知，在试验加载初期和中期，盛土器表面有无约束对于试验模型桩的位移影响不大，当试验加载到最后阶段时，由于试验模型桩在竖向拉力作用下，盛土器表面的约束力能够反作用于盛土器上部土体，使得承力扩大盘上部土体产生较大的塑性变形，从而很大程度上能够提高桩周土体的承载力。

（2）桩周土体破坏状态对比分析

试验结束后，整理两种不同情况下桩土共同作用的最终破坏状态，如图 3.2-18 所示。

(a) 1号模型桩(表面有约束)　　　　　　　(b) 1′ 号模型桩(表面无约束)

图 3.2-18　盛土器表面有约束和无约束的破坏状态对比

通过对比两种不同情况下桩土共同作用的破坏状态可以发现：

① 相同之处：通过在试验阶段观察两种模型桩在加载过程中的桩土共同作用可以得知，当盛土器表面有约束和无约束时，桩周土体的初期破坏形式都为滑移破坏。在试验加载初期，混凝土扩盘桩桩顶位移增加较小，承力扩大盘两端都出现了横向水平裂缝，并且逐渐沿着两边横向发展；而承力扩大盘上部土体首先被压密实，达到一定程度之后，都沿着受力土体边缘出现滑移裂缝，随着荷载的增大，逐渐沿着承力扩大盘边向上发展，形成滑移线。承力扩大盘盘下和桩端均与土体发生脱离，破坏时出现凌空区。

② 不同之处：在细粉砂土含水率相同的情况下，盛土器表面有约束和无约束两种情况下，桩与周围土体共同作用的影响范围不同。当盛土器表面有约束时，在竖向拉力作用下，由于盛土器表面的约束作用，盘上土体仅出现了滑移

线，盘上土体没有斜裂缝；而盛土器表面没有约束的试验模型桩，在竖向拉力作用下，沿着承力扩大盘周围影响范围较大，大约为盘径的 4 倍，而且盘上土体出现了一定宽度的斜裂缝。

3.2.3　抗拔桩的桩侧摩阻力变化区域

经过有限元分析，根据不同模型的相关数据，形成不同盘参数情况下的盘下受拉区长度、盘上受压区长度及盘上压应力增大值等相关参数曲线，以便寻求规律。

1. 不同承力扩大盘悬挑径的抗拔桩

分析模型主桩径 $d=500\text{mm}$，桩长 $L=5000\text{mm}$，盘高 $H=600\text{mm}$，承力扩大盘设在沿桩长中间位置。根据模拟分析结果提取相应的数据，形成桩周土体关键点的竖向位移、弹性应变、Y 向（沿桩长方向）正应力和 X（Z）向（垂直桩长方向）正应力曲线，如图 3.2-19～图 3.2-22 所示。

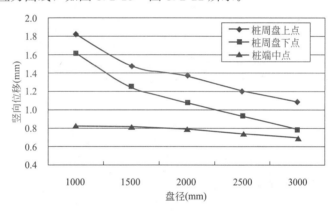

图 3.2-19　不同盘径抗拔桩桩周盘上点、盘下点、桩端中点竖向位移曲线

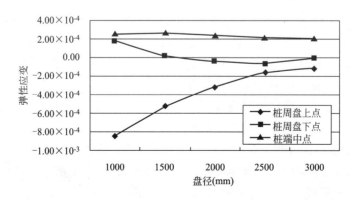

图 3.2-20　不同盘径抗拔桩桩周盘上点、盘下点、桩端中点弹性应变曲线

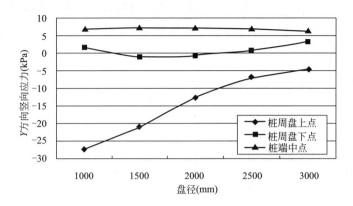

图 3.2-21　不同盘径抗拔桩桩周盘上点、盘下点、桩端中点 Y 方向竖向应力曲线

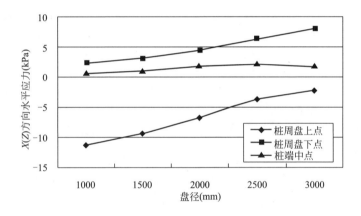

图 3.2-22　不同盘径抗拔桩桩周盘上点、盘下点、桩端中点 X（Z）方向水平应力曲线

　　从图 3.2-19～图 3.1-22 可以看出，由于承力扩大盘的存在，桩周土体的受力状态有较大变化。由于竖向拉力作用下盘端及盘下土体均与桩分离，因此盘端与盘下的各项数据均较小，且比较接近，而且几乎不随盘径的变化而发生变化。对于盘上土体，竖向拉力作用是承载力的主要贡献者，但随着盘径的增大，各项数据的曲线均趋于平缓，说明当盘径大于 2000mm 后，增大盘径的效率不高。

　　不同盘径的抗拔桩在达到极限荷载时，盘下受拉区长度 L'_b、盘上受压区长度 L'_a、盘下受拉区（盘上受压区）长度与盘悬挑长度比值 L'_b/R_0（L'_a/R_0）及盘上压应力增大值等相关参数曲线如图 3.2-23～图 3.2-27 所示。图中横坐标 1、2、3、4、5 分别代表盘径为 1000mm、1500mm、2000mm、2500mm、3000mm 的抗拔模型。

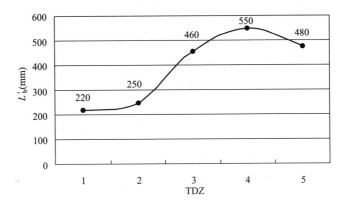

图 3.2-23　抗拔桩盘下受拉区长度 L'_b 随盘径变化曲线

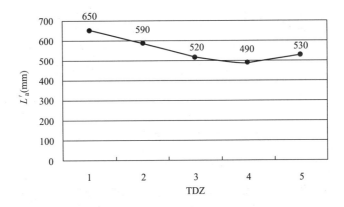

图 3.2-24　抗拔桩盘上受压区长度 L'_a 随盘径变化曲线

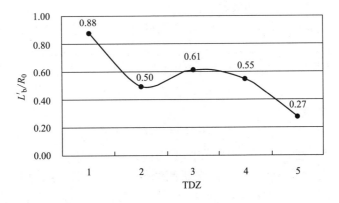

图 3.2-25　不同盘径抗拔桩 L'_b/R_0 变化曲线

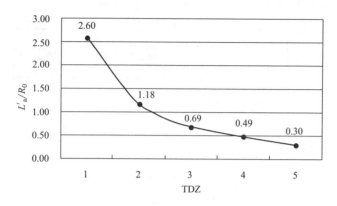

图 3.2-26　不同盘径抗拔桩 L'_a/R_0 变化曲线

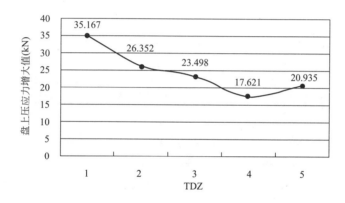

图 3.2-27　抗拔桩盘上压应力增大值随盘径变化曲线

　　从图 3.2-23～图 3.2-27 可以看出，由于承力扩大盘的设置，桩周土体的应力发生了变化。具体分析结果如下：

　　1）盘下局部土体出现拉应力（此范围设为 L'_b），说明在此范围内，桩侧摩阻力为零。随着盘径的增加，L'_b 的范围逐渐增大，盘径较大时，有所减小。根据图 3.2-25 的分析统计数据结果可以确定：L'_b 与盘悬挑径 R_0 的关系为 $L'_b = \alpha_2 \cdot R_0$。盘径为（0.5～2.5）$R_0$ 时，相关参数 α_2 在 0.9～0.3 之间。随着盘悬挑径的增加，系数逐渐减小。

　　2）盘上土体产生压缩，并产生滑移破坏，盘上土体在一定范围内出现压应力增大（此范围设为 L'_a），说明在此范围内，桩侧摩阻力增加，因此该范围内桩侧摩阻力应为 $f_{侧t} = \gamma' \cdot f_{侧}$，$\gamma'$ 为桩侧摩阻力增大系数，约为 1.1～1.2。随着盘径的增加，L'_a 的范围逐渐增大，但盘径过大时，又会减小。根据图 3.2-26 的分析统计数据结果可以确定：L'_a 与盘悬挑径 R_0 的关系为 $L'_a = \beta_2 \cdot R_0$，R_0 在

250～1750mm 之间时，相关参数 β_2 在 2.6～0.3 之间。随着盘悬挑径的增加，系数逐渐减小。

3）随着盘径的增加，盘上压应力增大值逐渐减小，但变化幅度不大，桩侧摩阻力增大系数约为 1.1～1.2。

2. 不同承力扩大盘坡角的抗拔桩

分析模型主桩径 $d=500$mm，桩长 $L=5000$mm，盘径 $D=1500$mm，承力扩大盘设在沿桩长中间位置。根据模拟分析结果提取相应的数据，形成桩周土体关键点的竖向位移、弹性应变、Y 向（沿桩长方向）正应力和 X（Z）向（垂直桩长方向）正应力曲线，如图 3.2-28～图 3.2-31 所示。

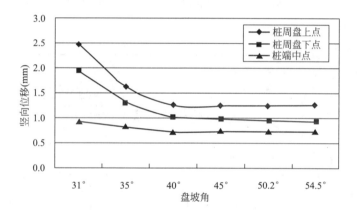

图 3.2-28　不同盘坡角抗拔桩桩周盘上点、
盘下点、桩端中点竖向位移曲线

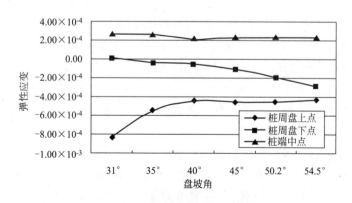

图 3.2-29　不同盘坡角抗拔桩桩周盘上点、盘
下点、桩端中点弹性应变曲线

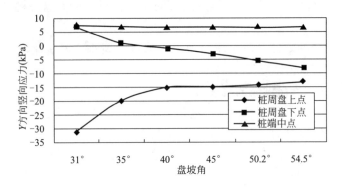

图 3.2-30　不同盘坡角抗拔桩桩周盘上点、盘下点、桩端中点 Y 方向竖向应力曲线

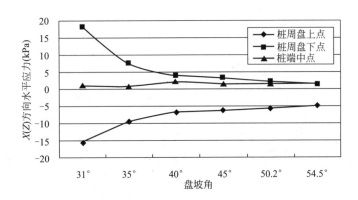

图 3.2-31　不同盘坡角抗拔桩桩周盘上点、盘下点、桩端中点 X（Z）方向水平应力曲线

　　从图 3.2-28～图 3.2-31 可以看出，由于承力扩大盘的存在，桩周土体的受力状态有较大变化。由于竖向拉力作用下盘端及盘下土体均与桩分离，因此盘端及盘下的各项数据均较小，且比较接近，而且几乎不随盘坡角的变化发生变化（除了水平应力在盘坡角小于 40°时，有较大变化，说明在竖向拉力作用下，盘下土体产生较大的水平拉力）。对于盘上土体，竖向拉力作用是承载力的主要贡献者，但随着盘坡角的增大，各项数据的曲线均趋于平缓，说明当盘坡角大于 40°后，增大盘坡角的效率不高。

　　不同盘坡角的抗拔桩在达到极限荷载时，盘下受拉区长度 L'_b、盘上受压区长度 L'_a 及盘上压应力增大值等相关曲线如图 3.2-32～图 3.2-34 所示。图中横坐标 1、2、3、4、5、6 分别代表盘坡角为 31°、35°、40°、45°、50.2°、54.5°的抗拔模型。

120

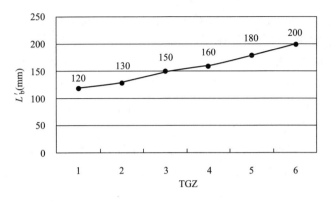

图 3.2-32　抗拔桩盘下受拉区长度 L'_b 随盘坡角变化曲线

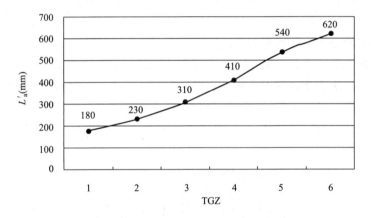

图 3.2-33　抗拔桩盘上受压区长度 L'_a 随盘坡角变化曲线

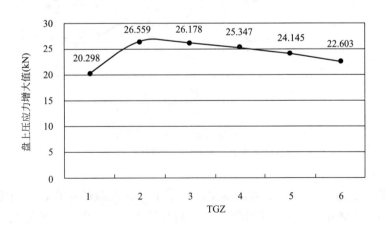

图 3.2-34　抗拔桩盘上压应力增大值随盘坡角变化曲线

从图 3.2-32～图 3.2-34 可以看出，由于承力扩大盘坡角的变化，桩周土体的应力发生了变化。具体分析结果如下：

1）盘下局部土体出现拉应力（此范围设为 L'_b），说明在此范围内，桩侧摩阻力为零。盘上土体在一定范围内出现压应力增大（此范围设为 L'_a），说明在此范围内，桩侧摩阻力增加，因此该范围内桩侧摩阻力应为 $f_{侧t}=\gamma'\cdot f_{侧}$，$\gamma'$ 为桩侧摩阻力增大系数，约为 1.1。

2）随着盘坡角的增加，L'_b 和 L'_a 的范围都逐渐增大，但受拉区长度 L'_b 的变化较小，即受盘坡角影响较小，而 L'_a 的变化较大，即受盘坡角影响较大。

3）同时，除盘坡角较小时，盘上压应力增大值较小外，随着盘坡角的增加，盘上压应力增大值较大，但变化幅度不大，即盘坡角对盘上压应力增大值的影响较小。

3. 不同承力扩大盘间距的抗拔桩

分析模型主桩径 $d=500\text{mm}$，桩长 $L=10000\text{mm}$，盘径 $D=2000\text{mm}$，盘高 $H=750\text{mm}$，上盘距桩顶 2000mm。根据模拟分析结果提取相应的数据，形成桩周土体关键点的竖向位移、弹性应变、Y 向（沿桩长方向）正应力和 X（Z）向（垂直桩长方向）正应力曲线，如图 3.2-35～图 3.2-38 所示。

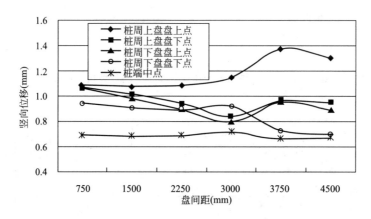

图 3.2-35　不同盘间距抗拔桩桩周上盘上下点、
下盘上下点、桩端中点竖向位移曲线

从图 3.1-35～图 3.1-38 可以看出，由于承力扩大盘的存在，桩周土体的受力状态有较大变化。各项数据曲线的整体趋势基本相同，但当盘间距较小时，会出现曲线交叉的状况，主要是由于上、下盘间的土体发生相互干扰，出现了整体

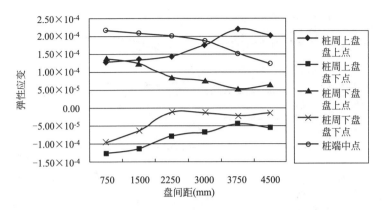

图 3.2-36　不同盘间距抗拔桩桩周上盘上下点、下盘上下点、桩端中点弹性应变曲线

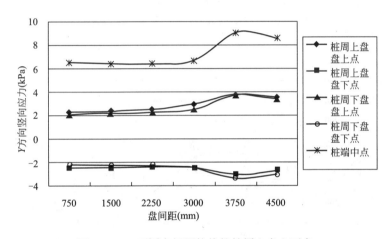

图 3.2-37　不同盘间距抗拔桩桩周上盘上下点、
下盘上下点、桩端中点 Y 方向竖向应力曲线

的土体滑移，因此影响了相应的参数。当盘间距较大时，上盘和下盘的曲线是各自发展的，说明相互之间没有影响。

不同盘间距的抗拔桩在达到极限荷载时，上、下盘盘下受拉区长度 L'_{b1}、L'_{b2}，盘上受压区长度 L'_{a1}、L'_{a2} 及盘上压应力增大值等相关参数曲线如图 3.2-39～图 3.2-41 所示。图中横坐标 1、2、3、4、5、6 分别代表盘间距为 750mm（R_0）、1500mm（$2R_0$）、2250mm（$3R_0$）、3000mm（$4R_0$）、3750mm（$5R_0$）、4500mm（$6R_0$）的抗拔模型。

与前面的分析模型相似，都在盘下局部土体出现拉应力，盘上土体一定范围内出现压应力增大。但由于盘间距的不同，盘间土体的破坏状态发生变化。

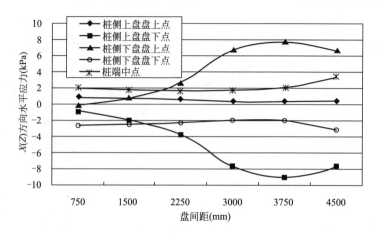

图 3.2-38　不同盘间距抗拔桩桩周上盘上下点、下盘
上下点、桩端中点 X（Z）方向水平应力曲线

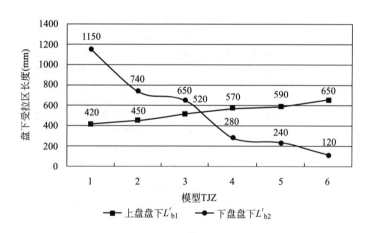

图 3.2-39　抗拔桩盘下受拉区长度 L'_b 随盘间距变化曲线

从图 3.2-39～图 3.2-41 可以看出：

1）当盘间距较大时（$S_0 > 2R_0$），上、下盘间桩周土体相互影响较小，即上、下盘各自分别出现土体滑移破坏，且破坏形式与单盘桩基本相同。

2）当盘间距较小时（$S_0 \leqslant 2R_0$），上、下盘间桩周土体相互影响较大，上盘上部仍可以按单盘情况考虑，而由于下盘盘上土体的上移，上盘下部的拉应力区比下盘盘下土体的拉应力区小，上盘下部的拉应力区和下盘上部的压应力增大区相互影响，盘间土体出现沿盘端土体的整体剪切破坏，因此，盘间的桩侧摩阻

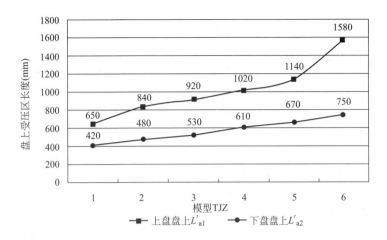

图 3.2-40　抗拔桩盘上受压区长度 L'_a 随盘间距变化曲线

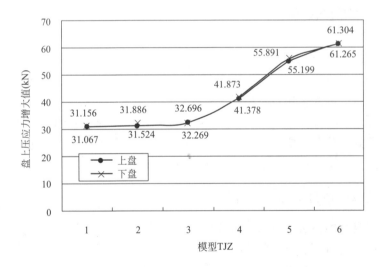

图 3.2-41　抗拔桩盘上压应力增大值随盘间距变化曲线

力计算公式变为 $F_{侧S} = 2\pi D \cdot S_0 \cdot \mu \cdot f_{侧}$。

3）随着盘间距的增加，L'_{b1} 和 L'_{b2}、L'_b 和 L'_a 的范围都在逐渐增大，但变化幅度较小，即盘间距影响较小。同时，从图中可以看出，随着盘间距的增加，盘上压应力增大值逐渐增大，盘间距小于 $2.5R_0$ 时，盘上压应力增大值变化幅度很小，此时盘间距对盘上压应力增大值的影响很小。

第4章　混凝土扩盘桩盘参数
对破坏机理的影响

混凝土扩盘桩的承力扩大盘参数对混凝土扩盘桩桩周土体破坏状态和单桩承载力有较大的影响，因此，为了全面分析混凝土扩盘桩的承载机理，必须对相关参数对抗压桩、抗拔桩破坏机理的影响进行研究，以便在桩设计以及单桩承载力的计算中充分考虑。主要参数包括盘悬挑径、盘坡角（盘高度）、盘间距、盘数量以及盘截面形式。盘位置也起主要作用，在第5章土层厚度影响中一并考虑。

4.1　盘悬挑径的影响

混凝土扩盘桩盘悬挑径（盘悬挑径 R_0，即为 $R_0 = (D-d)/2$）对竖向抗压、抗拔破坏机理产生影响，由于盘径 D 和主桩径 d 的尺寸关系会影响桩周土体的滑移范围，因此采用盘悬挑径进行相关数据界定比直接用盘径更准确些。本节应用第2章介绍的半截面桩研究方法，通过有限元分析和原状土模型试验研究，收集荷载、位移、应力、应变、破坏状态等相关数据、图片信息，分别研究盘悬挑径对抗压桩、抗拔桩的影响，并进行系统的对比分析。

4.1.1　盘悬挑径对抗压桩破坏机理的影响

1. 不同盘悬挑径抗压桩试验研究

1）试验模型桩及取土器设计

研究中采取控制单变量的方法设计试验，针对盘悬挑径的变化设计出一组桩，以单盘桩为研究目标，固定盘坡角值，改变盘悬挑径的大小，设计4根模型桩，规格见图4.1-1和图4.1-2。材料采用圆钢，横截面采用半圆形。

试验模型桩承力扩大盘悬挑径的尺寸设定以主桩径为基础模数，设计盘悬挑径为主桩径的1倍、1.5倍、2倍和2.5倍四种情况，按1:50比例设计，由于抗压试验模型桩的主桩径为10mm，所以1~4号试验模型桩的悬挑径依次为10mm、15mm、20mm、25mm，根据承力扩大盘坡角的合理设计值范围，将盘坡角均设定为35°。具体尺寸数据见表4.1-1。

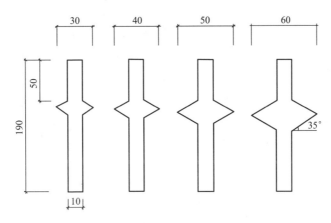

图 4.1-1　不同盘悬挑径抗压试验模型桩设计图

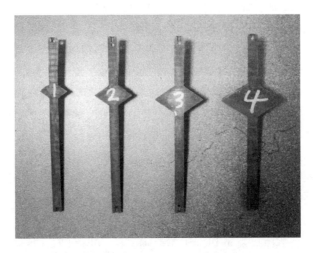

图 4.1-2　不同盘悬挑径抗压试验模型桩实物图

不同盘悬挑径抗压试验模型桩设计参数　　　　表 4.1-1

桩号	桩长 L （mm）	主桩径 d （mm）	盘径 D （mm）	盘悬挑径 $R_0 = (D-d)/2$（mm）	盘坡角 α （°）
1	190	10	30	10	35
2	190	10	40	15	35
3	190	10	50	20	35
4	190	10	60	25	35

如图 4.1-1 所示，承力扩大盘上部主桩长 50mm，由于加载试验使用型号为 ZY-2 的手动液压穿心千斤顶，活塞最大伸长量为 40mm，这样可以保证在后续做模型试验时，预留在土体表面上面的桩身长度足够，使模型桩在试验时有足够的位移量。

试验使用的取土器为独创的原状土取土器（形式见第 2 章）。根据半截面模型桩尺寸，考虑半截面模型桩在竖向压力作用下的影响范围，取土器尺寸为 300mm×300mm×300mm，钢板厚 3mm。

2）试验用土

试验用土采用实际工地现场的原状土。现场地勘采用钻探取样、室内土工试验、标准贯入试验、双桥静力触探及剪切波速测试相结合的勘探方法。勘察的最大深度为 24.00m，地层为第四纪黏性土层及下浮白垩纪砂、泥岩层。根据岩土的物理力学性质分为如下 7 层：

第①层杂填土：灰色、灰黑色，以耕植土为主，松散，局部地段上部含少量建筑垃圾，含植物根系，层厚 0.60～1.80m。

第②层粉质黏土：褐黄色、褐色、灰色，可塑偏软状态，中等偏高压缩性，局部为高压缩性，稍有光泽，无摇振反应，该层分布不均匀，层厚 0.00～2.70m。

第③层淤泥质粉质黏土：灰色、灰黑色，软塑—流塑状态，高压缩性，有机质含量局部大于 5%，稍有光泽，无摇振反应，层厚 1.30～7.80m。

第④层粉质黏土混砂：褐色、灰色为主，局部地段为褐黄色，可塑—可塑偏软状态，中压缩性，粉粒含量较高，局部为粉土，局部含有机质，含中、粗砂，含砂量由上向下增加，局部地段夹薄层中、粗砂。稍有光泽，摇振反应弱。该层土质分布不均匀，厚度变化较大，层厚 2.20～14.70m。

第⑤层粗砂：灰白色，饱和，中密状态，成分以石英、长石为主，分选好，磨圆较差，局部夹薄层灰黑色可塑状态粉质黏土，下部含少量砾石，该层分布不均匀，局部地段该层缺失，层厚 0.00～4.30m。

第⑥层泥岩：紫红色，全风化状态，已风化为硬塑黏性土状态，层厚 0.60～3.00m。

第⑦层泥岩：紫红色，强风化状态，向下渐变为中风化状态。泥质结构，层状构造，软岩，岩石质量基本等级为 V 级。该层为钻穿，揭露的最大厚度为 6.20m。

地基土承载力特征值 f_{ak} 具体数据参见表 3.1-6；具体试验土层基本物理力学性能指标参见表 3.1-5。

3）桩周土体破坏情况分析

采用第 2 章的原状土模型试验方法完成试验。得到不同盘悬挑径的半截面模型桩桩周土体破坏过程照片，以 2 号桩为例，具体破坏过程如图 4.1-3 所示。

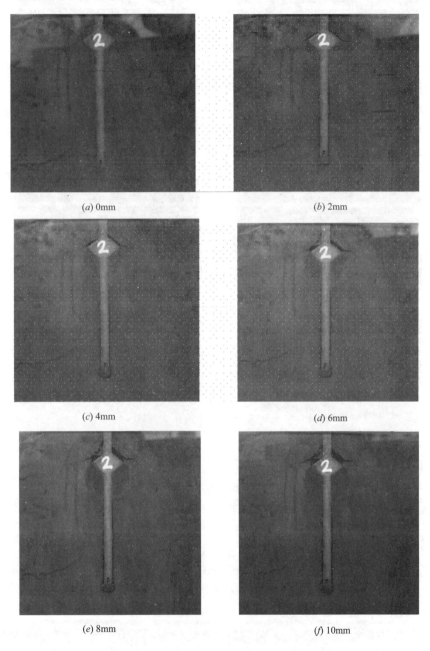

(a) 0mm

(b) 2mm

(c) 4mm

(d) 6mm

(e) 8mm

(f) 10mm

图 4.1-3　2 号桩桩周土体破坏全过程（一）

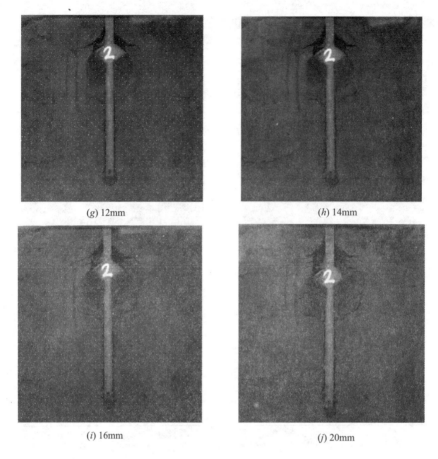

(g) 12mm   (h) 14mm

(i) 16mm   (j) 20mm

图 4.1-3   2 号桩桩周土体破坏全过程（二）

通过对图 4.1-3 的观察可以得出：

（1）施加荷载的初期阶段，在竖向压力的作用下，承力扩大盘上表面发生桩土分离，出现缝隙；同时在承力扩大盘的两侧端部出现微小水平裂缝，这是由于两侧土体在承力扩大盘向下移动的过程中，土体被拉裂；承力扩大盘的下部出现小范围的"心形"水印，这是由于承力扩大盘下部的土体受压变密实后，土体中的水分溢出，黏着于观测玻璃表面，此为承力扩大盘受压对盘下土体的影响范围的直观表现；试验模型桩桩端下方土体同样出现小范围"心形"水印。土体压缩范围比较明显，不是沿 45°无限扩散。

（2）随着荷载的不断增大，位移量也不断增加，承力扩大盘上表面的缝隙大小基本为桩顶位移量的直观表现；承力扩大盘下的土体出现水印的范围逐渐增大，并且呈向下向内收敛的趋势，这是由于盘下土体逐渐出现滑移，影响范围沿竖向越来越大，但水平方向达到一定程度后会回收，呈滑移线性收敛。桩端下土体也出现"心形"水印。

（3）当土体加载到极限破坏的时候，测量承力扩大盘下水印（即抗压桩承力扩大盘对盘下土体的影响范围）的纵向长度为 4 倍的承力扩大盘悬挑径，水平长度约为 1.3 倍的承力扩大盘悬挑径。

为了便于比较分析，将 1～4 号桩桩周土体破坏前后的照片做对比分析，如图 4.1-4～图 4.1-7 所示。

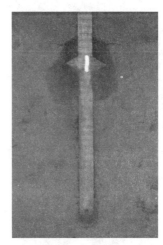

(a)加载前　　　　　　　　　　(b)破坏后

图 4.1-4　1 号桩桩周土体破坏情况对比图

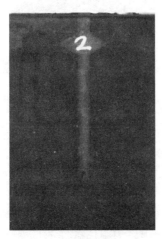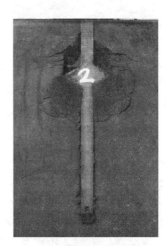

(a)加载前　　　　　　　　　　(b)破坏后

图 4.1-5　2 号桩桩周土体破坏情况对比图

 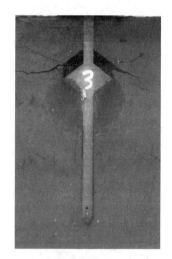

(*a*)加载前   (*b*)破坏后

图 4.1-6　3 号桩桩周土体破坏情况对比图

(*a*)加载前   (*b*)破坏后

图 4.1-7　4 号桩桩周土体破坏情况对比图

　　从图 4.1-4～图 4.1-7 可以清晰地观察到 1～4 号桩由于承力扩大盘悬挑径不同，土体破坏情况变化不同，根据加载过程中桩周土体破坏前后对比情况，可得出如下结论：

（1）1～4 号桩加载至土体破坏时，各个模型桩的土体破坏情况相似，盘上表面与土体分开，桩端下土体呈"心形"；当加载到极限破坏的时候，承力扩大盘下水印（即承力扩大盘受压对盘下土体的影响范围）的纵向长度为 4～5 倍的承力扩大盘悬挑径，水平长度约为 1.3 倍的承力扩大盘悬挑径。

（2）随着荷载的不断增大，承力扩大盘下的土体逐渐被压密实，提高了土体的承载力，由于承力扩大盘的存在，使得试验模型桩的桩顶位移最终比较小。

（3）1～4 号桩的承力扩大盘下土体都出现"心形"水印，即土体均发生滑移破坏，随着盘悬挑径的增加，滑移影响范围也逐渐增大。

4）荷载-位移曲线对比分析

将试验中所得到的不同盘悬挑径的试验模型桩的位移数据与荷载数据依桩号归类，需要注意的是要将不同桩号试验时加载的垫块重量换算成以 kN 为单位记入初始荷载。

根据数据绘制 1～4 号桩的荷载-位移曲线，如图 4.1-8 所示。

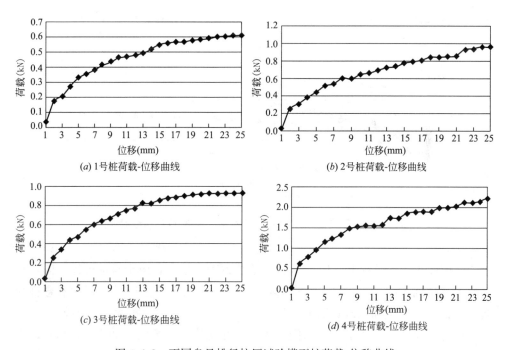

图 4.1-8　不同盘悬挑径抗压试验模型桩荷载-位移曲线

从图 4.1-8 可以看出，1～4 号桩均随着位移的递增，荷载值呈不断增大的趋势，在加载初期阶段，桩顶位移刚刚开始产生，荷载增量较大，当加载到后半段的时候荷载增量较为平缓，曲线有收敛的趋势，说明随着桩顶位移的增大，千斤顶逐渐加载到极限荷载值，即土体开始出现破坏状态，最后达到完全破坏，无法继续加载。

1号桩、2号桩、3号桩的荷载-位移曲线变化规律较为接近，在桩顶位移为0～2mm时，曲线呈斜直线上升，超过2mm后，荷载增量逐渐趋于平缓，当位移达到15mm时曲线接近于水平，这说明由于试验模型桩承力扩大盘对盘下土体持续的作用，沿滑移线的土体颗粒发生相互搓动，继续承受一定荷载之后，达到极限承载力，土体发生滑移破坏。4号桩由于其盘悬挑径最大，为主桩径的2.5倍，达到同样的位移增量时，需要的荷载要比1号桩、2号桩、3号桩都大很多，在桩顶位移为0～8mm时，曲线呈斜直线上升，超过8mm后，荷载-位移曲线较为平缓，斜率慢慢减小，随着位移的增大，盘下土体也逐渐达到极限承载力。

为了便于比较分析，将1～4号桩的荷载-位移曲线做成对比图，如图4.1-9所示。

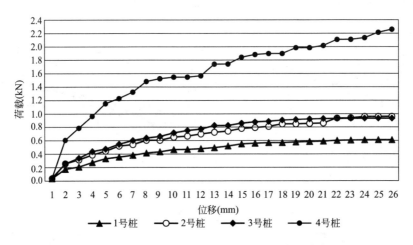

图4.1-9　不同盘悬挑径抗压试验模型桩荷载-位移曲线对比图

从图4.1-9可以看出，1～4号桩的承载力越来越大，由于盘悬挑径不同，在初始位移达到1mm时，所需要的承载力也是逐渐增大的，即承力扩大盘悬挑径越大，初始位移达到1mm所需要的力越大。1号桩的承力扩大盘悬挑径是1倍的主桩径，曲线位于最下方，从图4.1-9中可以看出其极限承载力＞0.6kN，当加载到0.6kN时，其荷载-位移曲线趋于平缓，承载力达到极限值。2、3号桩的荷载-位移曲线较为接近，其承力扩大盘悬挑径分别为1.5倍和2倍的主桩径，2号桩的极限承载力＞0.8kN，3号桩的极限承载力＞0.9kN，当这两种桩型的荷载均加至0.95kN后，荷载-位移曲线的斜率趋近于0，说明二者都达到了极限承载状态。4 号桩的荷载-位移曲线发展趋势与其他桩基本相同，但由于试验中千斤顶数据出现问题，故数值不作为比较依据。

2. 不同盘悬挑径抗压桩有限元分析

根据初步估算出的极限承载力值的大小，可将试验模型桩按照 150kN 为一荷载量级，递增加载，加载到发生破坏，分别提取承力扩大盘不同盘悬挑径桩型在 Y 方向的位移值和加载至最大荷载的位移云图、桩身和桩周土体沿着桩身一侧接触面的剪应力值以及加载至最大荷载的剪应力云图，其名称分别以各自的桩型编号命名，分析承力扩大盘悬挑径的不同对混凝土扩盘桩抗压承载力、桩土相互作用以及抗压破坏机理的影响。

1）不同盘悬挑径模型桩的参数设计

根据试验研究设计桩型尺寸规格的 1：1 来设定有限元分析模拟桩型的尺寸，土体的计算区域范围沿承力扩大盘径向取 10m，沿混凝土扩盘桩向下取 5m，根据以上参数的设定，模拟分析模型尺寸简图如图 4.1-10 所示。

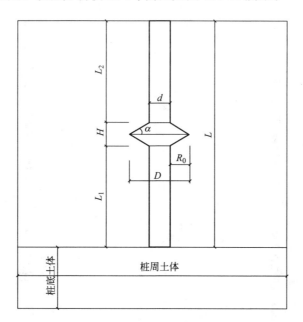

图 4.1-10　不同盘悬挑径抗压桩模拟分析模型尺寸示意图

其中 L 为桩长，L_1 为承力扩大盘下部桩长，H 为盘高，L_2 为承力扩大盘上部桩长，D 为盘径，d 为主桩径，R_0 为盘悬挑径，α 为盘坡角，其中 $R_0 =(D-d)/2$，根据模型试验的 4 种桩型，盘悬挑径分别为 1 倍、1.5 倍、2 倍、2.5 倍的主桩径，YF1～YF4 的具体模型尺寸如表 4.1-2 所示。

桩号	桩长 L (mm)	主桩径 d (mm)	盘径 D (mm)	盘悬挑径 $R_0 = (D-d)/2$ (mm)	盘坡角 α (°)
YF1	9500	500	1500	500	35
YF2	9500	500	2000	750	35
YF3	9500	500	2500	1000	35
YF4	9500	500	3000	1250	35

不同盘悬挑径抗压桩模拟分析模型尺寸　　　　表 4.1-2

　　YF1～YF4 的加载方法均为从荷载 1.5MPa 开始加载，按面荷载施加，逐级按 1.5MPa 递增加载，直至加载到极限荷载，换算成 kN 为单位即从 150kN 开始加载，逐级按 150kN 递增加载。用 ANSYS 软件运行，做模拟分析，记录 YF1～YF4 在分级加载过程中的相应变化情况，如桩的竖向位移、剪应力以及桩周土体的剪应力等。

　　ANSYS 软件建立的 YF1～YF4 模拟分析模型如图 4.1-11 所示。

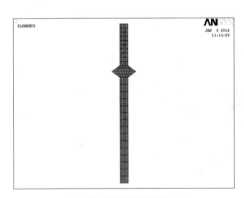

(a) YF1的模拟分析模型

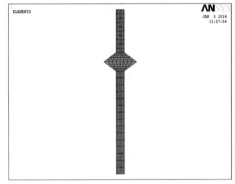

(b) YF2的模拟分析模型

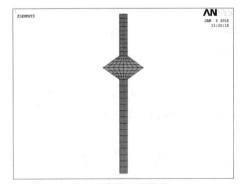

(c) YF3的模拟分析模型

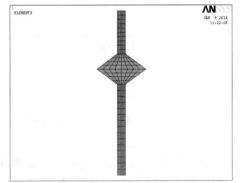

(d) YF4的模拟分析模型

图 4.1-11　不同盘悬挑径抗压桩模拟分析模型

2）位移结果分析

提取加载至 10 级的 YF1～YF4 的竖向桩土位移云图，如图 4.1-12 所示，同时将 4 种桩型在最大荷载（1500kN 时）作用下的最大位移形成曲线，如图 4.1-13 所示。

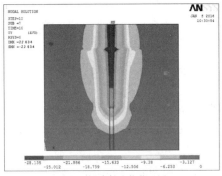

(a) YF1 的 Y 向桩土位移云图

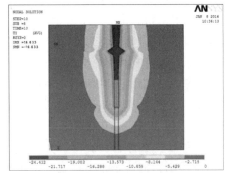

(b) YF2 的 Y 向桩土位移云图

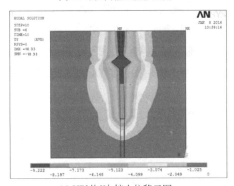

(c) YF3 的 Y 向桩土位移云图

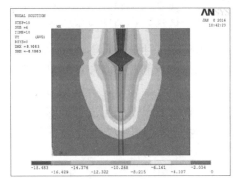

(d) YF4 的 Y 向桩土位移云图

图 4.1-12　不同盘悬挑径抗压模拟分析桩 Y 向桩土位移云图

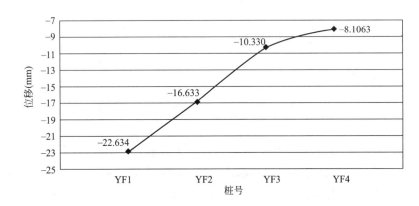

图 4.1-13　不同盘悬挑径抗压模拟分析桩在相同荷载下的最大竖向位移曲线

从图 4.1-12 可以看出，当混凝土扩盘桩受压即将达到极限承载力时，混凝土扩盘桩和土体之间发生相对滑移同时达到或接近达到最大位移值。从图 4.1-13 可以看出，当荷载都加至第 10 步，即 15MPa 时，在相同荷载下，随着承力扩大盘悬挑径的增大，不同桩型的桩顶最大位移值随之减小，YF1 为 22.634mm，YF2 为 16.633mm，YF3 为 10.330mm，YF4 为 8.1063mm（ANSYS 模拟计算提取数据时，位移向下取负值，位移量按绝对值计算）。由于 4 种桩型的承力扩大盘悬挑径分别为 1 倍、1.5 倍、2 倍、2.5 倍的主桩径，明显看出 YF1、YF2、YF3、YF4 的最大位移值增量有明显的减小趋势，说明在承力扩大盘坡角一定的情况下，承力扩大盘悬挑径越大，混凝土扩盘桩的极限承载能力越强，但不是线性增长。根据曲线变化规律，承力扩大盘悬挑径的最大位移值在 1～2 倍主桩径之间时变化较为明显，在 2～2.5 倍主桩径之间时变化较小，这是由于在 ANSYS 模拟过程中，混凝土扩盘桩承力扩大盘下预留的土体厚度是一定的，所以承力扩大盘悬挑径越大承载力越强，对盘下土体的单位荷载越小。由此可知，在混凝土扩盘桩主桩径不变的情况下，承力扩大盘悬挑径增长超过一定限度后，随着压力的不断增加，在承力扩大盘和桩身连接部位应力越来越集中，最终可能会发生承力扩大盘本身的冲切破坏，导致承力扩大盘悬挑径对混凝土扩盘桩的抗压极限承载力的贡献逐渐减小，所以承力扩大盘悬挑径不能无限的增大，即混凝土扩盘桩的承力扩大盘悬挑径与主桩径的比值要在合理的范围内，承力扩大盘的作用才对混凝土扩盘桩抗压破坏起主要作用，如图 4.1-14 所示。

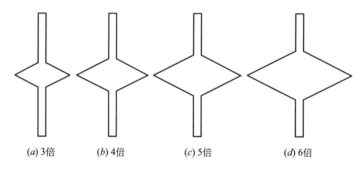

(a) 3倍　　　(b) 4倍　　　(c) 5倍　　　(d) 6倍

图 4.1-14　承力扩大盘悬挑径较大倍数的桩型

此外，从图 4.1-14 可以看出，当承力扩大盘悬挑径越大时，承力扩大盘盘高越大，从另一方面分析，可以推断出，当承力扩大盘悬挑径达到主桩径一定倍数时，盘高的高度将高过桩身长度，这也是不符合混凝土扩盘桩条件的，成本也相对增长较大。所以承力扩大盘悬挑径与主桩径的比值要在合理范围内，承力扩大盘悬挑径这一盘参数对混凝土扩盘桩抗压承载力影响的研究才更有意义。

经过 ANSYS 软件计算后，将 YF1～YF4 四种桩型在盘下某一固定点处每加载 1.5MPa 后的竖向位移值按桩型号归类，荷载值的单位换算成 kN。

根据分析模型中提取的数据，整理并绘制 YF1～YF4 的荷载-位移曲线对比图，如图 4.1-15 所示。

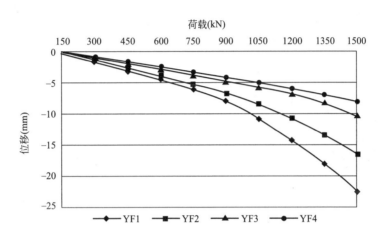

图 4.1-15　不同盘悬挑径抗压模拟分析桩荷载-位移曲线对比图

从图 4.1-15 可以看出，YF1～YF4 这 4 种桩型的荷载-位移曲线变化趋势大体类似，YF1 和 YF2 的荷载-位移曲线变化规律较为接近，在加载至 900kN 之前，荷载-位移曲线呈斜直线增长，超过 900kN 之后，位移增量开始有明显的增长，荷载-位移曲线变陡，在同样荷载增量的情况下，位移急剧增大，说明此时抗压分析模型桩承力扩大盘下土体即将达到极限承载状态，极限承载力＞900kN，随着荷载的不断增大，土体发生滑移破坏。YF3 和 YF4 的荷载-位移曲线变化规律较为接近，桩顶截面施加荷载至 1200kN 之前，荷载-位移曲线呈斜直线增长，荷载超过 1200kN 之后，YF3 荷载-位移曲线的斜率略微发生变化，说明此时承力扩大盘下土体随着荷载的增加也逐渐达到极限承载状态，其极限承载力＞1200kN，YF4 荷载-位移曲线的斜率无明显变化，在同样荷载增量的情况下，位移增量无明显变化，说明此时承力扩大盘对盘下土体的单位荷载尚未达到土体极限承载力，可以推测其极限承载力＞1500kN。所以，从图 4.1-15 可以更为直观地看出 YF1～YF4 随着承力扩大盘悬挑径的不断增大，其抗压承载力也随之增强，但盘悬挑径增大和承载力提高并不是呈线性关系，盘悬挑径增大到超过 2 倍主桩径后，承载力随盘悬挑径增长的速率下降，这与抗压模型试验的结论一致，说明盘悬挑径并不是越大越好，而是要合理设计。

3）应力结果分析

运用 ANSYS 将 YF1～YF4 四种桩型大约加载至极限荷载 15MPa 后，分别提取各个桩型 YZ 向的剪应力云图和剪应力值，其中剪应力值按桩和土分别归类，YF1～YF4 各桩型 YZ 向的剪应力云图如图 4.1-16 所示。

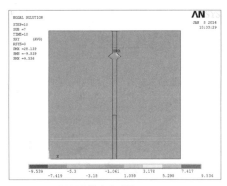
(a) YF1剪应力云图

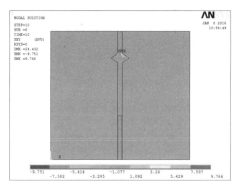
(b) YF2剪应力云图

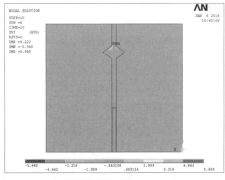
(c) YF3剪应力云图

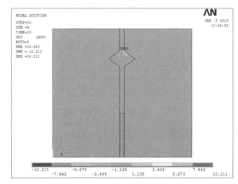
(d) YF4剪应力云图

图 4.1-16　不同盘悬挑径抗压模拟分析桩 YZ 向剪应力云图

从图 4.1-16 可以看出，YF1～YF4 模型桩的剪应力在承力扩大盘位置最大，沿桩身呈轴对称分布，随着承力扩大盘悬挑径的增大，承力扩大盘处的剪应力逐渐减小，这说明承力扩大盘悬挑径越小，越容易发生剪切破坏。

提取 YF1～YF4 桩型沿桩身的剪应力值，为了便于观察桩身剪应力的变化，将得出的 YF1～YF4 桩身剪应力值绘制成曲线，如图 4.1-17 所示。

从图 4.1-17 可以看出，YF1～YF4 沿着桩身节点方向的剪应力曲线变化规律大致相似，在竖向受压时，混凝土扩盘桩承力扩大盘位置处的剪应力值发生突

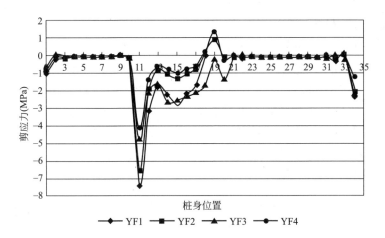

图 4.1-17　不同盘悬挑径抗压模拟分析桩沿桩身的剪应力曲线

然变化，YF1～YF4 在盘端处的剪应力呈递减趋势，这也说明随着承力扩大盘悬挑径的增大，混凝土扩盘桩抗剪承载力随之增强。

为了便于观察桩周土体沿桩身接触面剪应力的变化，将得出的 YF1～YF4 桩周土体沿桩身接触面的剪应力值绘制成曲线，如图 4.1-18 所示。

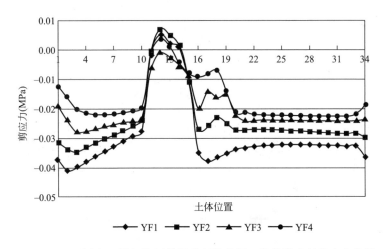

图 4.1-18　不同盘悬挑径抗压模拟分析桩桩周土体沿桩身的剪应力曲线

从图 4.1-18 可以看出，同样在竖向受压的情况下，剪应力值在承力扩大盘处发生突变，YF1～YF4 桩周土体在承力扩大盘端接触点的剪应力依次减小，承力扩大盘下剪应力值逐渐减小，同时也能说明承力扩大盘下的桩侧摩阻力较大。

3. 模型试验和模拟分析结果的对比分析

将模型试验研究的荷载-位移曲线与有限元模拟分析结果进行比较（见图4.1-19），由于 ANSYS 有限元模拟的是原比例状态下混凝土扩盘桩的情况，而模型试验则是按 1：50 比例缩小后进行的试验分析，两者数据结果虽然不完全相同，但荷载-位移曲线趋势大致相同，结论基本一致，即扩大盘悬挑径不同时，模型试验荷载-位移曲线（4 号桩的数值有误差，不看具体数值）与 ANSYS 有限元模拟的荷载-位移曲线趋势相同，混凝土扩盘桩承载力都随盘悬挑径的增加而变大，且当盘悬挑径大于 2 倍主桩径时，桩承载力提高不显著。

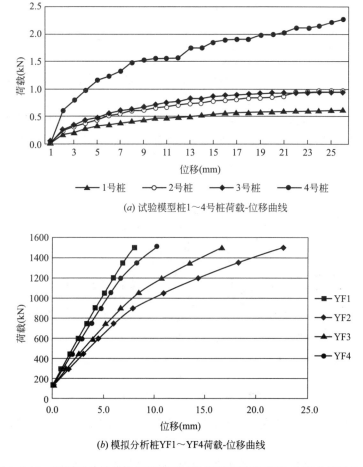

(*a*) 试验模型桩1～4号桩荷载-位移曲线

(*b*) 模拟分析桩YF1～YF4荷载-位移曲线

图 4.1-19　不同盘悬挑径抗压桩模型试验和模拟分析荷载-位移曲线对比图

4.1.2　盘悬挑径对抗拔桩破坏机理的影响

1. 不同盘悬挑径抗拔桩试验研究

1）试验模型桩及取土器设计

混凝土扩盘桩的试验模型是考虑试验的合理性和可行性，并与有限元模拟分析的桩模型相统一，采用小比例半截面模型桩，按 1：50 的比例制作，以单盘桩为研究目标，控制盘坡角值，改变承力扩大盘悬挑径的大小，设计 4 个桩模型（规格见图 4.1-20、图 4.1-21），采用圆钢，在精密机械仪器设备下加工制成实桩模型。

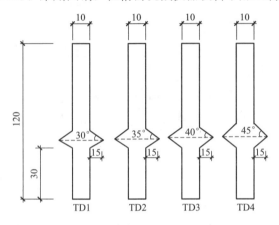

图 4.1-20　不同盘悬挑径抗拔试验模型桩设计图

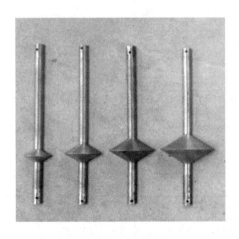

图 4.1-21　不同盘悬挑径抗拔试验模型桩实物图

盘悬挑径即为 $R_0 = (D-d)/2$，承力扩大盘悬挑径以主桩径为基础，设计盘悬挑径为主桩径的 1 倍、1.5 倍、2 倍和 2.5 倍四种情况，由于抗拔试验模型桩的主桩径为 10mm，所以盘悬挑径依次为 10mm、15mm、20mm、25mm，根据承力扩大盘坡角的合理设计值范围，将盘坡角的值设定为 35°，如图 4.1-21 所示。具体模型数据见表 4.1-3。

不同盘悬挑径抗拔试验模型桩设计参数　　　　　　表 4.1-3

桩号	桩长 L （mm）	主桩径 d （mm）	盘径 D （mm）	盘悬挑径 $R_0 = (D-d)/2$(mm)	盘坡角 α （°）
TD1	160	10	30	10	35
TD2	160	10	40	15	35
TD3	160	10	50	20	35
TD4	160	10	60	25	35

本试验使用的取土器为独创的原状土取土器（见第 2 章）。根据抗拔试验模型桩尺寸，考虑抗拔试验模型桩在竖向拉力作用下的影响范围，最终确定取土器尺寸为 300mm×300mm×300mm。

2）试验用土

试验用土同 4.1.1。

3）荷载-位移曲线对比分析

根据数据绘制 TD1～TD4 的荷载-位移曲线，如图 4.1-22 所示。

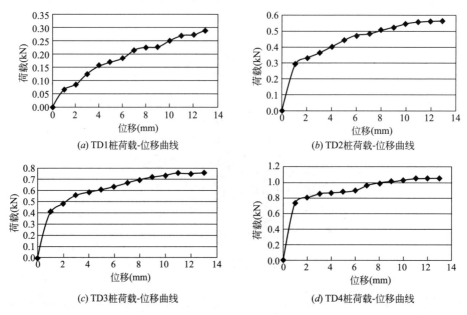

(a) TD1桩荷载-位移曲线　　　　　　(b) TD2桩荷载-位移曲线

(c) TD3桩荷载-位移曲线　　　　　　(d) TD4桩荷载-位移曲线

图 4.1-22　不同盘悬挑径抗拔试验模型桩荷载-位移曲线

从图 4.1-22 可以看出：随着位移的增加，荷载都是呈现递增的趋势，且前期（桩顶位移 0～1mm）荷载增长趋势较陡，中期（桩顶位移 1～5mm）荷载增加趋势逐渐趋于平缓的，后期（桩顶位移 5～13mm）荷载增加趋势逐渐减缓并趋近于水平线，即竖向位移增加而竖向拉力不再增加，表明土体已达到破坏状态。

TD2 和 TD3 桩的荷载-位移曲线整体变化趋势较为接近，荷载-位移曲线中前期、中期、后期三个阶段表现的比较明显，如图 4.1-22（b）和图 4.1-22（c）所示，两者在桩顶位移小于 1mm 时，在竖向拉力作用下土体因挤压而变得密实使土体初期承载力得到提高，单位位移下荷载增长较快，符合荷载-位移曲线斜率在整个曲线中斜率最大的结果；中期（桩顶位移 1～5mm）承力扩大盘下表面与土体发生脱离，盘上土体出现相对滑移，承力扩大盘边缘土体出现轻微开裂，土体整体性有所破坏，承载力有所降低，出现荷载-位移曲线斜率减缓现象。后期（桩顶位移 5～13mm）荷载达到土体极限承载力，荷载-位移曲线接近水平，即荷载增长缓慢但位移增长迅速。

TD1 桩的荷载-位移曲线前期、中期阶段比较明显，而后期阶段比较滞后，如图 4.1-22（a）所示。后期阶段荷载、位移呈线性比例增长，此时可能由于荷载未达到土体极限承载力，荷载随位移呈线性增长，但桩身位移过大也视为破坏。TD4 桩的荷载-位移曲线只表现出前期和后期阶段，如图 4.1-22（d）所示，承力扩大盘盘上土体因已达到极限承载力而产生滑移破坏，荷载增长缓慢，桩身位移迅速增长。

为进一步比较分析，将 TD1、TD2、TD3、TD4 桩的荷载-位移曲线绘制成对比图，如图 4.1-23 所示。

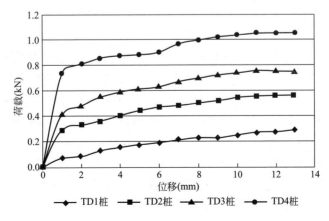

图 4.1-23 不同盘悬挑径抗拔试验模型桩荷载-位移曲线对比图

对比分析 TD1、TD2、TD3、TD4 桩的荷载-位移曲线可以得出以下结果：

（1）从 TD1 到 TD4，混凝土扩盘桩承载力随盘悬挑径的增大而增大，荷载-位移曲线走势大致相似。

（2）TD1 桩的承力扩大盘悬挑径是 1 倍的主桩径，曲线位于最下方，从图中可以看出其极限承载力＞0.2kN，当加载到 0.3kN 时，其荷载-位移曲线趋于平缓但仍有增长，桩顶位移已达到 13mm，已形成过大位移破坏。TD2 和 TD3 桩的荷载-位移曲线较为接近，其承力扩大盘悬挑径分别为 1.5 倍和 2 倍的主桩径，TD2 桩的极限承载力＞0.5kN，TD3 桩的极限承载力＞0.7kN，这两种桩型的荷载-位移曲线趋势相似，说明土体破坏过程规律相似。TD4 桩承力扩大盘悬挑径最大，为 2.5 倍的主桩径，在对比图中很明显承载力要比其他三种桩型大很多，从其荷载-位移曲线可以看出，当承载力达到 0.9kN 后曲线趋势趋于平缓并接近水平，但当桩顶位移达到 6mm 时曲线突然上升后又趋于平缓，与其他三条正常曲线相悖，后经研究分析，是因为 TD4 桩盘上土体影响范围超出了理论研究范围（5 倍盘悬挑径），盘上土体向上移动过程中与上部压梁接触发生挤压现象，产生了反向压力。反向压力进而作用于混凝土扩盘桩，阻碍了桩身竖向位移的增长，荷载值增大，因此 TD4 桩顶位移中 6mm 后采集的荷载值为无效数值，不再进行分析研究。

（3）模型桩初始位移达到 1mm 时，荷载-位移曲线斜率依次上升，即桩顶位移达到 1mm 时，荷载依次增大，但荷载增长趋势并不随扩大盘悬挑径增长成比例增长。根据表 4.1-8 数据显示，当模型桩位移达到 1mm 时，TD1、TD2、TD3、TD4 桩初始荷载值分别为 0.067kN、0.291kN、0.404kN、0.737kN，荷载比值为 1：4：3：6：11，而模型桩扩大盘悬挑径分别为 10mm（1 倍主桩径）、15mm（1.5 倍主桩径）、20mm（2 倍主桩径）、25mm（2.5 倍主桩径），盘悬挑径比值为 1：1.5：2：2.5，说明承载力增长并不随扩大盘悬挑径比例成线性增长。从图中也可以直观看出，当模型桩位移达到 1mm 时，荷载增长幅度不同，说明当承力扩大盘悬挑径小于 1.5 倍主桩径时，对提高桩承载力有效果但不理想；当扩大盘悬挑径为 1.5～2 倍主桩径时，桩承载力提高效果显著；由此说明，要充分发挥混凝土扩盘桩承载力的作用，承力扩大盘悬挑径应取 1.5～2 倍主桩径。但当承力扩大盘过大后，会导致混凝土用量的增加、土体破坏范围较大、桩盘本身可能发生冲切破坏等不利情况，因此，盘悬挑径也不宜过大。

4）桩周土体破坏情况分析

在竖向拉力作用下，桩周土体破坏形式是试验研究的重点。观察混凝土扩盘桩随着盘悬挑径的增大，桩周和盘上土体的破坏情况，并进行对比分析。试验所特殊设计的半截面桩型以及试验装置，为桩土破坏的观测提供了条件。通过手动控制千斤顶施加竖向拉力从而控制半截面模型桩桩顶位移的增量，同时可以随时观察并记录模型桩桩周土体破坏情况以及桩顶位移量和所加荷载值。桩顶位移每增加 2mm，用数码相机拍照记录此时桩土相互作用下桩周土体的破坏情况，直至加载到土体破坏。

（1）桩周土体破坏过程分析

试验过程中，从开始加载至桩周土体破坏，桩身位移每增加 2mm，对桩土变化情况进行连续拍照记录，并记录相关数据。以 TD2 桩为例，分别记录桩盘上、下及桩周土体的破坏情况，如图 4.1-24 所示。

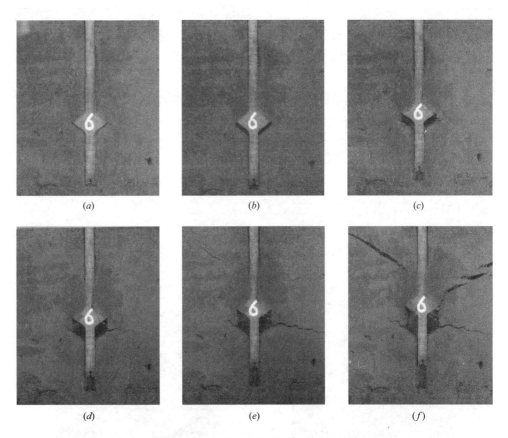

图 4.1-24　TD2 桩桩周土体破坏全过程

由图 4.1-24 可以清楚地看到桩周土体的破坏形式以及破坏的全过程，结合上文记录的荷载-位移曲线数据，可以将试验中抗拔模型桩在竖向拉力作用下桩周土体破坏过程分为三个阶段。

第一阶段：图 4.1-24（a）为未加载时，加载初期，由于施加荷载较小，桩身竖向位移较小，桩周土体整体变化不大。在土体弹塑性极限变形范围内，承力扩大盘上部土体产生压缩变形，盘端边缘处土体首先发生微小水平裂缝；桩身位移初始，承力扩大盘盘下及桩端均与土体发生脱离，盘下土体变化微小，土体基本保持原状，如图 4.1-24（b）所示。

第二阶段：试验进入中期，桩顶竖向拉力逐渐增大，桩身位移随着荷载的增大而增大。同时，承力扩大盘端部边缘处水平裂缝发展，盘上土体逐渐达到土体弹塑性变形极限，出现小范围的"心形"水印，承力扩大盘盘下及桩端与土体的裂缝均增大，出现凌空区，如图 4.1-24（c）、（d）所示，说明土体进入滑移破坏阶段。随着荷载和位移的进一步增大，桩周土体滑移破坏程度进一步加大，后期逐渐向桩身方向回收，出现明显的较大范围的"心形"水印，如图 4.1-24（e）所示。

第三阶段：试验进入后期，荷载-位移曲线开始进入平缓趋势，即在荷载增长量较小的情况下，桩身位移增长量很大，承力扩大盘盘上土体达到极限承载力，试验即将结束。此时桩盘周围土体破坏较为严重，承力扩大盘盘下及桩端与土体的裂缝达到最大；盘端水平裂缝不再发展；盘上土体滑移破坏产生，达到极限荷载时，盘上滑移线以上部分土体向上冲切，延伸至土体上表面，最终盘上土体发生整体冲切，盘上土体丧失承载能力。

（2）桩周土体破坏前后对比分析

TD1～TD4 桩桩周土体破坏前后情况如图 4.1-25～图 4.1-28 所示。

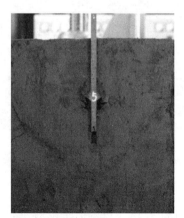

(a) 加载前   (b) 破坏后

图 4.1-25　TD1 桩桩周土体破坏情况对比图

(a) 加载前　　　　　　　　　　　　　　　　　　　(b) 破坏后

图 4.1-26　TD2 桩桩周土体破坏情况对比图

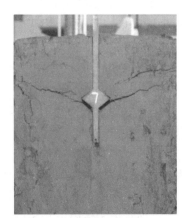

(a) 加载前　　　　　　　　　　　　　　　　　　　(b) 破坏后

图 4.1-27　TD3 桩桩周土体破坏情况对比图

从图 4.1-25～图 4.1-28 中 TD1～TD4 桩桩周土体破坏前后对比照片可以清楚地看到土体的破坏形式，分析得出如下结论：

相同点：

① 对于盘下土体，试验模型桩在竖向拉力作用初期，承力扩大盘盘下表面及桩端立即与土体发生脱离，因此未对土体造成破坏，此结论分别与理论分析结果和早期非原状土混凝土扩盘桩抗拔试验结果相符。

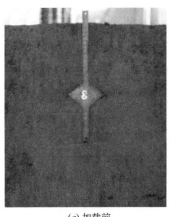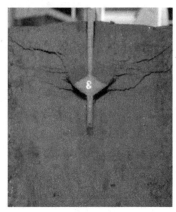

(a) 加载前   (b) 破坏后

图 4.1-28   TD4 桩桩周土体破坏情况对比图

② 对于承力扩大盘盘上土体，由于土体本身具有一定的弹塑性，竖向拉力作用初期，TD1～TD4 桩承力扩大盘盘上土体在压力作用下被压缩，在原状土弹塑性极限变形范围内，承力扩大盘盘上土体随着桩身位移量的增加而逐步变得密实。在土体被压缩的过程中，承力扩大盘盘端边缘土体首先发生剪切破坏。从图 4.1-25～图 4.1-28 可以看出，土体破坏后承力扩大盘盘端边缘处都有明显的剪切现象，且剪切破坏程度随承力扩大盘悬挑径的增加而减小，其中 TD1 桩最大，TD4 桩最小。

③ 对于承力扩大盘盘上土体，当压缩量达到土体弹塑性变形极限后，承力扩大盘盘上土体产生滑移破坏，破坏产生的滑移线最初见于承力扩大盘盘端边缘处，并沿着某一角度左右对称地向桩外侧向下发展，并向桩身回收，但当盘悬挑径较大时，即盘上土体厚度较小时，盘上大部分土体破坏线最终沿一定角度一直延伸至土体表面。

④ TD2～TD4 桩加载至土体破坏（滑移破坏）时，试验模型桩盘上的土体破坏情况相似，测量滑移裂缝最外边缘至混凝土扩盘桩对称轴之间的水平距离即承力扩大盘受力对盘上土体的影响范围，竖向大致为 3～5 倍的盘悬挑径，水平方向大致为 1.3 倍的盘悬挑径，此结论与早期非原状土小模型抗拔桩试验研究结论相符。

不同点：

① 在竖向拉力作用下，土体破坏形式与承力扩大盘距土层表面距离有关。当承力扩大盘距土层表面距离较大时，盘上土体破坏形式为滑移破坏，如图 4.1-25 所示；当承力扩大盘距土层表面距离偏小时，盘上土体破坏形式为先发生滑移，

最后发生盘上土体整体冲切破坏，如图 4.1-26 和图 4.1-27 所示；当承力扩大盘距土层表面距离较小时，盘上土体破坏形式为冲切破坏，如图 4.1-28 所示。

② 承力扩大盘盘上土体产生滑移，随着荷载的逐步增大，承力扩大盘盘上一定范围内土体会产生一条冲切裂缝，由 TD2、TD3、TD4 土体破坏情况（TD1 桩未发生冲切破坏，不做对比）可知，随着承力扩大盘悬挑径的增加，冲切范围也增加。此规律与早期非原状土小模型抗拔桩试验研究的结论基本相同，同时此规律对完善现有混凝土扩盘桩抗拔桩桩土破坏理论研究有所补充。

2. 不同盘悬挑径抗拔桩有限元分析

1）模型尺寸规格

模拟分析建立的不同盘悬挑径的抗拔桩模型，尺寸示意图如图 4.1-29、图 4.1-30 所示。

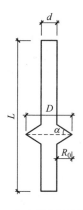

图 4.1-29　不同盘悬挑径抗
拔桩模拟分析模型尺寸示意图

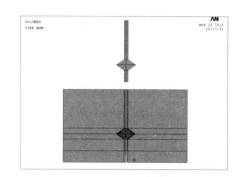

图 4.1-30　不同盘悬挑径抗
拔桩模拟分析桩土模型

混凝土扩盘桩桩长 $L = 8000\text{mm}$，主桩径 $d = 500\text{mm}$，盘坡角均为 $\alpha = 35°$，MTD1～MTD4 承力扩大盘悬挑径 R_0 分别为 500mm（1 倍主桩径）、750mm（1.5 倍主桩径）、1000mm（2 倍主桩径）和 1250mm（2.5 倍主桩径）。具体数据见表 4.1-4。

不同盘悬挑径抗拔桩模拟分析模型尺寸　　　　　表 4.1-4

桩号	桩长 L (mm)	主桩径 d (mm)	盘径 D (mm)	盘悬挑径 $R_0 = (D-d)/$ (mm)	盘坡角 α (°)
MTD1	8000	500	1500	500	35
MTD2	8000	500	2000	750	35

续表

桩号	桩长 L（mm）	主桩径 d（mm）	盘径 D（mm）	盘悬挑径 $R_0 = (D-d)/$（mm）	盘坡角 α（°）
MTD3	8000	500	2500	1000	35
MTD4	8000	500	3000	1250	35

2）位移结果分析

通过模拟分析，提取加载到第 10 级，即桩顶荷载 1400kN 时的竖向桩土位移云图，如图 4.1-31 所示。同时将 4 种桩型在最大荷载下的最大位移形成曲线，如图 4.1-32 所示。

(a) MTD1 的 Y 向桩土位移云图

(b) MTD2 的 Y 向桩土位移云图

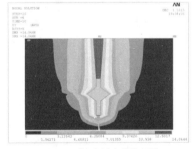

(c) MTD3 的 Y 向桩土位移云图

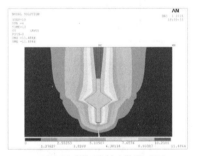

(d) MTD4 的 Y 向桩土位移云图

图 4.1-31　不同盘悬挑径抗拔模拟分析桩竖向桩土位移云图

观察分析图 4.1-31 可以得出以下结论：

（1）在同一竖向拉力作用下，随着承力扩大盘悬挑径的增加，MTD1～MTD4 桩对整个土体的影响范围逐渐变大。

（2）模拟分析桩对整个土体的最大影响范围是承力扩大盘悬挑径的 3～4 倍，此结论与小比例原状土模型抗拔试验结论相符。

（3）在相同竖向拉力作用下，最大位移均接近桩顶，且相对最大位移区域随着 MTD1～MTD4 桩承力扩大盘悬挑径的增加而减少。

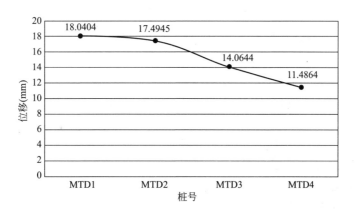

图 4.1-32　不同盘悬挑径抗拔模拟分析桩桩顶最大位移曲线

从图 4.1-32 可以看出，在相同荷载条件下，随着承力扩大盘悬挑径的增大，不同桩型的桩顶最大位移值随之减小，由于 4 种桩型的承力扩大盘悬挑径分别为 1 倍、1.5 倍、2 倍、2.5 倍的主桩径，明显地看出 MTD3、MTD4 的最大位移值有明显的减小趋势，说明在承力扩大盘坡角一定的情况下，承力扩大盘悬挑径越大，混凝土扩盘桩的极限承载能力越强。根据曲线变化规律，承力扩大盘悬挑径的最大位移值在 1.5～2 倍主桩径之间时变化较为明显，在小于 1.5 倍主桩径以及大于 2 倍主桩径时，变化幅度较小，说明承力扩大盘悬挑径合理时，承载力增加比较明显。

取桩顶某固定点的位移值，作为 ANSYS 模型中整个桩身位移代表值并进行分析。

根据数据，绘制 MTD1～MTD4 桩位移随荷载变化的曲线，如图 4.1-33 所示。

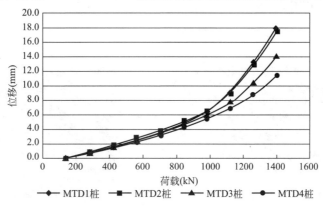

图 4.1-33　不同盘悬挑径抗拔模拟分析桩桩顶某点的荷载-位移曲线

从图 4.1-33 可以看出，模拟分析桩的位移都随着荷载的增大而增加，开始时位移的变化率小，随着荷载的增大位移的变化率逐渐增大。从图 4.1-33 中还可以看出，在相同的荷载作用下，随着承力扩大盘悬挑径的增加，桩的位移都逐渐减小，MTD1 最大，MTD4 最小。随着竖向拉力的增大，MTD1、MTD2、MTD3、MTD4 桩之间的间距逐渐变大，但是 MTD1、MTD2 桩整个过程趋势基本相同，而 MTD3、MTD4 桩后期的位移变化率比 MTD1、MTD2 桩明显降低，所以承力扩大盘悬挑径至少为 2 倍主桩径时，桩的承载力提高幅度明显，当承力扩大盘悬挑径小于 1.5 倍主桩径时，承载力基本相同。因此可以得出承力扩大盘悬挑径设置为 1.5～2 倍主桩径比较合理。但盘悬挑径也不能过大，因为土体影响范围会增大，混凝土量会增加。

3）应力结果分析

（1）桩身剪应力分析

取加载到第 10 级即桩顶荷载 1400kN 时的桩身剪应力云图，如图 4.1-34 所示。

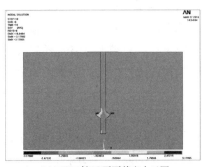

(a) MTD1 桩 XY 平面剪应力云图

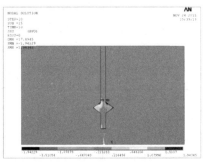

(b) MTD2 桩 XY 平面剪应力云图

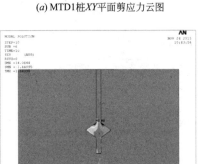

(c) MTD3 桩 XY 平面剪应力云图

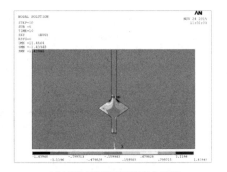

(d) MTD4 桩 XY 平面剪应力云图

图 4.1-34　不同盘悬挑径抗拔模拟分析桩的 XY 平面剪应力云图

从图 4.1-34 可以看出，MTD1～MTD4 整个桩土模型剪应力区域沿混凝土扩盘桩中心轴线对称分布，不同的模拟桩 *XY* 平面剪应力最大值部位都在承力扩大盘上盘处。随着盘悬挑径的增加 MTD1～MTD4 桩承力扩大盘处最大 *XY* 平面剪应力逐渐减小，说明承力扩大盘越小越容易发生土体剪切破坏，剪应力越大。

为进一步分析，在 10 级荷载（面荷载 14MPa）作用下，采用 ANSYS 有限元模拟 MTD1～MTD4 桩与桩周土体的剪应力变化情况，在桩土模拟模型中找到桩与土体的接触面，并沿桩身高度在接触面上均匀取点，然后再分别提取相应点在桩身和桩周土体受到的剪应力，最后进行分析研究。

为了便于观察分析桩身剪应力的变化情况，将得出的 MTD1～MTD4 桩的桩身剪应力值绘制成曲线图，如图 4.1-35 所示。

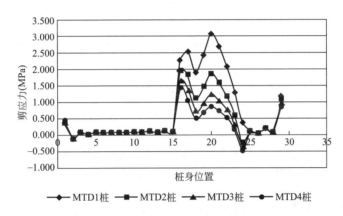

图 4.1-35　不同盘悬挑径抗拔模拟分析桩沿桩身的剪应力曲线

观察分析图 4.1-35 可以得出：

① MTD1～MTD4 桩沿整个桩身方向（1～29 点）的剪应力曲线变化规律大致相同。

② 2～15 点和 25～28 点处的剪应力绝对值远小于 1 点、16～24 点和 29 点处的剪应力绝对值，说明在竖向拉力作用下，桩身剪应力主要由桩两端和承力扩大盘承受，并且以承力扩大盘为主；16 点（承力扩大盘上盘拐点）和 20 点（承力扩大盘边缘点）为两个剪应力峰值点，说明剪应力易集中于桩身形状突变处。

③ 随着 MTD1～MTD4 桩盘悬挑径的增大，承力扩大盘处的剪应力逐渐减小，说明在相同竖向拉力作用下随着承力扩大盘悬挑径的增大，抗拔桩抗剪承载能力随之增强。

（2）桩周土体剪应力分析

为了便于观察分析桩周土体剪应力的变化情况，将得出的 MTD1～MTD4 桩桩周土体剪应力值绘制成曲线图，如图 4.1-36 所示。

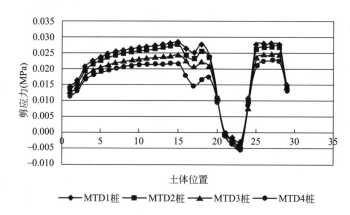

图 4.1-36　不同盘悬挑径抗拔模拟分析桩桩周土体沿桩身的剪应力曲线

观察分析图 4.1-36 可以得出：

① MTD1～MTD4 桩桩周土体沿整个桩身方向（1～29 点）的剪应力曲线变化规律大致相同。

② 15 点处的剪应力绝对值最大，且 1～15 点和 25～29 点处的剪应力绝对值都分别大于 16～24 点处的剪应力绝对值，说明在竖向拉力作用下，主要由承力扩大盘处桩周土体承受剪应力。

③ 随着 MTD1～MTD4 桩盘悬挑径的增大，桩周土体的剪应力逐渐减小，因为在桩身长度和盘坡角一定的情况下，随着盘悬挑径的增大，承力扩大盘盘高也随之增大，盘上和盘下桩身长度之和减少，桩侧摩阻力减小，桩周土体剪应力随之减小。

3. 模型试验和模拟分析结果的对比分析

将模型试验研究的荷载-位移曲线与有限元模拟分析结果进行比较，如图 4.1-37 所示。

由于 ANSYS 有限元模拟的是原比例状态下混凝土扩盘桩的抗拔情况，而模型试验则是按 1：50 比例缩小后进行的，两者数据结果虽然不完全相同，但荷载-位移曲线趋势大致相同，结论基本一致，即盘悬挑径不同时，模型试验荷载-位移曲线与 ANSYS 有限元模拟的荷载-位移曲线趋势相同，抗拔桩承载力都随盘悬挑径的增加而变大，且当盘悬挑径大于 1.5 倍主桩径时，混凝土扩盘桩承载力提高显著。

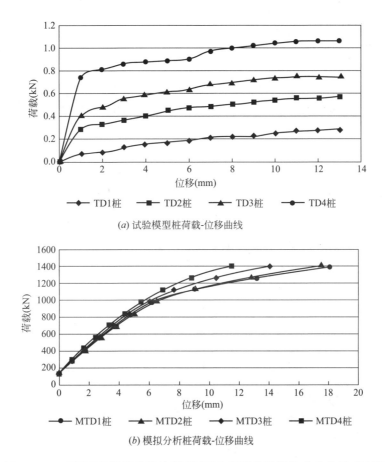

(a) 试验模型桩荷载-位移曲线

(b) 模拟分析桩荷载-位移曲线

图 4.1-37 不同盘悬挑径抗拔桩模型试验和模拟分析荷载-位移曲线对比图

4.2 盘坡角（盘高度）的影响

混凝土扩盘桩盘坡角是指承力扩大盘下表面（抗压桩）或上表面（抗拔桩）与水平线的夹角，当盘径一定时，盘坡角的变化导致盘高度的变化，因此盘坡角和盘高度的影响可以认为是一个参数。由于混凝土扩盘桩盘坡角（盘高度）对竖向抗压、抗拔破坏机理产生影响，本节应用第 2 章介绍的半截面桩研究方法，通过有限元分析和原状土试验研究，分别研究盘坡角（盘高度）对抗压桩、抗拔桩的影响。以下的研究仅提盘坡角。

4.2.1 盘坡角对抗压桩破坏机理的影响

1. 不同盘坡角抗压桩试验研究

1) 试验模型桩及取土器设计

研究采取控制单变量的方法设计试验模型桩，针对盘坡角的变化设计出一组桩，以单盘桩为研究目标，控制盘径，改变承力扩大盘坡角的大小，设计 4 个模型桩，如图 4.2-1、图 4.2-2 所示。材料采用圆钢，横截面采用半圆形。

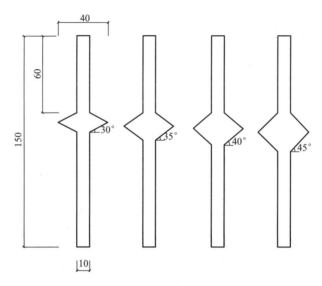

图 4.2-1 不同盘坡角抗压试验模型桩设计图

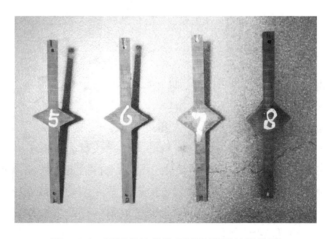

图 4.2-2 不同盘坡角抗压试验模型桩实物图

　　根据混凝土扩盘桩承力扩大盘参数对单桩抗压承载力影响的研究等相关试验的观察，承力扩大盘盘端的承载力与承力扩大盘坡角有关，盘坡角不宜偏大或偏小，避免半截面试验模型桩在受压的过程中尚未发挥承力扩大盘的承载作用就使桩周土体产生滑移破坏。根据早期的研究成果，承力扩大盘坡角的合理范围在 30°～45°之间，设计时以 5°为间隔设计 4 组，分别对 30°、35°、40°、45°四种情况进行试验。具体参数见表 4.2-1。

不同盘坡角抗压试验模型桩设计参数　　　　　　　　　　表 4.2-1

桩号	桩长 L（mm）	主桩径 d（mm）	盘径 D（mm）	盘悬挑径 $R_0=(D-d)/2$ (mm)	盘坡角 α（°）
5	150	10	40	15	30
6	150	10	40	15	35
7	150	10	40	15	40
8	150	10	40	15	45

　　试验使用的取土器为独创的原状土取土器（形式见第 2 章）。根据抗压试验模型桩尺寸，考虑在竖向压力作用下的影响范围，取土器尺寸为 300mm× 300mm×300mm。

　　2）试验用土

　　试验用土同 4.1.1。

　　3）桩周土体破坏情况分析

　　采用第 2 章的原状土模型试验方法，进行试验研究。为了便于观测比较，桩顶位移每增加 2mm，用数码相机拍照记录此时桩土相互作用下桩周土体破坏情况，直至加载到土体破坏。以 7 号桩为例，桩周土体破坏的具体过程如图 4.2-3 所示。

(a) 0mm　　　　　　　　　　(b) 2mm

图 4.2-3　7 号桩桩周土体破坏全过程（一）

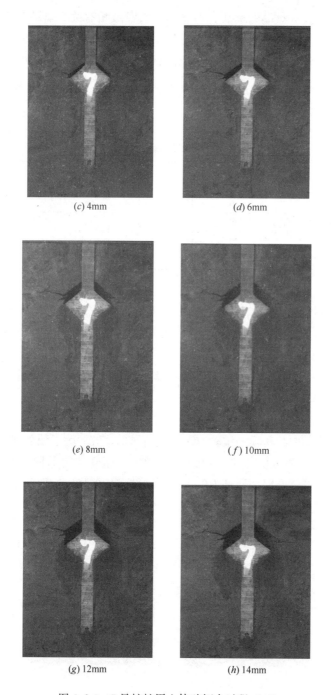

(c) 4mm   (d) 6mm

(e) 8mm   (f) 10mm

(g) 12mm   (h) 14mm

图 4.2-3　7 号桩桩周土体破坏全过程（二）

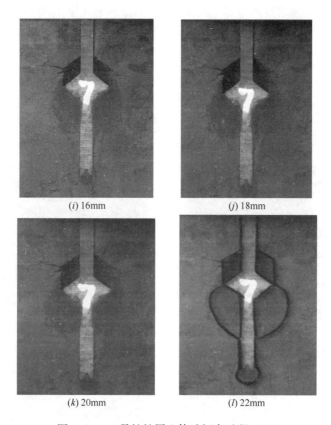

(i) 16mm

(j) 18mm

(k) 20mm

(l) 22mm

图 4.2-3　7 号桩桩周土体破坏全过程（三）

从图 4.2-3 可以看出，桩周土体的破坏过程与 4.1 中基本相同，分为三个阶段：

（1）施加荷载的初期阶段，承力扩大盘上表面发生桩土分离，出现缝隙，这是由于在竖向压力作用下，混凝土扩盘桩向下移动，盘上土体由于自身黏聚力作用保持不动，导致土体与盘上表面发生脱离，同时在承力扩大盘的两侧端部出现微小的水平裂缝，这是由于盘端土体在盘的作用下，随盘向下滑动，因此出现土体拉裂；承力扩大盘下部出现小范围的水印，这是因为承力扩大盘下部的土体受压变得密实后，土体中的水分骤增溢出，黏着于观测玻璃上，此为承力扩大盘受压对盘下土体的影响范围的直观表现；模型桩桩端下方土体同样出现小范围水印，土体压缩。

（2）随着荷载的不断增大，位移量也不断增加，承力扩大盘上的缝隙逐渐增大，基本为桩顶位移量的直观表现；承力扩大盘下的土体出现水印的范围逐渐增大，并且呈向下收敛的趋势，这是由于盘下土体的密实度不断增大，影响范围越来越大，呈滑移线性收敛。

（3）当土体加载到极限破坏的时候，测量承力扩大盘下水印（即抗压桩承力扩大盘对盘下土体的影响范围）的竖向长度约为4倍的承力扩大盘悬挑径，水平范围约为1.3～1.5倍（随坡角变化）的承力扩大盘悬挑径。

为了便于比较分析，将5～8号桩桩周土体破坏前后的照片做成对比图，进行对比分析，如图4.2-4～图4.2-7所示。

 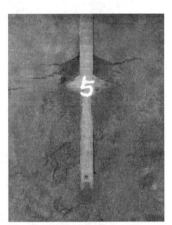

(a) 加载前   (b) 破坏后

图 4.2-4　5号桩桩周土体破坏情况对比图

 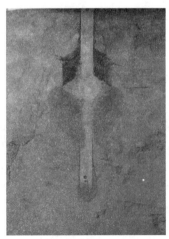

(a) 加载前   (b) 破坏后

图 4.2-5　6号桩桩周土体破坏情况对比图

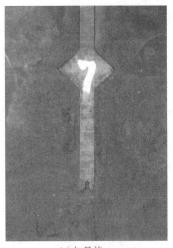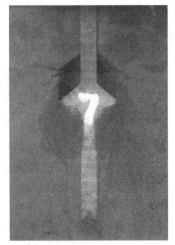

(a) 加载前　　　　　　　　　　　　　(b) 破坏后

图 4.2-6　7 号桩桩周土体破坏情况对比图

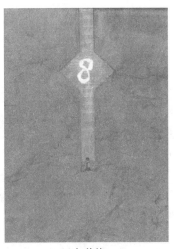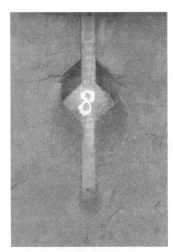

(a) 加载前　　　　　　　　　　　　　(b) 破坏后

图 4.2-7　8 号桩桩周土体破坏情况对比图

从图 4.2-4～图 4.2-7 可以清晰地观察到 5～8 号抗压试验模型桩由于盘坡角不同，土体破坏情况变化不同，根据加载过程中桩周土体破坏前后对比情况，可得出如下结论：

（1）5～8 号桩加载至土体破坏时，各个模型桩的竖向影响范围均为 2～3 倍的承力扩大盘悬挑径，水平范围约为 1.3～1.5 倍的承力扩大盘悬挑径；4 个试验中的土体都是发生滑移破坏，从 4 个模型桩的破坏图片可以较为清晰地看出土体沿滑移线破坏情况，只是土体破坏的范围不同。

（2）随着荷载的不断增大，承力扩大盘下的土体逐渐被压密实，提高了土体的承载力，由于承力扩大盘的存在，使得试验模型桩的桩顶位移最终比较小。

4）荷载-位移曲线对比分析

将试验中所得到的不同盘坡角的试验模型桩的位移数据与荷载数据依桩号归类，需要注意的是要将不同桩号试验时加载的垫块质量换算成以 kN 为单位记入初始荷载。

根据位移荷载数据，绘制 5～8 号桩的荷载-位移曲线，如图 4.2-8 所示。

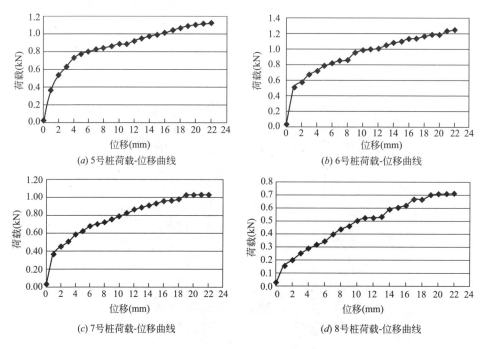

(a) 5号桩荷载-位移曲线

(b) 6号桩荷载-位移曲线

(c) 7号桩荷载-位移曲线

(d) 8号桩荷载-位移曲线

图 4.2-8　不同盘坡角抗压试验模型桩荷载-位移曲线

由于试验是通过控制桩顶位移量的大小来记录千斤顶施加的荷载，从图 4.2-8 可以看出，5～8 号桩的荷载-位移曲线变化规律较为类似，随着桩顶位移量的增加，荷载值也不断增大，增长趋势可分为三个阶段，在加载的初期阶段，桩顶位移刚开始产生，荷载的增量较大，呈斜直线上升；在对模型桩施加荷载到后半段时荷载的增量较为平缓，荷载-位移曲线有变缓的趋势，最终曲线接近水平，这说明随着桩顶位移的不断增大，荷载慢慢加载到土体的极限荷载值，使土体开始出现极限承载状态，产生土体破坏，无法继续加载。

5～8 号桩的荷载-位移曲线变化规律较为接近，在桩顶位移量为 0～2mm 时，曲线呈斜直线上升，到达 2mm 时出现拐点，斜率产生变化，桩顶位移超过 2mm 后，荷载增速较为缓慢，曲线斜率开始变小，逐渐趋于平缓，当位移达到 18mm 时曲线接近于水平，这说明在千斤顶持续施压时，试验模型桩承力扩大盘对盘下土体持续作用，再继续加载到极限荷载，土体达到极限承载力状态，发生破坏。

为了更直观地比较分析 5～8 号桩的荷载-位移变化规律，将 5～8 号桩的荷载-位移曲线做成对比图，如图 4.2-9 所示。

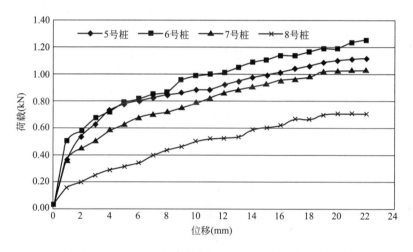

图 4.2-9　不同盘坡角抗压试验模型桩荷载-位移曲线对比图

从图 4.2-9 可以看出，在桩顶初始位移达到 1mm 时，6 号桩的荷载值最大，说明在产生同样桩顶位移量的情况下，6 号桩需要更大的荷载，即 6 号桩的承载能力最强，曲线位于最上方，其极限承载力＞1.0kN，当加载到 1.0kN 时，荷载-位移曲线趋于平缓，承载力达到极限值；在桩顶初始位移达到 1mm 时，5 号桩和 7 号桩的荷载值较为接近，5 号桩的极限承载力＞1.0kN，7 号桩的极限承载力＞1.0kN，当这两种桩型的桩顶位移达到 21mm 时，荷载-位移曲线的斜率趋近于 0；在桩顶初始位移达到 1mm 时，8 号桩的荷载值最小，即 8 号桩的承载能力最差，其极限承载力＞0.6kN，当加载至 0.7kN 后，曲线的斜率趋近于 0，达到极限承载状态。所以从荷载-位移曲线对比图中可清晰地看出，虽然 5～8 号桩的承力扩大盘坡角不同，分别为 30°、35°、40°、45°，但其承载力的大小并不是和承力扩大盘坡角的大小成正比例相关；根据试验数据可推断出，承力扩大盘坡角在 30°～40°范围内时，承载力比较接近，在 35°左右时，承载力最高。盘坡角过大时，承载力反而下降。

2. 不同盘坡角抗压桩有限元分析

根据初步估算出的极限承载力值的大小，对模拟分析桩分级加载，直至发生破坏。分别提取承力扩大盘不同盘坡角的桩型在 Y 方向的位移值和加载至最大荷载的位移云图、桩身和桩周土体沿着桩身一侧接触面的剪应力值以及加载至最大荷载的剪应力云图，其名称分别以各自的桩型编号命名，分析承力扩大盘坡角对混凝土扩盘桩抗压承载力、桩土相互作用以及抗压破坏机理的影响。

1）不同盘坡角模型桩的参数设计

同样根据试验模型桩的尺寸规格来设定模拟分析桩的尺寸，在单独考量承力扩大盘坡角作为混凝土扩盘桩抗压承载力的影响因素时，固定承力扩大盘悬挑径为 2m，模拟分析桩的桩长设计值为 7.5m，主桩径为 0.5m，承力扩大盘坡角值按桩号 YE5、YE6、YE7、YE8 分别取 30°、35°、40°、45°，由于考虑到边界条件可能产生的影响，土体的计算区域范围尽量大些，沿承力扩大盘径向取 10m，沿混凝土扩盘桩向下取 5m，根据以上参数的设定，模拟分析模型尺寸简图如图 4.2-10 所示。

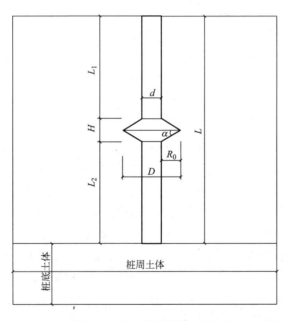

图 4.2-10　不同盘坡角抗压桩模拟分析模型尺寸示意图

YE5～YE8 抗压桩模拟分析模型的具体尺寸如表 4.2-2 所示。

<table>
<tr><td colspan="6" style="text-align:left">不同盘坡角抗压桩模拟分析模型尺寸</td><td style="text-align:right">表 4.2-2</td></tr>
</table>

桩号	桩长 L (mm)	主桩径 d (mm)	盘径 D (mm)	盘悬挑径 $R_0=(D-d)/2$(mm)	盘坡角 α (°)
YE5	7500	500	2500	1000	30
YE6	7500	500	2500	1000	35
YE7	7500	500	2500	1000	40
YE8	7500	500	2500	1000	45

　　YE5～YE8 的加载方法同样均为从荷载 1.5MPa 开始加载，逐级按 1.5MPa 递增加载，直至加载到极限荷载，换算成 kN 为单位即从 150kN 开始加载，逐级按 150kN 递增加载。用 ANSYS 软件运行模拟计算 YE5～YE8 在分级加载过程中的相应变化情况，记录不同荷载量级下桩的竖向位移、剪应力以及桩周土体的剪应力。

　　ANSYS 软件建立的 YE5～YE8 分析模型简图如图 4.2-11 所示。

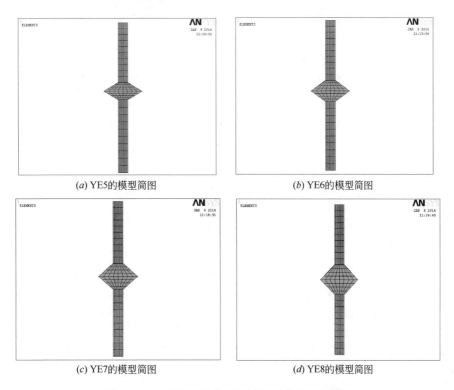

(a) YE5 的模型简图　　　　　　　　(b) YE6 的模型简图

(c) YE7 的模型简图　　　　　　　　(d) YE8 的模型简图

图 4.2-11　不同盘坡角抗压桩模拟分析模型简图

2）位移结果分析

提取加载至 10 级即 1500kN 的 YE5～YE8 的竖向桩土位移云图，如图 4.2-12 所示，并将 4 种桩型在最大荷载作用下的最大位移绘制成曲线，如图 4.2-13 所示。

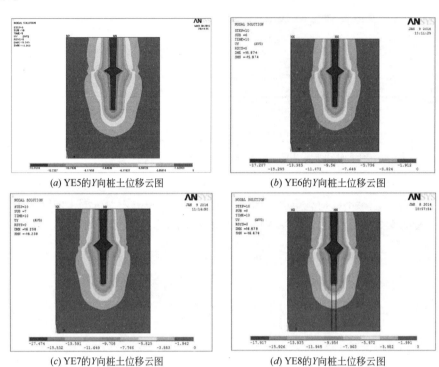

(a) YE5的Y向桩土位移云图   (b) YE6的Y向桩土位移云图

(c) YE7的Y向桩土位移云图   (d) YE8的Y向桩土位移云图

图 4.2-12　不同盘坡角抗压模拟分析桩 Y 向桩土位移云图

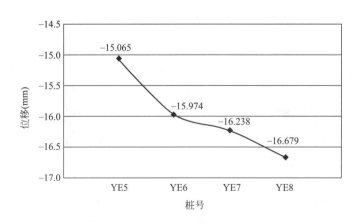

图 4.2-13　不同盘坡角抗压模拟分析桩在相同荷载下的最大竖向位移曲线

从图 4.2-12 可以看出，当荷载加至 1500kN 时，YE5～YE8 受压即将达到极限承载力，混凝土扩盘桩和桩周土体之间发生相对滑移的同时达到或接近最大位移值。从图 4.2-13 可以看出，当荷载都加至第 10 级时，在相同荷载下，随着承力扩大盘坡角的增大，不同桩型的最大位移值随之增大，但是增幅较小，YE5 为 15.065mm，YE6 为 15.974mm，YE7 为 16.238mm，YE8 为 16.679mm（AN-SYS 模拟计算提取数据时，位移向下取负值，位移量按绝对值计算）。由于 4 种桩型的承力扩大盘坡角分别为 30°、35°、40°、45°，抗压模拟分析桩的最大位移值随着承力扩大盘坡角的增大虽然有一定的增长，但是其位移量的差值非常小，这说明承力扩大盘坡角对混凝土扩盘桩竖向压力作用下位移的影响并不大，即承力扩大盘坡角并不是影响抗压桩位移的主要因素，但由于盘坡角与盘高度有关，过大的盘坡角会造成混凝土量的增加，因此，盘坡角也应适当。

经过 ANSYS 软件计算后，将 YE5～YE8 四种桩型在盘下某固定点处每加载 150kN 后的竖向位移值按桩型归类。

根据各桩在不同荷载下的位移值，整理并绘制 YE5～YE8 的荷载-位移曲线对比图，如图 4.2-14 所示。

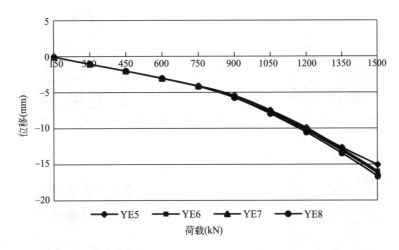

图 4.2-14　不同盘坡角抗压模拟分析桩荷载-位移曲线对比图

从图 4.2-14 可以看出，YE5～YE8 这 4 种桩型的荷载-位移曲线变化规律较为接近，在加载至 750kN 之前，曲线呈斜直线增长，在加载超过 750kN 之后，曲线的斜率有了明显的变化，在同样荷载增幅下，位移的增量越来越大，说明此时承力扩大盘下土体随着荷载的增加，逐渐达到极限承载状态，开始发生滑移破坏，极限承载力＞750kN。从图 4.2-14 中可以更为直观地看出在承力扩大盘悬挑径相同的情况下，承力扩大盘坡角对混凝土扩盘桩的抗压承载力的影响很小。与模型试验进行对比可以看出，在 ANSYS 模拟运算中得出的结果是，混凝土扩盘桩在承力扩大盘悬挑径相同的情况下，按承力扩大盘坡角 30°、35°、40°、45°的顺序，其抗压承载力逐渐减小，在原状土模型试验中，得出的结果为按承力扩大盘坡角 35°、30°、40°、45°的顺序，其抗压承载力逐渐减小，综合考虑位移发展情况，可以推出，在承力扩大盘悬挑径相同的情况下，承力扩大盘坡角在 30°～40°的范围内时，其抗压承载能力及位移控制相对比较好，但总体影响不大。

3）应力结果分析

应用 ANSYS 软件将 YE5～YE8 这 4 种桩型加载至最大荷载 15MPa 后，分别提取各个桩型 YZ 向在不同荷载下的剪应力值和最大荷载下的剪应力云图，其中剪应力值分别按桩和土分别归类，YE5～YE8 各桩型 YZ 向的剪应力云图如图 4.2-15 所示。

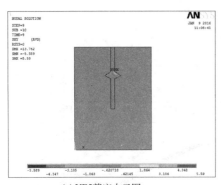

(a) YE5剪应力云图

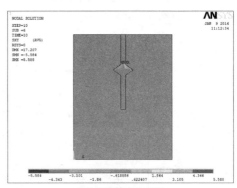

(b) YE6剪应力云图

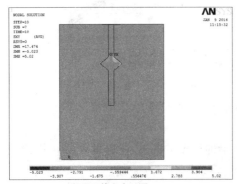

(c) YE7剪应力云图

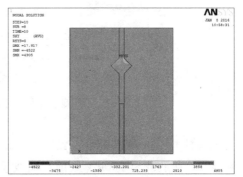

(d) YE8剪应力云图

图 4.2-15　不同盘坡角抗压模拟分析桩 YZ 向剪应力云图

从图 4.2-15 可以看出，不同承力扩大盘坡角分析模型的 YZ 方向剪应力值在承力扩大盘位置最大，沿桩身呈轴对称分布。

为了更直观地体现桩身剪应力的变化，将所整理的数据绘制成曲线，如图 4.2-16 所示。

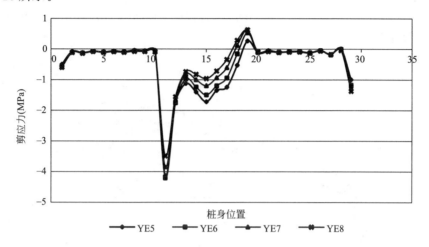

图 4.2-16　不同盘坡角抗压模拟分析桩沿桩身的剪应力曲线

从图 4.2-16 可以看出，YE5～YE8 沿桩身节点位置方向的剪应力曲线变化规律基本一致，在竖向压应力的作用下，混凝土扩盘桩承力扩大盘处的剪应力值有明显的变化，YE5～YE8 在承力扩大盘处剪应力呈递减趋势，但总体差别不大。

为了便于比较各桩型桩周土体沿桩身接触面剪应力的变化，将得出的 YE5～YE8 桩周土体沿桩身接触面的剪应力值绘制成曲线，如图 4.2-17 所示。

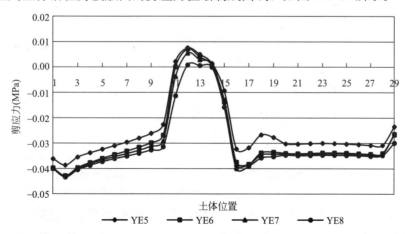

图 4.2-17　不同盘坡角抗压模拟分析桩桩周土体沿桩身的剪应力曲线

从图 4.2-17 可以看出，由于承力扩大盘的存在，剪应力值在承力扩大盘处发生突变，YE5～YE8 桩周土体在承力扩大盘端接触点的剪应力依次减小，承力扩大盘下剪应力逐渐减小，但 YE5～YE8 总体差别不大。

3. 模型试验和模拟分析结果的对比分析

如图 4.2-18 所示，将模型试验研究的荷载-位移曲线与有限元模拟分析结果进行比较分析。

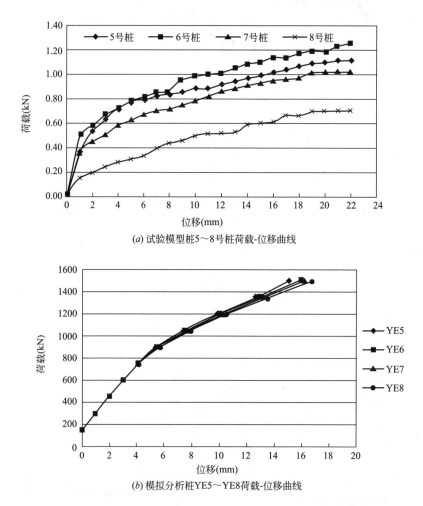

(a) 试验模型桩5～8号桩荷载-位移曲线

(b) 模拟分析桩YE5～YE8荷载-位移曲线

图 4.2-18　不同盘坡角抗压桩模型试验和模拟分析荷载-位移曲线对比图

从图 4.2-18 可以看出，盘坡角不同时，试验模型桩荷载-位移曲线与 AN-SYS 有限元模拟分析的荷载-位移曲线数值上虽有差异，但大致趋势相同，位移值随盘坡角变化不大。模型试验中 YE5（坡角 30°）、YE6（坡角 35°）和 YE7（坡角 40°）的承载力增长幅度较大，增长趋势明显；模拟分析中也基本相似。因此盘坡角设置在 30°～40°之间时，比较经济合理，坡角过大后，承载力增长并不大，且盘高增加较多，浪费混凝土。

4.2.2　盘坡角对抗拔桩破坏机理的影响

1. 不同盘坡角抗拔桩试验研究

1）试验模型桩及取土器设计

混凝土扩盘桩的试验模型是根据抗拔桩的特点及试验的合理性和可靠性，并协调有限元分析模型尺寸，采用小比例半截面模型桩，按 1∶50 的比例制作，以单盘桩为研究目标，采取控制单变量的方法，针对盘坡角的变化设计出一组桩，控制盘径，改变承力扩大盘坡角的大小，设计 4 个桩模型（规格见图 4.2-19）。材料采用圆钢，横截面采用半圆形。

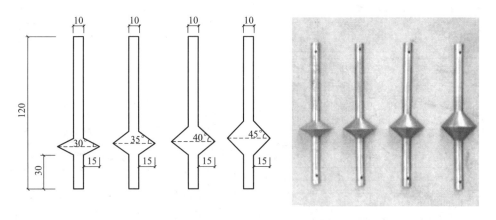

图 4.2-19　不同盘坡角抗拔试验模型桩设计图及实物图

根据混凝土扩盘桩承力扩大盘参数对单桩抗拔承载力影响的研究等相关试验证实，承力扩大盘的承载力与盘坡角有关，不宜偏大或偏小，避免半截面模型桩在受拉的过程中尚未发挥承力扩大盘的承载作用就使桩周土体产生滑移破坏，承力扩大盘坡角的合理范围在 30°～45°之间，设计时以 5°为间隔设计 4组，分别对 30°、35°、40°、45°四种情况进行试验，如图 4.2-19 所示。具体参数见表 4.2-3。

2）试验用土

试验用土同 4.1.1。

不同盘坡角抗拔试验模型桩设计参数　　　　表 4.2-3

桩号	桩长 L（mm）	主桩径 d（mm）	盘径 D（mm）	盘悬挑径 $R_0=(D-d)/2$(mm)	盘坡角 α(°)
TA1	120	10	40	15	30
TA2	120	10	40	15	35
TA3	120	10	40	15	40
TA4	120	10	40	15	45

3）荷载-位移曲线对比分析

试验中所得的不同盘坡角的抗拔试验模型桩数据绘成图，如图 4.2-20 所示。

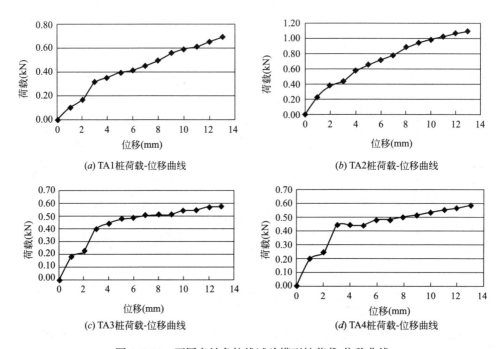

(a) TA1桩荷载-位移曲线　　　　　　　(b) TA2桩荷载-位移曲线

(c) TA3桩荷载-位移曲线　　　　　　　(d) TA4桩荷载-位移曲线

图 4.2-20　不同盘坡角抗拔试验模型桩荷载-位移曲线

观察分析抗拔试验模型桩 TA1、TA2、TA3、TA4 的荷载-位移曲线可以得出：TA1～TA4 桩整体趋势都是随着竖向拉力的增加，桩顶位移都呈现递增的趋势。但仔细划分可分为两组：TA1 桩和 TA2 桩为第一组，TA3 桩和 TA4 桩为第二组。

第一组：如图 4.2-20（a）和图 4.2-20（b）所示，TA1 桩和 TA2 桩前期

（桩顶位移 0~1mm）荷载增长趋势较陡，中期（桩顶位移 1~3mm）桩顶的竖向荷载增加趋势先趋于平缓后又逐渐上升，后期（桩顶位移 3~13mm）桩顶位移随竖向荷载增加而继续增加。

第二组：如图 4.2-20（c）和图 4.2-20（d）所示，TA3 桩和 TA4 桩前期（桩顶位移 0~1mm）荷载增长趋势较陡，中期（桩顶位移 1~3mm）桩顶的竖向荷载增加趋势先趋于平缓后又逐渐上升，后期（桩顶位移 3~13mm）桩顶竖向荷载增加趋势逐渐减缓并趋近于水平线。

综上所述，TA1~TA4 桩顶位移小于 1mm 时，在竖向拉力作用下土体因挤压而变得密实使土体初期承载力得到提高，单位位移下竖向荷载增长较快，符合荷载-位移曲线斜率在整个曲线中斜率最大的结果；中期（桩顶位移 1~3mm），承载力增长幅度有所降低，出现荷载-位移曲线斜率减缓现象。后期第一组和第二组有所差异。第一组荷载-位移曲线的前期、中期阶段与第二组相似，而后期阶段（桩顶位移 3~13mm）比较滞后。后期阶段荷载、位移呈线性比例增长，但桩身位移过大也视为破坏。第二组后期（桩顶位移 3~13mm）竖向拉力达到土体极限承载力，荷载增长缓慢但桩身位移增长迅速。

为进一步比较分析，将 TA1、TA2、TA3、TA4 桩的荷载-位移曲线做成对比图，如图 4.2-21 所示。

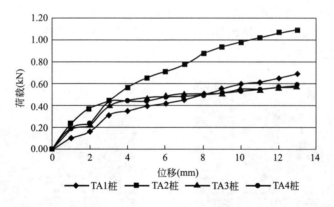

图 4.2-21　不同盘坡角抗拔试验模型桩荷载-位移曲线对比图

对比分析 TA1、TA2、TA3、TA4 桩的荷载-位移曲线可以得出以下结果：

（1）从 TA1 到 TA4，桩顶位移在 0~3mm 之间时，荷载-位移曲线走势大致相似且曲线间距很小，说明此阶段模型桩受力机理相似，桩身承受的土压力荷载接近。当桩顶位移到 2mm 左右时荷载-位移出现较大转折，荷载-位移曲线走势先减缓后上升。

（2）TA2 桩（扩大盘坡角为 35°）的荷载-位移曲线位于最上方，从图中可以看出其极限承载力＞1.1kN，但桩顶位移已达到 13mm，已形成过大位移破坏。当桩顶位移到 7mm 时，其荷载-位移曲线出现转折，说明承力扩大盘盘上土体开始出现相对滑移，出现滑移裂缝并发展最终形成沿一定角度的滑移破坏。

（3）TA1、TA3 和 TA4 桩的荷载-位移曲线较为接近，其承力扩大盘坡角分别为 30°、40° 和 45°，TA1 桩的极限承载力＞0.7kN，TA3 和 TA4 桩的极限承载力＞0.7kN。当桩顶位移＜8mm 时，TA1 桩的荷载-位移曲线位于 TA3 和 TA4 桩的荷载-位移曲线下方，说明此阶段 30° 盘坡角混凝土扩盘桩承载力不如 40° 和 45° 盘坡角混凝土扩盘桩；当桩顶位移＞8mm 时，TA1 桩的荷载-位移曲线位于 TA3 和 TA4 桩的荷载-位移曲线上方，说明此阶段 30° 盘坡角混凝土扩盘桩承载力大于 40° 和 45° 盘坡角混凝土扩盘桩。

（4）TA3 和 TA4 这两种桩型的荷载-位移曲线近乎重合，说明土体破坏过程规律相似，但后期曲线趋于平稳，增长趋势小于 TA1 和 TA2 桩。说明模型桩盘坡角在 30°～35° 之间时桩与土共同工作达到最佳状态，此结论与早期非原状土小比例抗拔桩模型试验结论相符。

4）桩周土体破坏情况分析

本次试验模型桩试验数据整理与分析的主要任务和数据采集方式与 4.1.2 相同，桩周土体破坏过程也与 4.1.2 基本相同，此处不再赘述。此处主要研究不同盘坡角试验模型桩桩周土体破坏后的比较。TA1～TA4 桩桩周土体破坏前后情况如图 4.2-22～图 4.2-25 所示。

 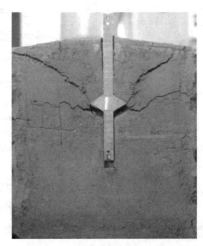

(a) 加载前　　　　　　　　　　　　　　(b) 破坏后

图 4.2-22　TA1 桩桩周土体破坏情况对比图

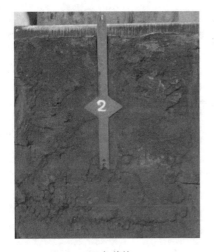

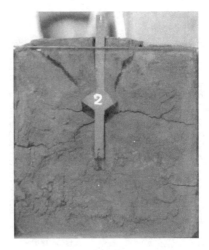

(a) 加载前　　　　　　　　　　　　　　　(b) 破坏后

图 4.2-23　TA2 桩桩周土体破坏情况对比图

(a) 加载前　　　　　　　　　　　　　　　(b) 破坏后

图 4.2-24　TA3 桩桩周土体破坏情况对比图

从图 4.2-22～图 4.2-25 中 TA1～TA4 桩桩周土体破坏前后对比照片可以清楚地看到土体的破坏形式,分析得出如下结论:

(1) 对于盘下土体,试验模型桩在竖向拉力作用初期,承力扩大盘盘下表面及桩端立即与土体发生脱离,因此未对土体造成破坏,此结论分别与理论分析结果和早期非原状土混凝土扩盘桩抗拔试验结果相符。

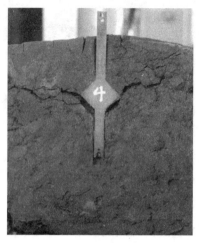

(a) 加载前   (b) 破坏后

图 4.2-25　TA4 桩桩周土体破坏情况对比图

（2）在施加竖向拉力过程中，TA1～TA4 桩承力扩大盘盘上土体破坏形式都是发生土体滑移，然后发生冲切破坏。竖向拉力作用初期，承力扩大盘盘上土体因受到压力的作用被压缩，由于土体本身具有一定的弹塑性，在土体弹塑性极限变形范围内，承力扩大盘盘上土体随着桩身位移量的增加而逐步变得密实，承力扩大盘边缘处的土体处都有明显的冲切破坏线出现。但冲切破坏的范围不同，35°时影响范围最小，其次是 30°，另外两种情况影响范围最大。

（3）通过以往小模型混凝土扩盘桩试验研究结论知道，由于 TA1～TA4 桩承力扩大盘盘径相同，所以 TA1～TA4 桩破坏程度相差不大，且当压缩量达到土体弹塑性变形极限后，承力扩大盘盘上土体产生滑移破坏，破坏产生的滑移线最初见于扩大盘边缘处，并沿着某一角度左右对称地向桩身回收，但最终盘上土体发生冲切破坏，冲切线一直延伸至土体表面。

2. 不同盘坡角抗拔桩有限元分析

1）模型尺寸规格

模拟分析建立相同盘径、不同盘坡角的抗拔桩模型，模型尺寸示意图如图 4.2-26 和图 4.2-27 所示。

模拟分析桩的桩长 $L = 6000\text{mm}$，主桩径 $d = 500\text{mm}$，盘径均为 $D = 1500\text{mm}$，即盘悬挑径均为 $R_0 = 500\text{mm}$，MTA1～MTA4 盘坡角 α 分别为 30°、35°、40°和 45°。早期承力扩大盘坡角为影响因素时研究得出的结论为：承力扩大盘悬挑径一定时，盘坡角为 35°的混凝土扩盘桩承载力最高，本次模拟为验证模型试验结论是否准确，特别增加盘坡角为 33°和 37°两个模拟分析桩，分别命名为 MTA1.5 和 MTA2.5。具体数据见表 4.2-4。

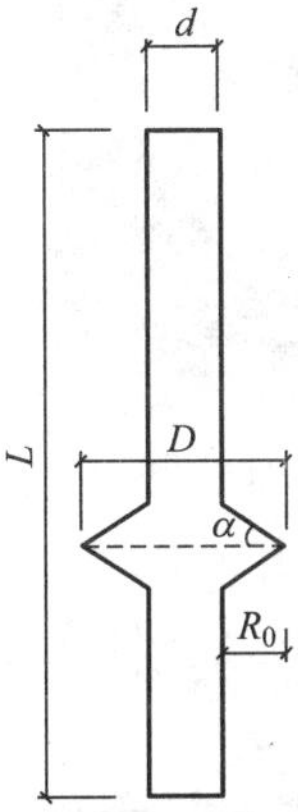

图 4.2-26　不同盘坡角抗拔桩模拟分析模型尺寸示意图

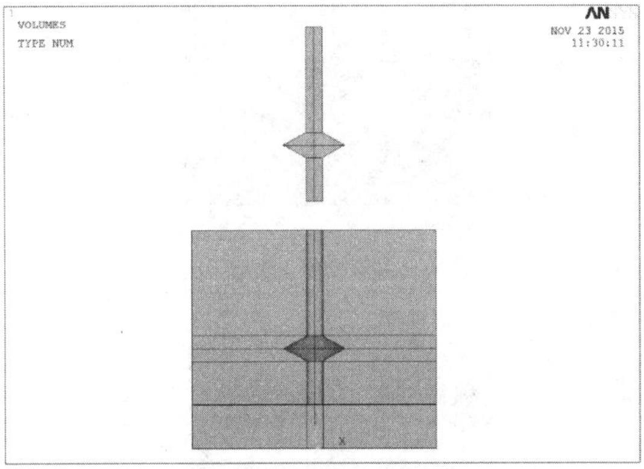

图 4.2-27　不同盘坡角抗拔桩模拟分析桩土模型

不同盘坡角抗拔桩模拟分析模型尺寸　　**表 4.2-4**

桩号	桩长 L (m)	主桩径 d (mm)	盘径 D (mm)	盘悬挑径 $R_0=(D-d)/2$(mm)	盘坡角 α (°)
MTA1	6000	500	1500	500	30
MTA1.5	6000	500	1500	750	33
MTA2	6000	500	1500	750	35
MTA2.5	6000	500	1500	750	37
MTA3	6000	500	1500	750	40
MTA4	6000	500	1500	750	45

2）位移结果分析

提取加载到第 10 级，即桩顶荷载为 800kN 时的 Y 向桩土位移云图，如图 4.2-28 所示。提取桩顶中点最大竖向位移值，形成曲线，如图 4.2-29 所示。

从图 4.2-28 可以看出，抗拔模拟分析桩在同一竖向拉力作用下，随着承力扩大盘坡角的增大，MTA1～MTA4 桩对整个土体的影响范围却大致相同。说明混凝土扩盘桩盘坡角变化对桩周整个土体的影响并不大。

从图 4.2-29 可以看出，当荷载都加至第 10 级时，在相同荷载下，随着承力扩

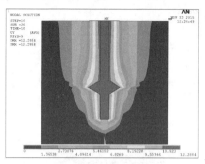
(a) MTA1的Y向桩土位移云图

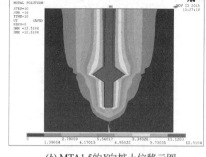
(b) MTA1.5的Y向桩土位移云图

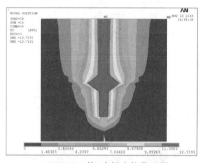
(c) MTA2的Y向桩土位移云图

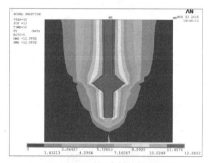
(d) MTA2.5的Y向桩土位移云图

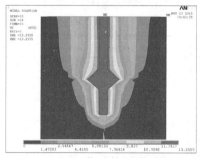
(e) MTA3的Y向桩土位移云图

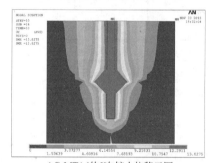
(f) MTA4的Y向桩土位移云图

图 4.2-28　不同盘坡角抗拔模拟分析桩 Y 向桩土位移云图

大盘坡角的增大，不同桩型的最大竖向位移值随之增大，但是增幅较小，由于 6 种桩型的承力扩大盘坡角分别为 30°、33°、35°、37°、40°、45°，抗拔模拟分析桩的最大竖向位移值随着承力扩大盘坡角的增大虽然有一定的增长，但是其位移量的差值非常小，这说明承力扩大盘坡角对混凝土扩盘桩竖向拉力作用下位移的影响并不大，即承力扩大盘坡角并不是影响抗拔桩位移的主要因素，但由于盘坡角与盘高度有关，过大的盘坡角会造成混凝土使用量的增加，因此，盘坡角也应适当。

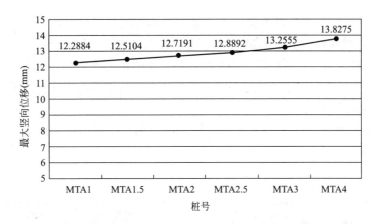

图 4.2-29　不同盘坡角抗拔模拟分析桩桩顶中点最大竖向位移曲线

取桩顶某固定点的等级荷载（每 80kN 为一级）增加后的位移增量值，作为 ANSYS 模型中整个桩身位移代表值并进行分析。

根据相关数据，绘制 MTA1～MTA4 桩位移随荷载变化的曲线，如图 4.2-30 所示。

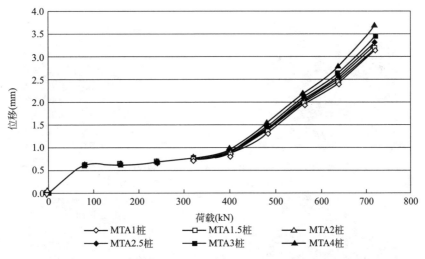

图 4.2-30　不同盘坡角抗拔模拟分析桩桩顶某点的荷载-位移曲线

从图 4.2-30 可以看出，MTA1～MTA4 桩的位移增量都随着荷载的递增而增加，竖向拉力＜400kN 时位移增量的变化相差不大，随着荷载增大到 700kN，位移增量的变化逐渐增大；从图 4.2-30 还可以看出在相同的荷载增量作用下，随着承力扩大盘坡角的增大，MTA4 位移增量最大，MTA1 位移增量最小。当承力扩大盘坡角大于 37°时桩身位移增量上升幅度明显，所以承力扩大盘坡角在 30°～37°时，抗拔模拟分析桩的承载力相对较高，当承力扩大盘坡角大于 37°时混凝土扩盘桩承载力有所降低。因此可以得出承力扩大盘坡角设置在 30°～35°时比较合理，此结论印证了小比例原状土混凝土扩盘桩抗拔模型试验结果。

3) 应力结果分析

提取加载到第 10 级——即桩顶荷载 800kN 时的模拟分析桩剪应力云图，如图 4.2-31 所示。

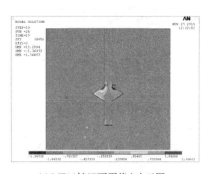

(a) MTA1桩 *XY* 平面剪应力云图

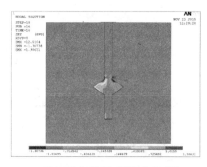

(b) MTA1.5桩 *XY* 平面剪应力云图

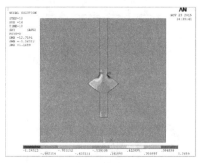

(c) MTA2桩 *XY* 平面剪应力云图

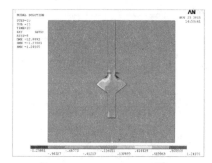

(d) MTA2.5桩 *XY* 平面剪应力云图

(e) MTA3桩 *XY* 平面剪应力云图

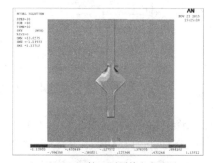

(f) MTA4桩 *XY* 平面剪应力云图

图 4.2-31　不同盘坡角抗拔模拟分析桩的 *XY* 平面剪应力云图

从图 4.2-31 可以看出，MTA1～MTA4 整个桩土模型剪应力区域沿混凝土扩盘桩中心轴线呈对称分布，不同的模拟分析桩 XY 平面剪应力最大值部位都在承力扩大盘上盘处。且随着盘坡角的增加从 MTA1 到 MTA4 承力扩大盘处的剪应力逐渐增大，说明承力扩大盘坡角越大越容易使桩自身受到冲切破坏，同时使剪应力越大。

分别提取 MTA1～MTA4 桩在第 10 级荷载（面荷载 8MPa）作用下，桩身和桩周土体受到的剪应力，然后进行分析研究。

（1）桩身剪应力分析

为了便于观察分析桩身剪应力的变化情况，将得出的 MTA1～MTA4 桩的桩身剪应力值绘制成曲线图，如图 4.2-32 所示。

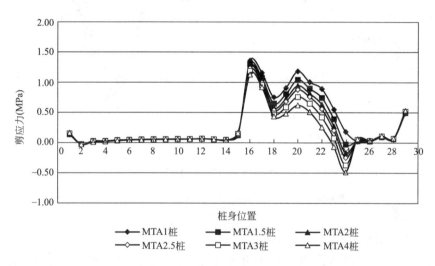

图 4.2-32　不同盘坡角抗拔模拟分析桩沿桩身的剪应力曲线

观察分析图 4.2-32 可以得出：

① MTA1～MTA4 桩沿整个桩身方向（1～29 点）的剪应力曲线变化规律大致相同；承力扩大盘处剪应力（绝对值）最大且随着盘坡角的增大而减小。

② 同 MTD 类型混凝土扩盘桩相似，MTA1～MTA4 桩身 XY 平面的剪应力曲线中 2～15 点和 25～28 点处的剪应力绝对值远小于 1 点、16～24 点和 29 点处的剪应力绝对值，16 点（承力扩大盘上盘拐点）和 20 点（承力扩大盘边缘点）为两个剪应力峰值点，且 16 点的绝对值大于 20 点的绝对值，说明在竖向拉力作用下，桩身剪应力主要由桩端和承力扩大盘承受，但最大值拐点（16 点）发生在盘上，说明剪应力易集中于桩身形状突变处。

③ 随着 MTA1～MTA4 桩承力扩大盘坡角的增大，承力扩大盘处的剪应力逐渐减小，说明在相同竖向拉力作用下随着盘坡角的增大，混凝土扩盘桩抗剪承载能力有所增强。

（2）桩周土体剪应力分析

为了便于观察分析桩周土体剪应力的变化情况，将得出的 MTA1～MTA4 桩桩周土体剪应力值绘制成曲线图，如图 4.2-33 所示。

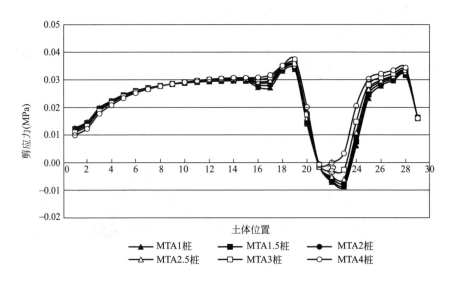

图 4.2-33　不同盘坡角抗拔模拟分析桩桩周土体沿桩身的剪应力曲线

观察分析图 4.2-33 可以得出：

① MTA1～MTA4 桩桩周土体沿整个桩身方向（1～29 点）的剪应力曲线变化规律大致相同，总体数值变化不大。

② 随着 MTA1～MTA4 桩盘坡角的增大，盘上土体的剪应力基本不变，盘下土体的剪应力绝对值逐渐变小，且 MTA1～MTA2.5 减小幅度远小于 MTA3 和 MTA4，说明盘坡角设置在 $30°～35°$ 之间时，桩土作用比较稳定，受力比较合理。

3. 模型试验和模拟分析结果的对比分析

如图 4.2-34 所示，将模型试验研究的荷载-位移曲线与有限元模拟分析结果进行比较。

从图 4.2-34 可以看出，盘坡角不同时，试验模型桩荷载-位移曲线与 ANSYS 有限元模拟的荷载-位移曲线虽有差异，但大致趋势相同，总体位移数值随盘坡角变化不大。模型试验中只有 TA1（盘坡角 $30°$）和 TA2（盘坡角 $35°$）桩

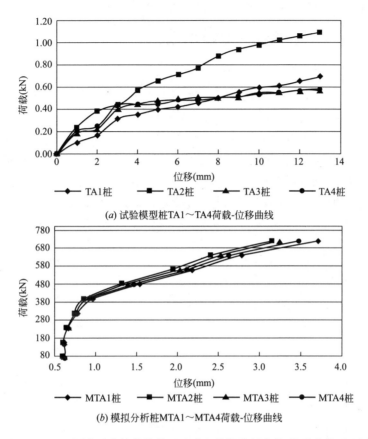

(a) 试验模型桩TA1～TA4荷载-位移曲线

(b) 模拟分析桩MTA1～MTA4荷载-位移曲线

图 4.2-34　不同盘坡角抗拔桩模型试验和模拟分析荷载-位移曲线对比图

的承载力增长幅度较大，增长趋势明显；模拟分析中，MTA1（盘坡角 30°）和 MTA2（盘坡角 35°）在同样荷载下位移较小。因此盘坡角设置在 30°～35°之间时比较经济合理，盘坡角过大后，承载力增长并不大，且盘高增加较多，浪费混凝土。

4.3　盘间距的影响

混凝土扩盘桩的盘间距是指设置多个承力扩大盘时，上盘下端到下盘上端的净距离，如图 4.3-1 所示。由于混凝土扩盘桩承力扩大盘的设置对桩周土体破坏范围有较大的影响，因此承力扩大盘的间距成为影响桩土破坏状态的主要因素，本节通过原状土模型试验和有限元模拟分析，确定抗压桩、抗拔桩盘间距对混凝土扩盘桩桩周土体破坏状态的影响，提出合理的盘间距。

4.3.1 盘间距对抗压桩破坏机理的影响

1. 不同盘间距抗压桩试验研究

采用第 2 章介绍的半截面桩原状土模型试验，研究盘间距对混凝土扩盘桩抗压破坏机理的影响。

1）试验模型桩及取土器设计

桩身仍采用钢材加工而成，根据实际情况，考虑与有限元模拟分析对比以及与取土器协调，试验模型桩尺寸与模拟分析桩相统一，按 1：50 的比例制作，按照单一变量的原则，设计两个扩大盘，6 个不同间距的半截面桩试件，具体桩土试件示意图如图 4.3-2 所示。

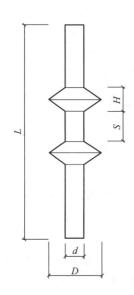

图 4.3-1　混凝土扩盘桩盘
间距示意图

D—承力扩大盘直径（盘径）；

d—主桩径；S—承力扩大盘间距；

H—承力扩大盘高度（盘高度）；

L—桩长

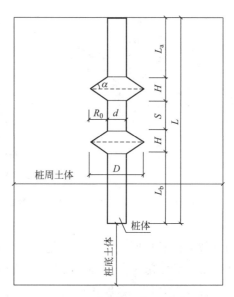

图 4.3-2　不同盘间距抗压试验桩土
模型尺寸示意图

D—承力扩大盘直径（盘径）；d—主桩径；

S—承力扩大盘间距；H—承力扩大盘高度
（盘高度）；L—桩长；R_0—盘悬挑径，

$R_0 = (D-d)/2$；α—盘坡角；

L_a—上盘盘上桩长；L_b—下盘盘下桩长

不同盘间距半截面模型桩尺寸参数：

（1）通用参数：主桩径 $d=10mm$，盘径 $D=30mm$，盘高 $H=12mm$，盘坡角 $\alpha=31°$，盘悬挑径 $R_0=(D-d)/2=10mm$，桩长 $L=210mm$，此桩长在原模型桩基础上增加了 50mm，为了便于加载高出土层表面的预留长度。

（2）专用参数：上承力扩大盘固定在 $L_a=80mm$ 处，其他参数不变，仅仅通过改变下承力扩大盘的位置来变化盘间距。盘间距 S 依次取 nR_0（$n=2\sim7$），模型桩依次编号为 $5\sim10$（共计 6 个试件），如表 4.3-1 和图 4.3-3 所示。

不同盘间距抗压试验模型桩专用尺寸　　　　　　表 4.3-1

桩号	倍数 n	S（mm）
5	2	20
6	3	30
7	4	40
8	5	50
9	6	60
10	7	70

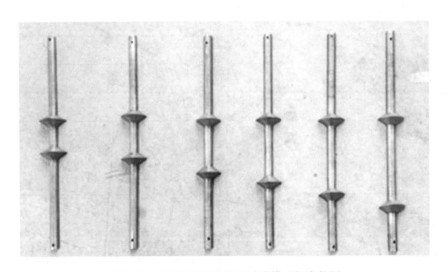

图 4.3-3　不同盘间距抗压试验模型桩实物图

将取土器设计为矩形，矩形的两个侧板由螺栓固定可拆卸（形式详见第 2 章）。为了消除边界效应的影响，同时方便搬运，取土器尺寸应合理，不能过大，也不应小于桩周土体的影响范围（约为 5D），因此取土器尺寸设计为 300mm×300mm×350mm，采用 3mm 厚的钢板制作。

2）试验用土

根据试验对原状土性状的要求，选择施工现场的黏土作为试验用土，本试验用土同 4.1.1，取土方式见第 2 章原状土试验。

3）荷载-位移曲线对比分析

根据第 2 章的原状土模型试验方法进行试验，将位移、荷载值绘制曲线，如图 4.3-4 所示，其中位移为零时的荷载为试验中附加的千斤顶、桩帽和垫片的重量。

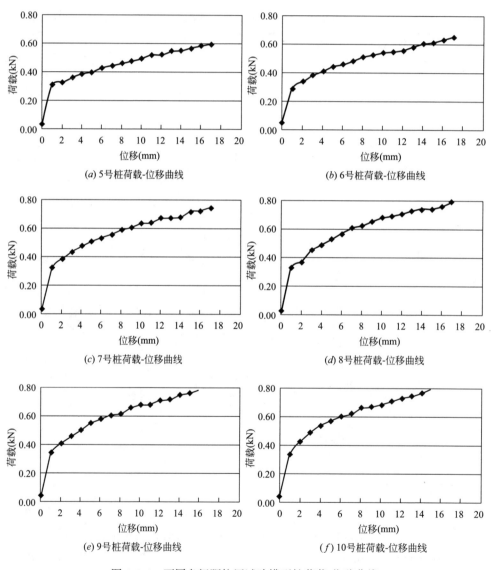

图 4.3-4　不同盘间距抗压试验模型桩荷载-位移曲线

从图 4.3-4 可以看出，随着桩顶位移的增加，荷载也逐渐增大，在桩顶刚产生位移的瞬间，桩顶的荷载突增，即桩顶开始产生位移需要一定的初始荷载，然后曲线逐渐趋于平缓，最后阶段曲线的斜率更小，即位移持续增加而荷载变化很小，即达到破坏状态。5 号桩盘间距最小，在位移达到 1mm 以后，曲线几乎接近斜直线，即位移和荷载的增长接近线性。6～10 号桩的荷载-位移曲线存在阶梯上升的现象，如 7 号桩位移在 14mm 左右时，曲线斜率逐渐变缓。

将不同盘间距的抗压试验模型桩的荷载-位移曲线形成对比图，如图 4.3-5 所示。

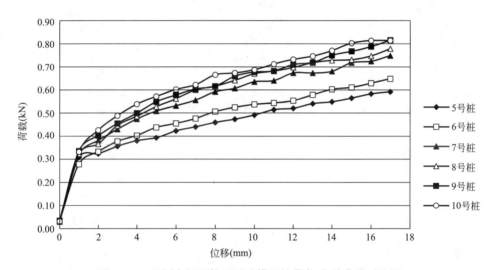

图 4.3-5　不同盘间距抗压试验模型桩荷载-位移曲线对比图

从图 4.3-5 可以看出，位移相同时，盘间距越大，桩顶荷载越大，说明承载力越大。各桩位移为 1mm 时，所需要的初始荷载随盘间距的变化不大，之后各桩的荷载-位移曲线变化趋势区别不是很大，但是在相同位移下，5、6 号桩所需的荷载值比较接近，7～10 号桩所需的荷载值比较接近，但比 5、6 号桩大，说明承载力提高较为明显，这说明盘间距 S 小于 $4R_0$ 时，上下盘间土体互相影响，每个盘不能充分发挥作用，因此承载力较小，当盘间距 S 大于 $4R_0$ 时，混凝土扩盘桩各个盘的端承作用发挥较充分，比盘间距小的承载力高，同时，盘间距 S 大于 $6R_0$ 时，盘间距继续增大对提高承载力的效果并不大，而盘间距越大，可能桩长越长，间接增加成本。因此，在不考虑地质状况等前提下，建议合理盘间距在 $(4\sim6)R_0$ 即可，既能使每个盘发挥端承作用，又能节约成本。

4）桩周土体破坏情况分析

观测桩周土体破坏情况是原状土试验的关键，重点观察不同盘间距模型桩随着荷载增加，桩周土体的破坏过程以及达到破坏时土体的破坏情况的异同。

（1）桩周土体破坏过程分析

对桩顶施加荷载的过程中，每产生 2mm 位移，用数码相机对桩周土体破坏情况进行记录，以 7 号桩为代表，记录桩周土体的破坏过程，如图 4.3-6 所示。

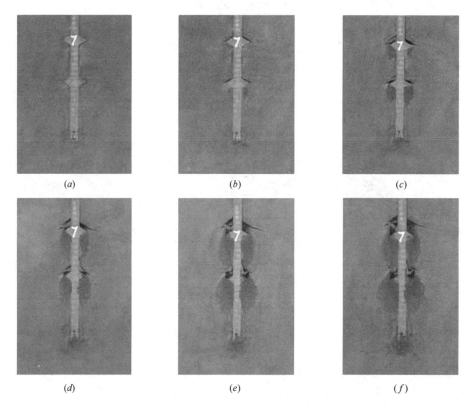

图 4.3-6　7 号桩桩周土体的破坏过程

由未加载前的图 4.3-6（a）可以看出，承力扩大盘上部与土体结合紧密，盘下土体无挤压效果。图 4.3-6（b）中，荷载达到一定水平后，盘上土体与桩分离开始产生裂缝，盘下出现水印，说明盘下土体受压，水印正是由于土体与玻璃之间挤压产生的，可以通过水印观测盘下土体的影响范围。从图 4.3-6（c）到图 4.3-6（d）可以看出，随着荷载的增加，盘上桩土分离明显，凌空区变大，同时上、下盘盘下水印分别逐渐向下扩展，并向桩身回收，呈"心形"。图 4.3-6（e）中，荷载继续增大，盘端土体开始出现剪切破坏，盘上出现较大空隙，土体出现拉应力区，所以这部分长度的桩侧摩阻力应该忽略不计，同时由于盘下部分长度内土体受到挤压，桩侧摩阻力系数应该相应的提高，但是由于盘间距足够，下盘盘上的凌空区域与上盘盘下土体水印区域未相互重叠，说明不产生相互影响。图 4.3-6（f）是达到极限荷载时，上下盘水印连接在一起，盘间土体发生剪切破坏，盘下土体的影响范围大约从盘端沿滑移线向桩端呈椭圆形闭合，与混凝土扩盘桩单盘时土体滑移破坏理论是一致的。

（2）桩周土体破坏状态对比分析

试验中收集的不同盘间距抗压试验模型桩达到破坏时的图片如图 4.3-7 所示。

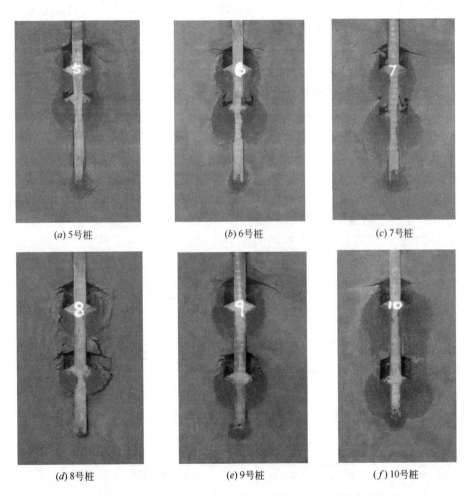

(a) 5号桩　　　　　　(b) 6号桩　　　　　　(c) 7号桩

(d) 8号桩　　　　　　(e) 9号桩　　　　　　(f) 10号桩

图 4.3-7　不同盘间距抗压试验模型桩桩周土体破坏状态对比图

从图 4.3-7 可以看出，对比 5 号桩和 6 号桩，当盘间距小于 $4R_0$ 时，由于两盘距离较近，上盘盘下土体和下盘盘上土体破坏时相互干扰，产生应力叠加现象，承力扩大盘不能充分发挥端承作用，导致承载力降低，最终土体的破坏形式都是以盘间土体的剪切破坏为主。8 号桩由于试验时土-桩-玻璃之间结合不紧密留有缝隙，导致加载时桩体向外倾斜，土体破坏形式出现异常，此问题也是以后试验中应该注意和改进的地方。当盘间距大于 $4R_0$ 时，例如盘间距较大的 8～10 号桩，上盘盘下土体和下盘盘上土体无应力叠加现象，说明承力扩大盘能充分发挥端承作用，最终土体的破坏形式都是以盘下土体滑移破坏为主。由以上两种土体破坏形式的不同可以得出临界盘间距大约为 $4R_0$。

从图片中的水印范围可以看出，盘间距越大，上、下盘间的土体相互影响越小，因而承载力越高。但不是盘间距越大越好，因为承力扩大盘数量较多时，会导致桩长加长。为了既能提高承载力，又能节约成本，混凝土扩盘桩盘间距大于 $4R_0$ 即可，且不宜超过 $6R_0$。

2. 不同盘间距抗压桩有限元分析

1）桩土模型尺寸及网格划分

为了尽量避免边界约束条件对土的影响，桩周土体的范围不能太小，取直径 8m，桩端下部取 5m。遵循单一变量的原则，每个模型只有盘间距不同，第一个盘固定在 $L_a=1500$mm 的位置，第二个盘与第一个盘之间的距离 S 按照盘悬挑径的倍数依次增加，即 $S=nR_0$（$n=2～7$），共建立 6 个计算模型，桩号分别为 MPD2、MPD3、MPD4、MPD5、MPD6、MPD7，其他如主桩径、桩长、盘径、盘坡角等因素都相同并且取合理的值，主桩径 $d=500$mm，桩长 $L=8000$mm，盘高 $H=600$mm，盘坡角 $\alpha=31°$，盘径 $D=1500$mm，盘悬挑径 $R_0=500$mm，承力扩大盘形式为普通的双坡型，由于桩长一定，L_b 随着盘间距的变化而变化，具体模型参数见表 4.3-2。材料参数见表 4.3-3。

不同盘间距抗压桩模拟分析模型的基本参数　　　　　　　　　表 4.3-2

桩号	倍数 $n(S/R_0)$	盘间距 S(mm)	L_b(mm)
MPD2	2	1000	4300
MPD3	3	1500	3800
MPD4	4	2000	3300
MPD5	5	2500	2800
MPD6	6	3000	2300
MPD7	7	3500	1800

材料参数　　　　　　　　　　　　　表 4.3-3

材料	密度 （kg/m³）	弹性模量 （kPa）	泊松比	黏聚力 （kPa）	内摩擦角 （°）	桩土摩 擦系数
混凝土	2400	2.9×10^7	0.31	—	—	0.41
黏土	1800	2.7×10^4	0.33	17.4	18.29	0.41

2）位移结果分析

图 4.3-8 给出了 MPD2～MPD7 加载到极限荷载时的竖向桩土位移云图，并

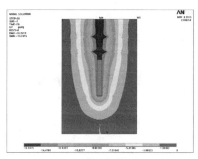

(a) MPD2桩土位移云图

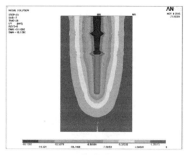

(b) MPD3桩土位移云图

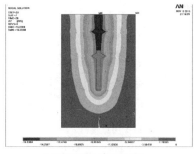

(c) MPD4桩土位移云图

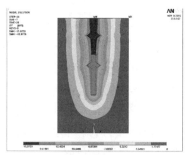

(d) MPD5桩土位移云图

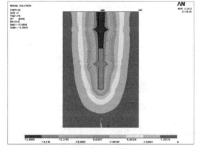

(e) MPD6桩土位移云图

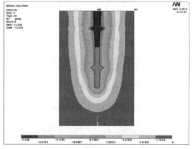

(f) MPD7桩土位移云图

图 4.3-8　不同盘间距抗压模拟分析桩竖向桩土位移云图

提取各个模型在相同荷载作用下桩顶的最大竖向位移量，形成曲线，如图 4.3-9 所示。

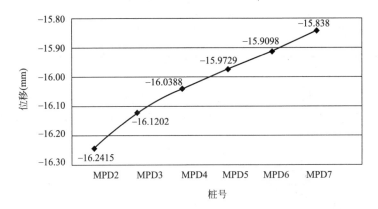

图 4.3-9　不同盘间距抗压模拟分析桩在相同荷载下的最大竖向位移曲线

从图 4.3-8 可以看出，当施加的荷载达到桩的极限承载力时，桩和土体发生相对滑移，并接近或达到最大位移。图 4.3-9 中，在相同的荷载作用下，随着盘间距的增大，桩顶的位移逐渐减小，但减小的速率不同。这是因为当盘间距过小时，两盘之间的土体可能整体发生了冲切破坏，这样双盘的作用不能充分发挥，因此桩的抗压承载力会降低。当盘间距达到一定值时，上、下盘的盘间土不会相互影响，可以分别产生滑移破坏，同时，从曲线变化趋势可以看出，盘间距在 $4R_0$ 之前位移变化较快，之后逐渐趋于平缓。因此，当盘间距增大超过一定限度后，盘间距的增大对位移控制的贡献逐渐减小。由以上分析可知，盘间距对混凝土扩盘桩抗压承载力的影响主要表现在两个方面，当盘间距较小时，上、下盘之间土体会发生整体剪切破坏；当盘间距较大时，可以保证上、下盘各自产生滑移破坏，不会相互影响。

从 ANSYS 后处理器中提取 MPD2～MPD7 桩顶中心在每加载 100kN 后的竖向位移值，根据数据绘制竖向位移随荷载的变化曲线，如图 4.3-10 所示。

从图 4.3-10 可以看出，各个模型的竖向位移随荷载变化总体趋势基本一致。初始阶段，在 1900kN 之前，不同模型的荷载-位移曲线几乎重合，且都呈线性增长；后期随着荷载的增加，不同模型间的位移差值开始变大，可以看出盘间距越大的模型位移量越小。其中 MPD2、MPD3 荷载-位移曲线斜率较大，因为当承力扩大盘的间距过小（$<4R_0$）时，承力扩大盘之间容易出现应力叠加，使承力扩大盘与盘间土体产生整体冲切破坏，大大降低混凝土扩盘桩的抗压承载力。

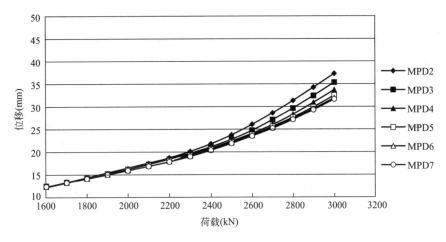

图 4.3-10　不同盘间距抗压模拟分析桩的荷载-位移曲线

MPD4～MPD7 荷载-位移曲线斜率较小，说明承载力比较高，同时，由于曲线比较接近，说明盘间距足够大后，继续增大对承载力的贡献逐渐减小，这意味着混凝土扩盘桩的抗压承载力随着盘间距的增加，其增长非常缓慢，造成材料的浪费，所以混凝土扩盘桩的盘间距应该处于（4～6）R_0 之间，此结论与模型试验结论一致。

3）应力结果分析

提取在相同荷载作用下，MPD2～MPD7 桩身节点的 XY 向剪应力值，并根据数据绘制成在同一坐标下的剪应力曲线对比图，如图 4.3-11 所示。

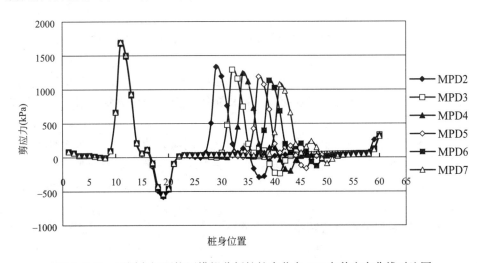

图 4.3-11　不同盘间距抗压模拟分析桩桩身节点 XY 向剪应力曲线对比图

从图 4.3-11 可以看出，在竖向压力作用下，在承力扩大盘位置桩身剪应力发生突变，上盘大于下盘的剪应力，说明上盘比下盘先发挥作用，在承力扩大盘上部剪应力值最大，承力扩大盘下部出现负值，在桩端剪应力有变大的趋势。

对比各个模型的桩身节点剪应力曲线，在相同荷载的作用下，由于第一个盘的位置相同，各个模型在第一个盘位置的剪应力值基本相同，变化主要集中在第二个盘位置。随着盘间距的不断增大，承力扩大盘位置处的剪应力峰值不断减小，在总荷载一定的情况下说明桩侧摩阻力变大，同时说明盘间距超过一定限度时，由于下盘不能充分发挥作用，不利于节约成本。

提取在相同荷载作用下，MPD2～MPD7 桩周土体沿桩身的 XY 向剪应力值，并根据数据绘制成在同一坐标下的剪应力曲线对比图，如图 4.3-12 所示。

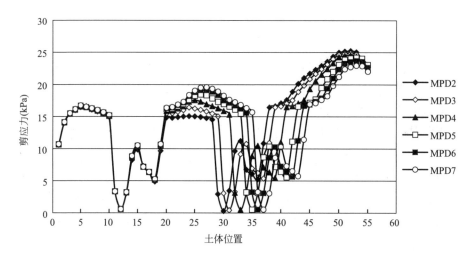

图 4.3-12　不同盘间距抗压模拟分析桩桩周土体沿桩身的 XY 向剪应力曲线对比图

从图 4.3-12 可以看出，在竖向压力作用下，在承力扩大盘位置土体剪应力发生突变，盘上土体剪应力发生突降，在桩顶附近土体剪应力增长较快，在接近桩端时土体剪应力先增大后减小。

对比各个模型的桩周土体剪应力曲线，在相同荷载的作用下，各个模型在第一个盘位置的土体剪应力值基本相同，差异主要集中在第二个盘附近。随着盘间距的不断增大，两盘之间桩周土体剪应力变大，当盘间距较小时由于盘间土体受盘的扰动较大桩侧摩阻力变小，盘间距越大越利于桩侧摩阻力的发挥。

3. 模型试验和模拟分析结果的对比分析

以 9 号桩为代表，对应的模型试验与模拟分析模型分别为 9 号桩和 MPD6。对比模型试验和有限元模拟分析的荷载-位移曲线及桩周土体的破坏情况。

1）荷载-位移曲线的比较

为了便于比较采用插值公式法将模拟分析结果的荷载-位移曲线的横坐标和纵坐标进行变换，将横坐标统一变为位移，纵坐标变为荷载，由于模型试验与模拟分析存在差别，因此主要比较模型试验与模拟分析的荷载-位移曲线的变化趋势。模型试验和模拟分析的荷载-位移曲线对比图，如图 4.3-13 所示。

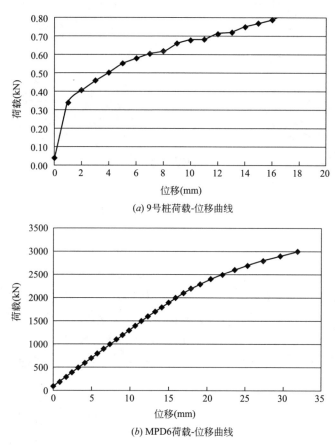

(a) 9 号桩荷载-位移曲线

(b) MPD6 荷载-位移曲线

图 4.3-13 不同盘间距抗压桩模型试验和模拟分析荷载-位移曲线对比图

从图 4.3-13 可以看出，当位移为零时，(a) 图中由于桩顶有千斤顶、桩帽、垫片等，所以荷载值不为零，并且在位移初始阶段，荷载增加较快，之后曲线平缓增长。(b) 图中用有限元模拟分析的荷载-位移曲线比较理想化，曲线几乎呈线性增长。模型试验的荷载-位移曲线增长比模拟分析的荷载-位移曲线缓慢，但是从总体的变化趋势来看，模型试验与模拟分析的荷载-位移曲线的发展趋势还是比较吻合的。

2）桩周土体破坏状态的比较

对比达到破坏时的试验模型桩和模拟分析桩的状况，见图 4.3-14。

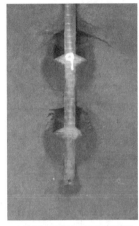

(a) 9号桩桩周土体破坏情况

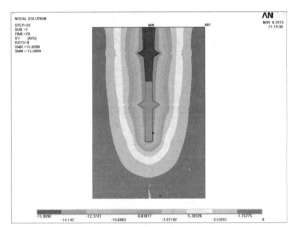

(b) MPD6桩周土体破坏情况

图 4.3-14　不同盘间距抗压桩模型试验和模拟分析桩周土体破坏情况对比图

从图 4.3-14 桩周土体破坏情况来看，在竖向压力作用下，模型试验中桩和土体发生分离，盘上产生空隙，由于盘间距较大，两盘之间的土体没有发生剪切破坏，而且上、下盘各自发挥作用，盘下土体均发生滑移破坏，影响范围在盘端部沿滑移线向下向内闭合。从有限元模拟分析效果来看，达到极限破坏时桩土发生相对滑移，桩周土体位移随承力扩大盘变化，有从盘端向下向内回收的趋势。从桩周土体的破坏情况来考虑，模型试验与模拟分析的结果还是比较一致的。

4.3.2　盘间距对抗拔桩破坏机理的影响

1. 不同盘间距抗拔桩试验研究

采用第 2 章介绍的半截面桩原状土模型试验，研究盘间距对混凝土扩盘桩抗拔破坏机理的影响。

1）试验模型桩及取土器设计

试验模型桩仍采用钢材加工而成，根据实际情况，并考虑与有限元模拟分析对比及与取土器协调，试验模型桩尺寸与模拟分析桩相统一，按 1∶50 的比例制作，按照单一变量的原则，设计两个扩大盘，6 个不同盘间距的半截面桩试件（盘间距 S 分别为 20mm、30mm、40mm、50mm、60mm、70mm，分别是 $n=$ 2～7 倍盘悬挑径）见图 4.3-15，具体试件尺寸见表 4.3-4。

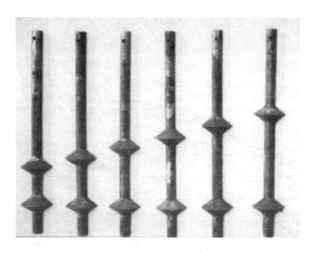

图 4.3-15　不同盘间距抗拔试验模型桩实物图

不同盘间距抗拔试验模型桩的尺寸　　　　　　　表 4.3-4

桩参数名称	符号	单位	尺寸
主桩径	d	mm	10
盘径	D	mm	30
盘高	H	mm	15
坡角	α	(°)	37
桩长	L	mm	190
桩顶到其下第一个盘的距离	L_1	mm	—
桩端到其上第一个盘的距离	L_2	mm	20
盘间距	S	mm	20～70
预留打孔长度	K	mm	30

　　将取土器设计为矩形，矩形的两个侧板由螺栓固定可拆卸（形式详见第 2 章）。为了消除边界效应的影响，同时方便搬运，取土器尺寸应合理，不能过大，也不应小于桩周土体的影响范围（约为 $5D$），因此取土器尺寸设计为 $300\text{mm} \times 300\text{mm} \times 300\text{mm}$，采用 3mm 厚的钢板制作。

　　2）试验用土

　　根据试验对原状土性状的要求，选择施工现场的黏土作为试验用土，试验土样同 4.1.1，取土方式见第 2 章原状土试验。

　　3）荷载-位移曲线对比分析

根据第 2 章的原状土模型试验方法进行试验，依据荷载、位移值绘制曲线，如图 4.3-16 所示。

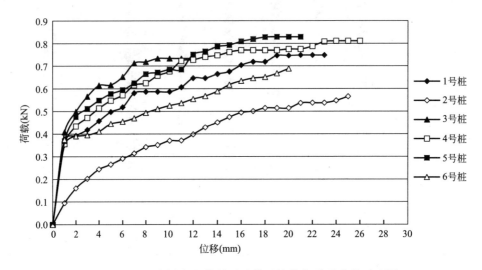

图 4.3-16　不同盘间距抗拔试验模型桩荷载-位移曲线对比图

从图 4.3-16 可以看出，整体上，随着位移的增大，荷载都是逐渐增大的。其中 2 号桩和 3 号桩的荷载-位移曲线明显异于其余桩，这是由于试验过程中出现了意想不到的情况，致使 2 号桩和 3 号桩的荷载-位移曲线出现明显异常，在后面的论述中会详细分析这种情况产生的原因。

从 1 号桩、4 号桩、5 号桩、6 号桩的荷载-位移曲线的对比中可以看出，在拉力作用下，向上提升相同的距离，需要的拉力从小到大分别是 6 号桩、1 号桩、4 号桩、5 号桩，说明其抗拔承载力从小到大的顺序也是 6 号桩、1 号桩、4 号桩、5 号桩。6 号桩的抗拔承载力最小，这是由于固定桩长，盘间距取值太大，最上面的承力扩大盘距离土体表面太近，致使其上土体在很早的时候发生了整体的冲切破坏，承力扩大盘失去了抗拔作用，所以 6 号桩的抗拔承载力比较小，这个结果也和有限元模拟分析中的结果一致。1 号桩、4 号桩、5 号桩的抗拔承载力逐渐增大，这是因为 1 号桩的盘间距比较小，而 4 号桩、5 号桩的盘间距比较合理。

4）桩周土体破坏情况分析

收集整理各个试验模型桩破坏过程的图片，以 4 号桩为例分析，给出位移每增加 2mm 桩周土体破坏的具体过程，如图 4.3-17 所示。

从图 4.3-17 可以得到以下结论：

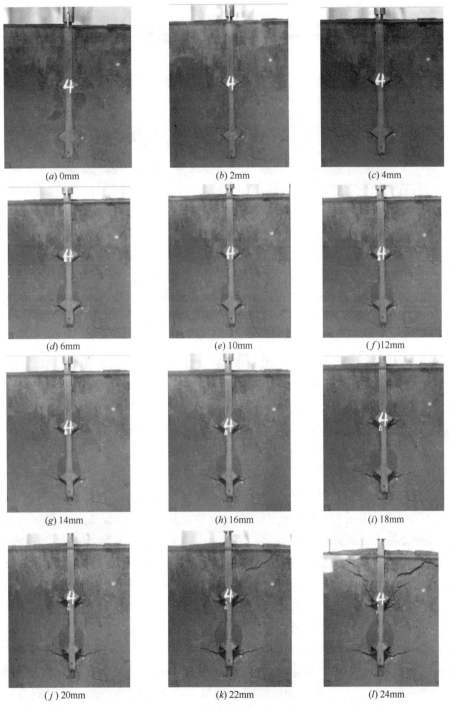

(a) 0mm

(b) 2mm

(c) 4mm

(d) 6mm

(e) 10mm

(f) 12mm

(g) 14mm

(h) 16mm

(i) 18mm

(j) 20mm

(k) 22mm

(l) 24mm

图 4.3-17　4 号桩桩周土体破坏过程（一）

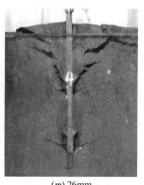
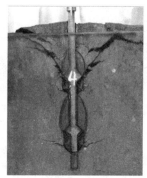

(m) 26mm   (n) 26mm(描出破坏曲线)

图 4.3-17　4 号桩桩周土体破坏过程（二）

（1）在拉力作用下，桩底和上、下承力扩大盘盘下同时出现缝隙，桩土之间开始出现分离，并且在下面的承力扩大盘处首先出现向两边扩展的水平裂缝。

（2）随着拉力的增大，承力扩大盘盘上桩周土体出现明显的水印，这是因为承力扩大盘周围的土体变得密实后，土体中的水分溢出并附着于玻璃侧面上。

（3）在拉力逐渐增大的过程中，下面的承力扩大盘主要发生滑移破坏（只是4 号桩的情况，其他间距的不适用），水印呈现向上面承力扩大盘聚拢的趋势。上面的承力扩大盘初期也有滑移线，但后期出现盘上土体整体冲切，最终上面的承力扩大盘盘上土体发生冲切破坏。

整理 1～6 号桩加载到破坏时的照片，如图 4.3-18 所示。

从图 4.3-18 可以得到以下结论：

（1）当模型桩破坏时，下盘盘上土体发生的是滑移破坏，1 号桩和 2 号桩的土体破坏形态不是很明显，这是因为这两个模型桩的承力扩大盘盘间距较小，上下盘之间的土体发生相互影响。上盘盘上土体破坏状态不同，1 号桩和 2 号桩由于上盘距土体表面距离较大，因此上盘盘上土体也发生滑移破坏；而 3～5 号桩，上盘盘上土体先出现滑移线，但达到破坏时，盘上土体出现整体冲切破坏。6 号桩由于盘上土体过薄，因此在未出现滑移时就直接出现冲切破坏。

（2）从 1 号桩和 2 号桩破坏的图形中可以看出，这两个模型上、下承力扩大盘之间的压缩水印和桩土分离区域连通，在这个连通区域内的土体会随着双盘的移动而发生共同的剪切破坏，这是因为由于盘间距比较小，1 号桩至 2 号桩之间的土体区域在拉力作用下被连通，这时并不能很好地发挥每个承力扩大盘的抗拔作用。3～6 号桩上、下盘之间的压缩水印呈现向上收缩的趋势，并最终在一定位置处合拢，并没有连通两个承力扩大盘之间的土体。上、下盘之间的土体区域

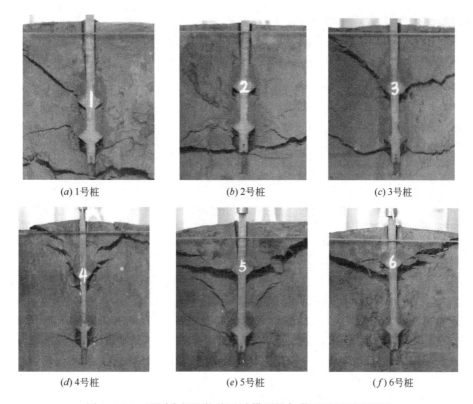

(a) 1号桩　　　　　　　(b) 2号桩　　　　　　　(c) 3号桩

(d) 4号桩　　　　　　　(e) 5号桩　　　　　　　(f) 6号桩

图 4.3-18　不同盘间距抗拔试验模型桩加载至破坏时的图形

在拉力作用下没有被连通，这时上、下盘就能独立发挥抗拔的作用。因此说明合理的盘间距是 $n \geqslant 4$。同时承力扩大盘的间距也不宜过大，因为在同样桩长的情况下，盘间距过大会减小上盘至土体表面的距离，如果距离固定，盘间距过大，会导致桩长过长，因此一般 $n \leqslant 6$，故合理的盘间距取值范围 $n = 4 \sim 6$。

（3）从 5 号桩和 6 号桩破坏时的图形可以看出，上面承力扩大盘上的土体被冲切开了，这是因为上面承力扩大盘距离土体表面的距离太小，导致土体很容易被冲切开，这样会影响混凝土扩盘桩的抗拔承载力，所以，在设计混凝土扩盘桩的承力扩大盘时，盘上土体的厚度是一个非常重要的影响因素（在第 5 章有阐述）。

2. 不同盘间距抗拔桩有限元分析

1）桩土模型尺寸及网格划分

根据混凝土扩盘桩前期的研究成果，遵循单一变量的原则，模拟分析桩的桩长 $L = 8000\text{mm}$，主桩径 $d = 500\text{mm}$，盘径 $D = 1500\text{mm}$，盘坡角 $\alpha \approx 37°$，盘悬挑径 $R_0 = 500\text{mm}$（盘间距的基准），盘高 $H = 760\text{mm}$。另外，计算模型中为了尽量避免边界约束条件对土的影响，桩周土体范围不能太小，取半径 6000mm，因为是抗拔所以深度取 4000mm。

因为主要研究盘间距对混凝土扩盘桩抗拔承载力的影响，所以在模拟分析模型中暂时设置两个承力扩大盘，将第一个承力扩大盘的位置固定在桩底 1000mm 处，其他参数不变，仅改变另一个承力扩大盘的位置。由于主桩径、盘径、盘坡角、盘间距等参数相互之间有影响，为了准确说明相对关系，使研究参数有普遍指导意义，故盘间距用 nR_0 表示，并将 $n=2\sim7$ 的桩分别编号为 CE2~CE7，模型其他参数见表 4.3-5。为了对所建立的模型有更直观的了解，下面给出以 $n=4$ 作为盘间距时模拟分析桩单元划分，如图 4.3-19 所示，桩土模型如图 4.3-20 所示。

不同盘间距抗拔桩模拟分析模型的基本参数 表 4.3-5

桩号	n	S(mm)
CE2	2	1000
CE3	3	1500
CE4	4	2000
CE5	5	2500
CE6	6	3000
CE7	7	3500

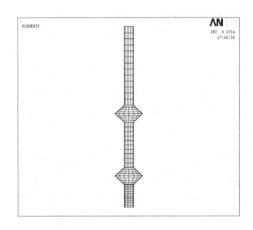

图 4.3-19 不同盘间距抗拔桩模拟
分析模型示意图

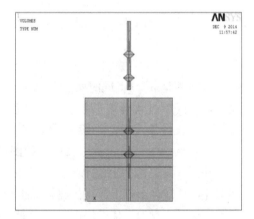

图 4.3-20 不同盘间距抗拔桩模拟
分析桩土模型图

2）位移结果分析

模型加载时按面荷载加载，从大约 100kN 开始加载，以后每级按大约 100kN 递增。最后计算完成后，分别提取各个模型大约加载到 1000kN 时的竖向桩土位移云图进行分析。不同盘间距抗拔模拟分析桩桩土竖向位移云图如图 4.3-21 所示。并将相同荷载（1000kN 左右）作用下各个模型的最大竖向位移绘制成图 4.3-22。

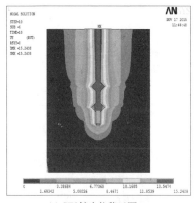

(a) CE2桩土位移云图

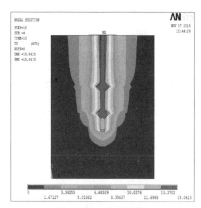

(b) CE3桩土位移云图

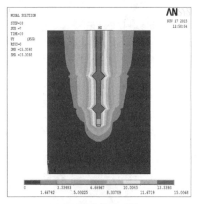

(c) CE4桩土位移云图

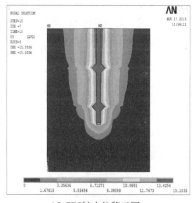

(d) CE5桩土位移云图

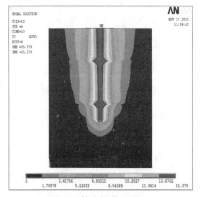

(e) CE6桩土位移云图

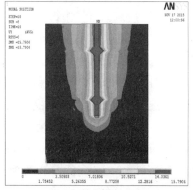

(f) CE7桩土位移云图

图 4.3-21　不同盘间距抗拔模拟分析桩竖向桩土位移云图

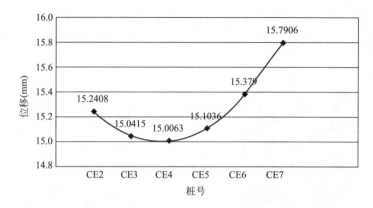

图 4.3-22　不同盘间距抗拔模拟分析桩在相同荷载下的最大竖向位移曲线

从图 4.3-21 可以看出，当施加的力即将达到桩的极限承载力时，桩土发生分离并达到或接近达到最大位移。从图 4.3-22 可以看出，在相同荷载的作用下，CE2 的桩土模型发生的位移要比 CE3、CE4 和 CE5 的大。这是因为当盘间距过小时，上下两盘之间的土体可能整体发生了冲切破坏，此时的竖向位移值反而略大于合理间距的桩的位移。这样并不能充分发挥双盘的作用，由此桩的抗拔承载力会降低。而 CE7 的竖向最大位移会突然增加，这是因为 CE7 上面的承力扩大盘的顶端距离土体表面只有 1980mm（$<4R_0$），盘上土体也容易发生冲切破坏，这也不利于承力扩大盘充分发挥作用，所以这种情况也会降低混凝土扩盘桩的抗拔承载力。由以上分析可知，盘间距对混凝土扩盘桩抗拔承载力的影响主要表现在两个方面，一是盘间距的大小，二是最上面的承力扩大盘到土体表面的距离。

3）荷载-位移曲线对比分析

从 ANSYS 后处理器中提取 CE2～CE7 每加载 100kN 后盘上某点的最大竖向位移数值。通过整理，绘制竖向位移随荷载的变化曲线，如图 4.3-23 所示。

从图 4.3-23 可以看出，桩的位移都随着荷载的递增而增加，开始时位移变化速率小，随着荷载的增大位移变化速率逐渐增大。CE2 的位移变化速率略微高于 CE3、CE4，并和 CE5 基本保持一致。说明了盘间距过小，位移随着荷载的增加，其增长速率会略大于盘间距大的桩。并且，从图中还可以看出，各个桩在 900kN 的时候，位移大小基本保持一致，但是到了 1000kN，CE7 的增长速率明显大于其他桩，这是因为 CE7 上面的承力扩大盘距离土体表面太近，致使盘上土体发生冲切破坏，位移会突然增加。所以，除了 CE2 和 CE7 之外，我们可以看到 CE3～CE6 的竖向位移随荷载变化规律基本一致，而且每一级荷载加载后，桩的竖向上拔值大小也相差不多，这说明了，当盘间距大于一定的合理数值

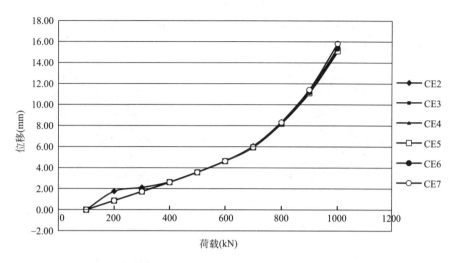

图 4.3-23　不同盘间距抗拔模拟分析桩盘上某点的荷载-位移曲线

（$n=6$）时，其对混凝土扩盘桩抗拔承载力的影响作用逐渐减小。

4）应力结果分析

从 ANSYS 后处理器中分别提取 CE2～CE7 大约加载到 1000kN 时的竖向应力云图进行分析，不同盘间距的 Y 向（竖向）应力云图如图 4.3-24 所示。为了便于观察承力扩大盘的竖向应力变化情况，特将 CE2～CE7 在承力扩大盘处的 Y 向应力等值线调出，等值线符号从小到大用 A、B、C……I 来表示，疏密值 $n=4$ 的情况如图 4.3-25 所示。

从图 4.3-24 和图 4.3-25 可以得到以下结论：

（1）CE2～CE7 均是桩顶的 Y 向应力最大，从桩顶到桩底 Y 向应力逐渐减小，而且对于下面的承力扩大盘，其下的 Y 向应力没有变化或变化非常小。

（2）从等值线图可以看出，CE2～CE7 均是在承力扩大盘处的 Y 向应力变化最复杂、最明显。而且最上面的承力扩大盘都比下面的承力扩大盘应力变化范围大。

（3）从 CE2 和 CE3 的 Y 向应力云图可以看出，盘间距之间的混凝土桩均是同一颜色，说明当盘间距较小时，盘间距之间的这部分桩体没有应力变化或者应力变化非常小，这也从侧面证明了，盘间距较小时，盘间距之间这部分土会和桩一起发生剪切破坏，不能很好地发挥下面承力扩大盘的作用。

（4）随着盘间距的增大，混凝土扩盘桩两个承力扩大盘之间的土体开始发生 Y 向的应力变化，上盘和下盘的 Y 向应力变化趋势开始接近，但是当盘间距达到

207

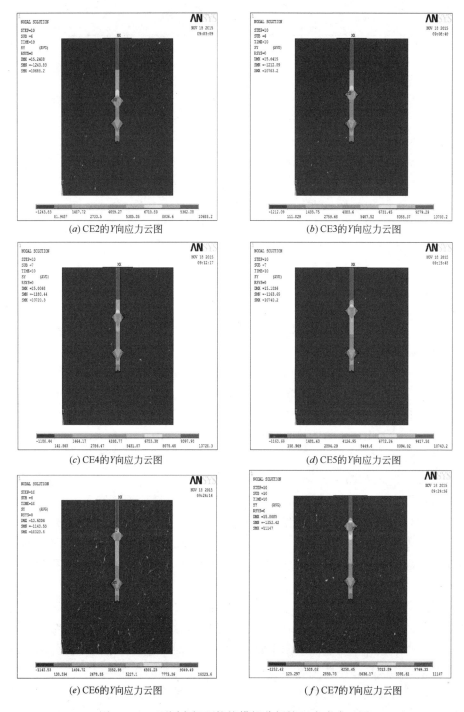

图 4.3-24 不同盘间距抗拔模拟分析桩 Y 向应力云图

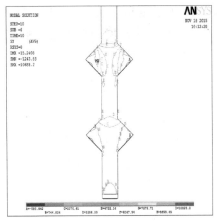

(a) CE2承力扩大盘处Y向应力等值线图

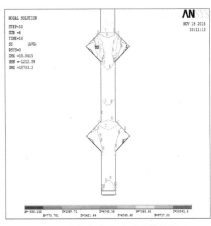

(b) CE3承力扩大盘处Y向应力等值线图

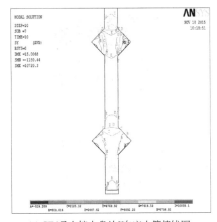

(c) CE4承力扩大盘处Y向应力等值线图

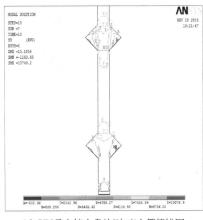

(d) CE5承力扩大盘处Y向应力等值线图

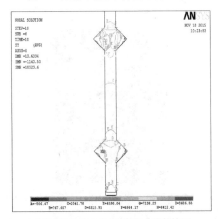

(e) CE6承力扩大盘处Y向应力等值线图

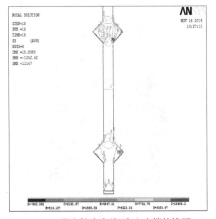

(f) CE7承力扩大盘处Y向应力等值线图

图 4.3-25　不同盘间距抗拔模拟分析桩承力扩大盘处 Y 向应力等值线图

一定的范围 $S=(4\sim6)\,R_0$ 之后，这种变化趋势开始变得很缓慢，说明当盘间距达到一定的合理范围之后，上、下两个承力扩大盘上土体的破坏形态开始接近，这时候再增大盘间距，对上、下两个承力扩大盘上土体破坏形态不会产生进一步的影响。

5）应变结果分析

从 ANSYS 后处理器中分别提取 CE2～CE7 大约加载到 1000kN 时的 Y 向（竖向）总应变云图进行分析，不同盘间距的 Y 向（竖向）总应变云图如图 4.3-26 所示。为了便于观察承力扩大盘的竖向应变变化情况，特将 CE2～CE7 在承力扩大盘处及桩底的 Y 向总应变等值线调出，等值线符号从小到大用 A、B、C……I 来表示，疏密值 $n=4$ 的情况如图 4.3-27 所示。

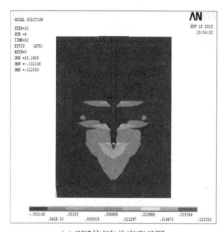

(a) CE2的Y向总应变云图

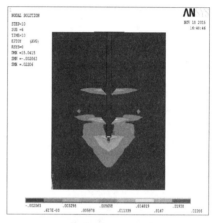

(b) CE3的Y向总应变云图

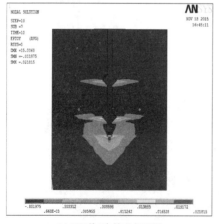

(c) CE4的Y向总应变云图

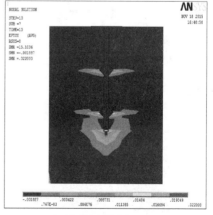

(d) CE5的Y向总应变云图

图 4.3-26　不同盘间距抗拔模拟分析桩 Y 向总应变云图（一）

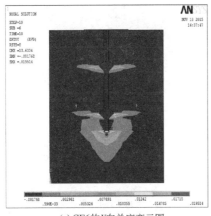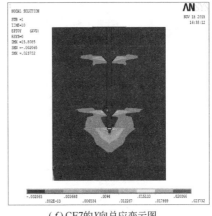

(e) CE6的Y向总应变云图　　　　　　(f) CE7的Y向总应变云图

图 4.3-26　不同盘间距抗拔模拟分析桩 Y 向总应变云图（二）

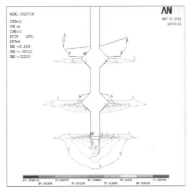

(a) CE2承力扩大盘处Y向总应变等值线图　　(b) CE3承力扩大盘处Y向总应变等值线图

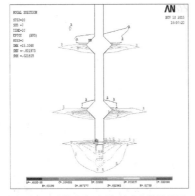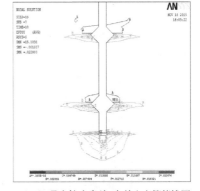

(c) CE4承力扩大盘处Y向总应变等值线图　　(d) CE5承力扩大盘处Y向总应变等值线图

图 4.3-27　不同盘间距抗拔模拟分析桩承力扩大盘处 Y 向总应变等值线图（一）

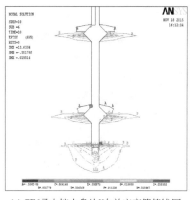
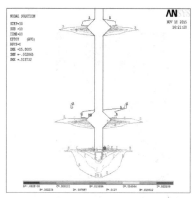

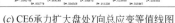

(c) CE6承力扩大盘处Y向总应变等值线图　　　(f) CE7承力扩大盘处Y向总应变等值线图

图 4.3-27　不同盘间距抗拔模拟分析桩承力扩大盘处 Y 向总应变等值线图（二）

图 4.3-26 和图 4.3-27 可以得到以下结论：

（1）CE2～CE7 的 Y 向总应变最大值都是出现在桩底和承力扩大盘下面。

（2）从等值线图可以看出，CE2～CE7 均是下盘的 Y 向总应变大于上盘的 Y 向总应变。说明下盘土体弹塑性变形能力要大于上盘土体弹塑性变形能力。随着盘间距（CE4～CE7）的增大，上面的承力扩大盘的盘下土体的 Y 向总应变也开始增大，这说明盘之间的影响逐渐减弱。但是在 CE2 和 CE3 中却看到，上、下承力扩大盘的盘下土体的 Y 向总应变相差较大，说明当盘间距较小时，上下盘之间会产生影响，使两盘之间的土体弹塑性变形受到限制。

（3）从 Y 向总应变云图和相应的等值线图可以看出，当盘间距达到一定的合理范围（CE4）之后，两个承力扩大盘对盘周土体的影响差异开始缩小，盘对土体的影响范围基本相同，土体的弹塑性变形基本一致，而且双盘之间土体的弹塑性变形不会受到限制。

6）剪应力结果分析

从 ANSYS 后处理器中分别提取 CE2～CE7 大约加载到 1000kN 时的 XY 向剪应力进行分析，不同盘间距的 XY 向剪应力云图如图 4.3-28 所示。为了便于观察承力扩大盘的 XY 向剪应力变化情况，特将 CE2～CE7 在承力扩大盘处的 XY 向剪应力等值线调出，等值线符号从小到大用 A……E（分界）……I 来表示，疏密值 $n=4$ 的情况如图 4.3-29 所示。

从图 4.3-28 和图 4.3-29 可以得到以下结论：

（1）CE2～CE7 的剪应力均在承力扩大盘位置达到最大，在承力扩大盘的左侧出现正的最大值，在承力扩大盘的右侧出现负的最大值，这是由剪应力的方向特性决定的，左右两侧的剪应力大小相等，方向相反。

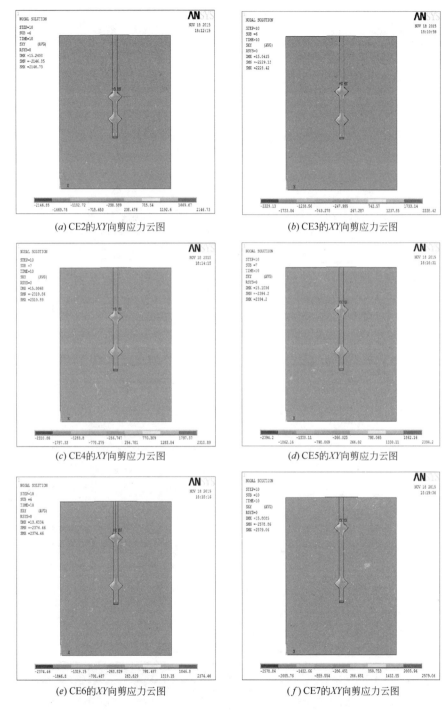

(a) CE2的 XY 向剪应力云图　　　　　　(b) CE3的 XY 向剪应力云图

(c) CE4的 XY 向剪应力云图　　　　　　(d) CE5的 XY 向剪应力云图

(e) CE6的 XY 向剪应力云图　　　　　　(f) CE7的 XY 向剪应力云图

图 4.3-28　不同盘间距抗拔模拟分析桩 XY 向剪应力云图

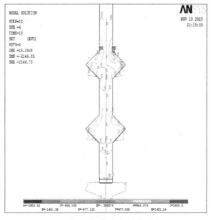

(a) CE2的XY向剪应力等值线图

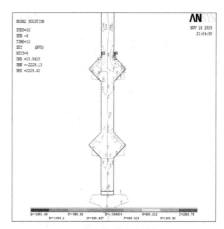

(b) CE3的XY向剪应力等值线图

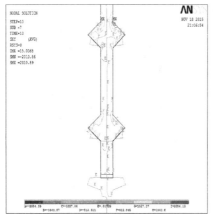

(c) CE4的XY向剪应力等值线图

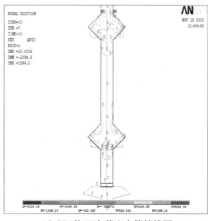

(d) CE5的XY向剪应力等值线图

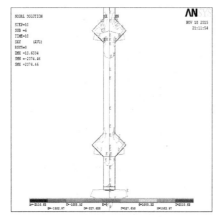

(e) CE6的XY向剪应力等值线图

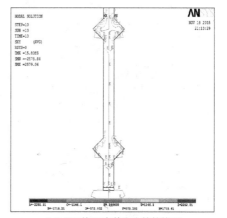

(f) CE7的XY向剪应力等值线图

图 4.3-29　不同盘间距抗拔模拟分析桩承力扩大盘处 XY 向剪应力等值线图

（2）从等值线图可以看出，CE2～CE7 均是上盘的 XY 向剪应力大于下盘的 XY 向剪应力。并且上、下承力扩大盘都是承力扩大盘的上侧产生最大剪应力，而盘下的剪应力最小，并对一定范围内的周围土体产生影响。可以看出在桩受拉的过程中，承力扩大盘上侧承受土体的压力，产生正的剪应力，而盘下会产生非常小的拉应力，致使盘下出现负的剪应力区域，即图 4.3-29 中 CE2～CE7 盘下的等值线所包围的区域。离盘一定距离之后的桩侧剪应力基本一致，没有明显变化，说明在桩受拉的过程中，这部分桩体只受土体摩擦力的作用。

（3）从 CE2～CE7 的 XY 向剪应力云图和相应的等值线图可以看出，当混凝土扩盘桩受拉时承力扩大盘和桩体共同发生作用，这与传统的桩只有桩体的摩擦作用抗拔相比，大大地提高了桩的抗拔承载力。也正是由于承力扩大盘的存在，致使土体的破坏形态也跟着发生了变化。

提取图 4.3-28 或图 4.3-29 的混凝土扩盘桩沿桩长左侧的剪应力值（即图 4.3-28 中正号一侧的剪应力），根据数据分别绘制成曲线图 4.3-30 和汇总成曲线对比图 4.3-31。

提取图 4.3-28 或图 4.3-29 的混凝土扩盘桩桩周土体沿桩长左侧的剪应力值（即图 4.3-28 中正号一侧的剪应力），根据数据分别绘制成曲线图 4.3-32 和汇总成曲线对比图 4.3-33。

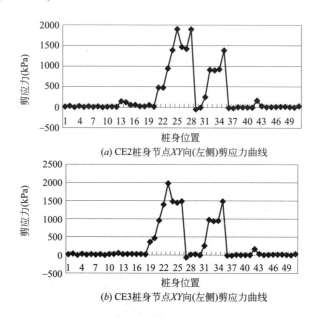

图 4.3-30　不同盘间距抗拔模拟分析桩桩身节点
XY 向（左侧）剪应力曲线（一）

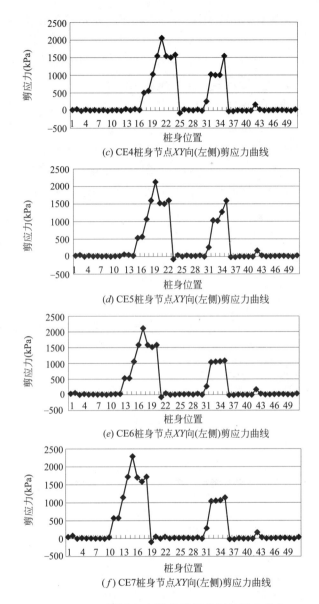

(c) CE4桩身节点XY向(左侧)剪应力曲线

(d) CE5桩身节点XY向(左侧)剪应力曲线

(e) CE6桩身节点XY向(左侧)剪应力曲线

(f) CE7桩身节点XY向(左侧)剪应力曲线

图 4.3-30　不同盘间距抗拔模拟分析桩桩身节点
XY向（左侧）剪应力曲线（二）

从图 4.3-30～图 4.3-33 可以得到以下结论：

（1）CE2～CE7 均在第一个截面突变处（即盘与桩相接处）达到最大剪应力，当达到最大剪应力之后，从截面突变处至盘尖剪应力有所减小，但是幅度不

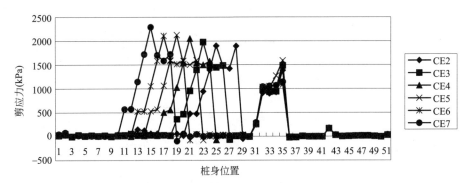

图 4.3-31 不同盘间距抗拔模拟分析桩桩身节点 *XY* 向
（左侧）剪应力曲线对比图

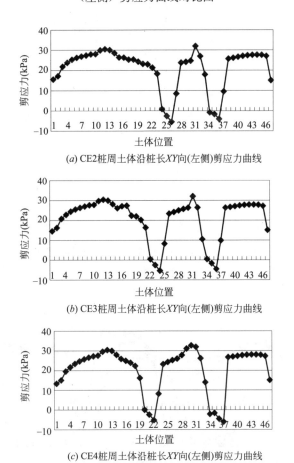

(*a*) CE2桩周土体沿桩长*XY*向(左侧)剪应力曲线

(*b*) CE3桩周土体沿桩长*XY*向(左侧)剪应力曲线

(*c*) CE4桩周土体沿桩长*XY*向(左侧)剪应力曲线

图 4.3-32 不同盘间距抗拔模拟分析桩桩周土体沿桩长
XY 向（左侧）剪应力曲线（一）

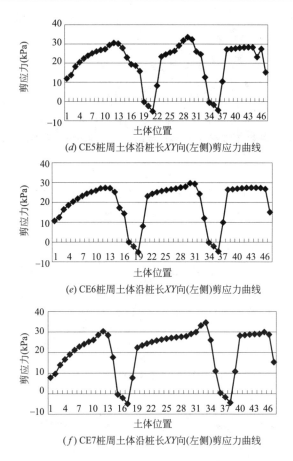

(d) CE5桩周土体沿桩长XY向(左侧)剪应力曲线

(e) CE6桩周土体沿桩长XY向(左侧)剪应力曲线

(f) CE7桩周土体沿桩长XY向(左侧)剪应力曲线

图 4.3-32　不同盘间距抗拔模拟分析桩桩周土体沿桩长
XY 向（左侧）剪应力曲线（二）

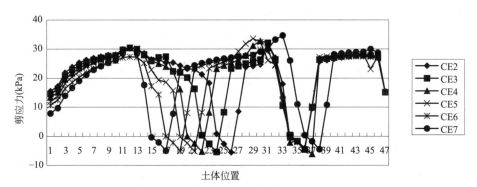

图 4.3-33　不同盘间距抗拔模拟分析桩桩周土体沿桩长 XY 向
（左侧）剪应力曲线对比图

大，当到达第二个截面突变处（盘尖端）时剪应力会再次变大，但是小于第一个截面突变处的剪应力值。而后剪应力迅速减小，盘下土体剪应力甚至为 0，并影响到承力扩大盘下端的一定范围内，使这部分桩体难以发挥抗拔作用，在研究混凝土扩盘桩的抗拔承载力时，要考虑这部分特殊的桩体。

（2）随着盘间距的增大，CE2～CE7 的剪应力也随之增大。但总体上增大的幅度不是很大，说明盘间距对混凝土扩盘桩的剪应力影响比较小。

（3）从剪应力曲线可以看出，上面的承力扩大盘之上土体的破坏以滑移破坏为主，双盘之间土体的破坏形式取决于盘间距的大小，当盘间距比较小时，双盘之间的土体可能会随着双盘发生整体剪切破坏，当盘间距比较大时，会和单盘一样发生滑移破坏，这是一种很理想的破坏形态，能够很好地发挥承力扩大盘的抗拔作用。但是当上面的承力扩大盘距离土体表面比较近的时候，也有可能发生冲切破坏，这些因素在设计混凝土扩盘桩时都要全面考虑。

3. 模型试验和模拟分析结果的对比分析

以 4 号桩为代表，对应的模型试验与模拟分析模型分别为 4 号桩和 CE5。对比模型试验和有限元模拟分析的荷载-位移曲线及桩周土体的破坏情况。

1）荷载-位移曲线的比较

为了便于比较采用插值公式法将模拟分析结果的荷载-位移曲线的横坐标和纵坐标进行变换，将横坐标统一变为位移，纵坐标变为荷载，由于模型试验与模拟分析存在差别，因此主要比较模型试验与模拟分析的荷载-位移曲线的变化趋势。模型试验和模拟分析的荷载-位移曲线对比图，如图 4.3-34 所示。

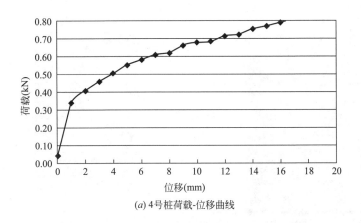

(a) 4 号桩荷载-位移曲线

图 4.3-34 不同盘间距抗拔桩模型试验和模拟分析
荷载-位移曲线对比图（一）

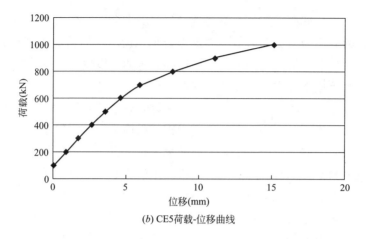

(b) CE5荷载-位移曲线

图 4.3-34　不同盘间距抗拔桩模型试验和模拟分析
荷载-位移曲线对比图（二）

从图 4.3-34 可以看出，当位移为零时，（a）图中在位移初始阶段，荷载增加较快，之后曲线平缓增长。（b）图中用有限元模拟分析的荷载-位移曲线比较理想化，荷载-位移曲线增长趋势与模型试验基本相同。前期模型试验的荷载-位移曲线增长比模拟分析曲线缓慢，但是从总体的变化趋势来看，模型试验与模拟分析的荷载-位移曲线的发展趋势还是比较吻合的。

2）桩周土体破坏状态的比较

对比达到破坏时的试验模型桩和模拟分析桩的状况，见图 4.3-35。

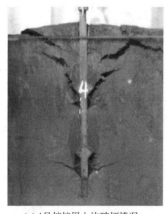

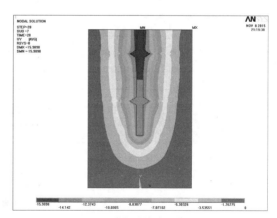

(a) 4号桩桩周土体破坏情况　　　　　　(b) CE5桩周土体破坏情况

图 4.3-35　不同盘间距抗拔桩模型试验和模拟分析桩周土体破坏情况对比图

从图 4.3-35 桩周土体破坏情况来看，在竖向拉力作用下，模型试验中桩和土体发生分离，盘下产生空隙，由于盘间距较大，两盘之间的土体没有发生剪切破坏，而且上、下盘各自发挥作用，盘上土体均发生滑移破坏，影响范围在盘端部沿滑移线向上向内闭合，由于上盘距土层表面距离较小，因此盘上土体滑移后发生整体冲切破坏。从有限元模拟分析效果来看，达到极限破坏时桩土发生相对滑移，桩周土体位移随承力扩大盘变化，有从盘端向上向内回收的趋势，土层表面出现上凸趋势。从桩周土体的破坏情况来考虑，模型试验与模拟分析的结果还是比较一致的，这充分证明了模型试验研究结论是可靠的。

4.4　盘数量的影响

混凝土扩盘桩承力扩大盘数量的增加会提高竖向抗压、抗拔承载力，但是数量的增加又会导致桩长增加，相应的成本增加，施工难度也加大；同时，当桩长一定时，盘数量也会影响桩土的相互作用，导致不是所有的承力扩大盘都能充分发挥作用，因此承力扩大盘数量不是越多越好，而是要设置合理。本节运用第 2 章介绍的半截面桩研究方法，通过有限元模拟分析和原状土模型试验研究，分别研究盘数量对抗压桩、抗拔桩破坏机理及承载力的影响，提出合理的承力扩大盘数量。

4.4.1　盘数量对抗压桩破坏机理的影响

1. 不同盘数量抗压桩试验研究

1）试验模型桩及取土器设计

试验模型桩的材料和要求同 4.1.1。尺寸与有限元模拟分析统一，按 1∶50 的比例制作，按照单一变量的原则，设计不同盘数量半截面桩试件 4 个，不同盘数量抗压试验模型桩尺寸参数如下：

（1）通用参数

主桩径 $d=10\text{mm}$，盘径 $D=30\text{mm}$，盘高 $H=12\text{mm}$，盘坡角 $\alpha=31°$，盘悬挑径 $R_0=(D-d)/2=10\text{mm}$，为了尽量减少取土器尺寸，便于取土，S 取基本合理的盘间距 $4R_0=40\text{mm}$，桩长 $L=280\text{mm}$，此桩长在原模型桩基础上增加了 50mm，是为了便于加载，预留高出土层表面的长度。

（2）专用参数

第一个承力扩大盘的位置仍然固定在 $L_a=80\text{mm}$ 处，每隔 40mm 增加一个盘，只有下盘以下的长度 L_b 随盘数量的增加发生变化，模型桩依次编号为 1～4 号桩，见表 4.4-1，抗压试验模型桩如图 4.4-1 所示。

桩号	盘数量	L_b(mm)
1	1	188
2	2	136
3	3	84
4	4	32

不同盘数量抗压试验模型桩专用尺寸　　　　　　表 4.4-1

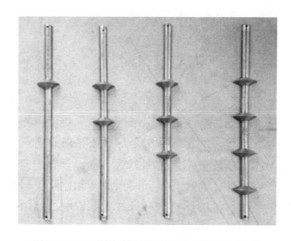

图 4.4-1　不同盘数量抗压试验模型桩实物图

试验使用的取土器为独创的原状土取土器（形式见第 2 章）。根据半截面试验模型桩尺寸，考虑半截面试验模型桩在竖向压力作用下的影响范围，取土器尺寸为 300mm×300mm×350mm。

2）试验用土

试验用土同 4.1.1。

3）桩周土体破坏情况分析

（1）桩周土体破坏过程分析

对桩顶施加荷载的过程中每产生 2mm 位移，用数码相机对桩周土体破坏情况进行记录，以 4 号桩为代表描述抗压桩桩周土体的破坏过程。

图 4.4-2（a）～（f）为 4 号桩随桩顶荷载的增加桩周土体的破坏全过程，整体来看大致可分为三个阶段。由未加载前的图 4.4-2（a）可以看出，承力扩大盘上部与土结合紧密，盘下土体无挤压效果；图 4.4-2（b）为加载初期，在施加一定荷载之后，图 4.4-2（b）中盘上土体与桩分离，开始产生细裂缝，盘下土体有较小水印；图 4.4-2（c）、（d）为加载中期，随着荷载的增加，图 4.4-2（c）中

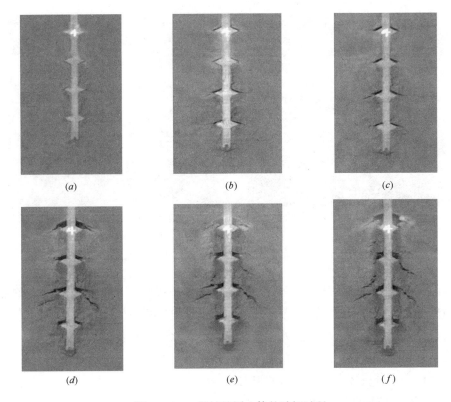

图 4.4-2　4 号桩桩周土体的破坏过程

盘上裂缝增大，盘下水印逐渐扩大，达到图 4.4-2（d）状态时，盘端土体开始出现剪切破坏，盘下"心形"水印形成，说明盘下土体开始产生滑移；图 4.4-2（e）、（f）为加载后期，荷载继续加大，图 4.4-2（e）中盘下水印向下扩展，并向桩身处回收，达到极限破坏时，由于盘间距刚刚达到合理值，因此，盘间土体有相互影响，有发生整体剪切破坏的趋势。

（2）桩周土体破坏状态对比分析

选取不同盘数量抗压试验模型桩达到破坏时的桩周土体破坏状态的照片，形成对比图，如图 4.4-3 所示。

从图 4.4-3 可以看出，承载力的发挥主要依靠桩土之间的相互作用状态，盘数量越多，下面的盘未能充分发挥作用，同时桩侧摩阻力有效长度减小，不利于沉降控制。因此，在同样盘间距的情况下，由于 3 号桩、4 号桩的位移较大，出现了盘间土整体破坏的趋势，每个承力扩大盘的端承作用越不能得到充分发挥。通过观测水印范围可以得到：1 号桩盘下土体的影响范围最大为 $4R_0$；2 号桩盘下土体的最大影响范围为 $3R_0$；3 号桩由于玻璃板安装时与土体之间空隙过大，

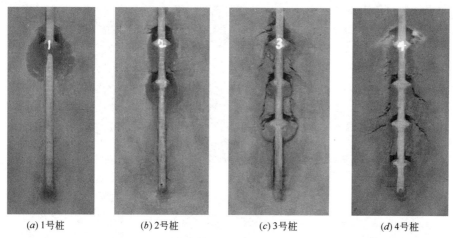

(a) 1号桩　　　　　(b) 2号桩　　　　　(c) 3号桩　　　　　(d) 4号桩

图 4.4-3　不同盘数量抗压试验模型桩桩周土体破坏状态对比图

加载时桩身倾斜土体破坏出现异常，暂忽略其结果影响；4 号桩盘下土体影响最大范围为 $2R_0$。可以看出，盘数量越多，单桩极限承载力的计算模式中盘下土体的有效作用区域相应减小。此外，盘数量越多，水印的颜色越浅，说明应力水平越低，这是由于盘数量越多，在相同荷载作用下每个盘分担的荷载越小，不利于端承作用的充分发挥，造成材料的浪费。

4）荷载-位移曲线对比分析

根据收集的位移、荷载值绘制荷载-位移曲线，如图 4.4-4 所示，其中位移为零时的荷载为千斤顶、桩帽和垫片的重量。

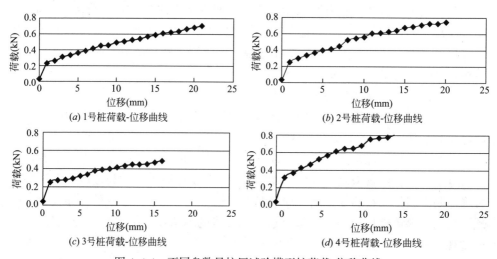

(a) 1号桩荷载-位移曲线　　　　　　　　(b) 2号桩荷载-位移曲线

(c) 3号桩荷载-位移曲线　　　　　　　　(d) 4号桩荷载-位移曲线

图 4.4-4　不同盘数量抗压试验模型桩荷载-位移曲线

从图 4.4-4 可以看出，加载初期，在桩顶刚产生位移时，桩顶荷载有突然增加的趋势，然后平缓地增长，最后阶段都逐渐趋近于水平线，即位移增加而力不再增加，即达到破坏状态。当盘数较少时，如 1 号桩，位移超过 1mm 之后，荷载-位移曲线接近直线，即位移与荷载的增加呈线性增长。在 2 号桩位移为 6mm 和 10mm 时，曲线斜率有突变的情况，说明盘下土体有滑移现象，4 号桩在位移为 10mm 左右时也出现了类似的情况。

将不同盘数量抗压试验模型桩荷载-位移曲线汇总形成对比图，如图 4.4-5 所示。

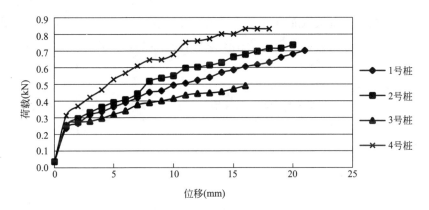

图 4.4-5　不同盘数量抗压试验模型桩荷载-位移曲线对比图

通过图 4.4-5 对比 1～4 号桩荷载-位移曲线可以看出，达到相同的位移，盘数量越多，所需的桩顶荷载越大，说明承载力越高。从 1 号桩到 4 号桩，位移达到 1mm，所需要的荷载也是逐渐增大的，说明盘数量越多，产生初始位移所需的初始荷载也越大。其中 3 号桩荷载值偏小，通过观察桩周土体破坏情况，发现土体与玻璃间空隙过大，桩身向外倾斜，该组数据不作为对比依据。从曲线的变化趋势来看，盘数量越多，荷载的增长率逐渐降低，说明增加盘数对承载力的贡献率逐渐减弱，不利于材料节约，同时盘数越多对桩周土体的影响越大，不利于沉降的控制。综上所述，为了既能满足承载力要求，又能节约成本，盘数量取 1～3 个较为合理。同时要考虑合理的盘间距，才能充分发挥每个盘的作用。

2. 不同盘数量抗压桩有限元分析

1）桩模型及桩土模型

由于主要研究承力扩大盘数量对单桩承载力的影响，在有限元模拟分析模型中遵循单一变量的原则，只改变盘数量，其他桩身参数和土层性状都相同，其中为了使桩侧摩阻力和承力扩大盘的端承作用得到充分发挥，排除其他因素的影响，盘间距、盘坡角根据模型试验结论和前期的研究都取合理值。为避免边界条件的影响，桩周及底部土体范围不能太小，同盘间距模拟分析模型相似，桩周土体取直径 8m，桩端下部取 5m，确定顶盘之后，依次按照固定的盘间距增加承力扩大盘数量。

为了避免其他因素的影响，S 取合理盘间距 $4R_0$，即每隔 $4R_0$ 增加一个承力扩大盘，共建立 5 个计算模型，编号为 MPN0、MPN1、MPN2、MPN3、MPN4，依次代表盘数量为 0～4 的计算模型。其中主桩径 $d=500\text{mm}$，盘径 $D=1500\text{mm}$，$L_a=1500\text{mm}$，盘悬挑径 $R_0=500\text{mm}$，盘高 $H=600\text{mm}$，盘坡角 $\alpha=31°$，桩长都取盘数量最大值 $L=11500\text{mm}$，承力扩大盘形式为对称的双坡型，由于桩长一定，L_b 随着盘数量的变化而变化，具体模型参数见表 4.4-2，桩模型及桩土模型如图 4.4-6 所示。

不同盘数量抗压桩模拟分析模型的基本参数   表 4.4-2

桩号	盘数量 n	$L_b(\text{mm})$
MPN0	0	—
MPN1	1	9400
MPN2	2	6800
MPN3	3	4200
MPN4	4	1600

注：MPN0 是无盘桩。

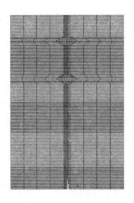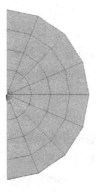

图 4.4-6 不同盘数量抗压桩模拟分析桩土模型单元网格划分

2）位移结果分析

分别提取各个模拟分析模型加载到破坏的竖向位移云图进行分析。图 4.4-7 给出了 MPN0～MPN4 的竖向桩土位移云图，并提取各个模拟分析模型在相同荷载作用下桩顶的最大竖向位移值，形成曲线，如图 4.4-8 所示。

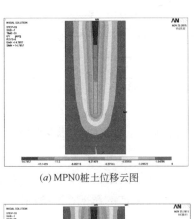

(a) MPN0桩土位移云图

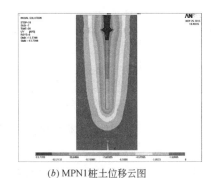

(b) MPN1桩土位移云图

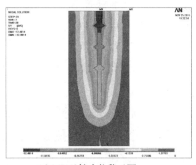

(c) MPN2桩土位移云图

(d) MPN3桩土位移云图

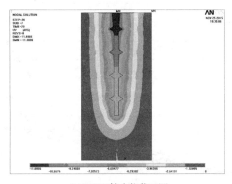

(e) MPN4桩土位移云图

图 4.4-7　不同盘数量抗压模拟分析桩竖向桩土位移云图

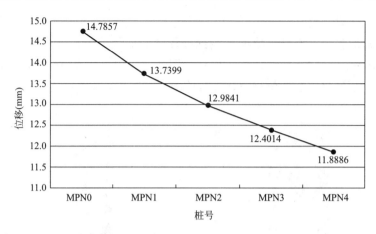

图 4.4-8 不同盘数量抗压模拟分析桩在相同荷载下的最大竖向位移曲线

从图 4.4-7 可以看出，当施加的力即将达到桩的极限承载力时，达到或接近达到最大位移。由于桩长和盘径相同，因此，桩周土体的影响范围基本相同。但桩周土体达到最大位移的范围并不相同。从图 4.4-8 可以明显看出，在相同的荷载作用下，随着盘数量的增加，桩顶的位移逐渐减小，表明承载力增大。从曲线变化趋势来看，曲线的斜率是在不断减小的，说明过多盘数量的增加对单桩承载力的贡献在减小。

从 ANSYS 后处理器中提取 MPN0～MPN4 桩顶中心每加载 100kN 后的竖向位移值，并根据数据将各模拟分析模型的荷载-位移曲线绘制在同一坐标下，如图 4.4-9 所示。

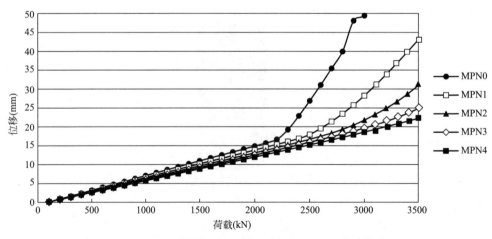

图 4.4-9 不同盘数量抗压模拟分析桩的荷载-位移曲线

从图 4.4-9 可以看出，各个模型的竖向位移随荷载变化规律基本一致。在相同荷载作用下，盘数量越多位移越小，承载力越大。前期加载阶段，位移曲线几乎接近直线，说明荷载与位移呈线性增长。后期当荷载达到 2200kN 时，MPN0 的位移值急剧增大说明达到极限破坏，而混凝土扩盘桩曲线斜率稍有变化，可见承力扩大盘对单桩承载力的贡献是显著的。后期荷载较大时，MPN0 由于为无盘桩，位移远远大于其他桩，说明承载力远小于有盘桩。MPN1 只有 1 个承力扩大盘，位移比其他桩略大，MPN2～MPN4 的位移值比较接近，说明盘数量的过多增加对承载力提高的贡献在减小，并不是线性增长。

从上述分析可知，在荷载较大的情况下，承力扩大盘数量的增加对提高单桩承载力的贡献较明显，经济效益越高。但要使混凝土扩盘桩具有足够的抗压承载力，同时节约混凝土用量，控制工期，一定要设置合理的盘数量。在土层性状、桩长等因素满足的条件下，取 1～3 个盘最为合理，既保证足够的承载力，又节约成本，这和模型试验研究的结论也是一致的。

3）应力结果分析

提取在相同荷载作用下，MPN0～MPN4 桩身节点的 XY 向剪应力值，并根据数据绘制成在同一坐标下的剪应力曲线对比图，如图 4.4-10 所示。

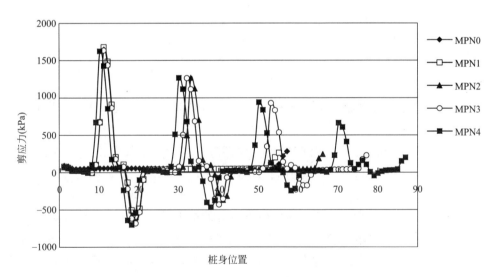

图 4.4-10　不同盘数量抗压模拟分析桩桩身节点 XY 向剪应力曲线对比图

从图 4.4-10 可以看出，在竖向压力作用下，在承力扩大盘位置桩身剪应力发生突变，符号以盘上右侧为正值，左侧为负值，在盘下出现了负应力区。另外，越接近盘端时桩身剪应力值越大。盘数量为零即普通桩时，桩身剪应力较小，对比普通桩可以明显看出由于承力扩大盘的存在桩身在承力扩大盘位置剪应力大大增加。

对比各个分析模型的桩身节点剪应力曲线，在相同荷载的作用下，各个分析模型在第一个盘位置的剪应力值基本相同，变化主要集中在第二个盘位置。随着盘数量的不断增多，承力扩大盘位置处桩身剪应力峰值不断减小，说明盘数量越多，越接近桩端的承力扩大盘的端承作用越弱。

提取在相同荷载作用下，MPN0～MPN4桩周土体沿桩身的 XY 向剪应力值，并根据数据绘制成在同一坐标下的剪应力曲线对比图，如图4.4-11所示。

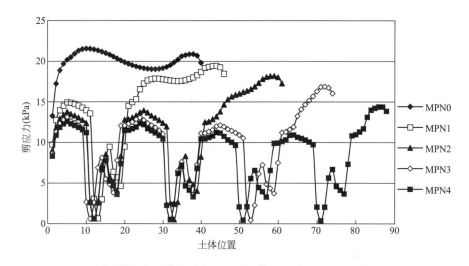

图4.4-11　不同盘数量抗压模拟分析桩桩周土体沿桩身的 XY 向剪应力曲线对比图

从图4.4-11可以看出，在竖向压力作用下，在承力扩大盘位置土体剪应力发生突变，在桩顶附近盘端土体剪应力增长较快，在桩端附近盘端土体剪应力先增大后减小。

对比各个分析模型的桩周土体剪应力曲线，在相同荷载的作用下，各个分析模型除普通桩外，在盘位置处的剪应力峰值差别不大。随着盘数量的不断增多，盘间土体的桩周土体剪应力越小，说明盘数量越多对桩周土体的影响越大，不利于桩侧摩阻力的发挥。

3. 模型试验和模拟分析结果的对比分析

以盘数量为4的抗压桩为代表，对应的模型试验与模拟分析模型分别为4号桩和MPN4。对比模型试验和有限元模拟分析的荷载-位移曲线及桩周土体的破坏情况。

1）荷载-位移曲线的比较

为了便于比较便采用插值公式法将模拟分析结果的荷载-位移曲线的横坐标和纵坐标进行变换，将横坐标统一变为位移，纵坐标变为荷载，由于模型试验材料属性与模拟分析中设定有一定差别，因此比较两组数据值大小意义不大，主要比较一下模型试验与模拟分析的荷载-位移曲线的变化趋势。模型试验和模拟分析的荷载-位移曲线对比图，如图 4.4-12 所示。

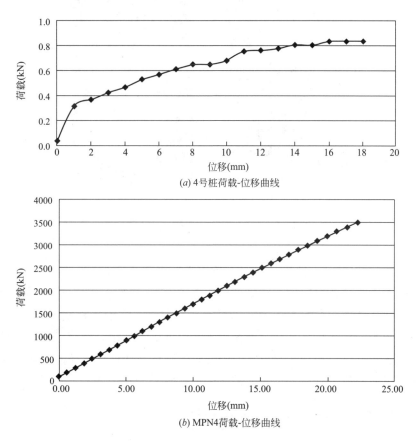

(a) 4号桩荷载-位移曲线

(b) MPN4荷载-位移曲线

图 4.4-12　不同盘数量抗压桩模型试验和模拟分析荷载-位移曲线对比图

从图 4.4-12 可以看出，当位移为零时，（a）图中由于桩顶有千斤顶、桩帽、垫片等，所以荷载值不为零，并且在位移初始阶段，荷载增加较快，之后曲线平缓增长。（b）图中用有限元模拟分析的荷载-位移曲线比较理想化，曲线几乎呈线性增长。模型试验的荷载-位移曲线增长比模拟分析的荷载-位移曲线缓慢，但是存在二次增长的拐点，考虑到模型试验研究中的土层、加载、模型控制等不确定性因素的影响，从总体的变化趋势来看，模型试验与模拟分析的荷载-位移曲线还是比较吻合的。

2）桩周土体破坏状态的比较

对比达到破坏时的试验模型桩和模拟分析桩的状况，见图 4.4-13。

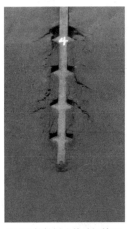 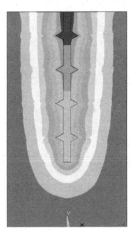

(a) 4号桩桩周土体破坏情况   (b) MPN4桩桩周土体破坏情况

图 4.4-13 不同盘数量抗压桩模型试验和模拟分析桩周土体破坏情况对比图

从图 4.4-13 桩周土体破坏情况来看，在竖向压力作用下，模型试验中桩和土体发生分离，两盘之间的土体受到剪切破坏，盘上产生空隙，达到破坏时盘间土体接近贯通整体剪切，盘下土体的影响范围在盘端部沿滑移线向下向内闭合。从有限元模拟分析效果来看，达到极限破坏时桩土发生相对滑移，桩周土体位移随承力扩大盘变化，有从盘端向下向内回收的趋势。从桩周土体的破坏情况来考虑，模型试验与模拟分析的结果还是比较一致的。

4.4.2 盘数量对抗拔桩破坏机理的影响

1. 不同盘数量抗拔桩试验研究

采用第 2 章介绍的半截面桩原状土模型试验，研究盘数量对混凝土扩盘桩抗拔破坏机理的影响。

1）试验模型桩及取土器设计

试验模型桩仍采用钢材加工而成，根据实际情况，并考虑与有限元模拟分析对比及与取土器协调，试验模型桩尺寸与模拟分析桩相统一，按 1∶50 的比例制作，按照单一变量的原则，设计 4 个不同盘数量的半截面桩试件，具体试件尺寸见表 4.4-3，试验模型桩如图 4.4-14 所示。

不同盘数量抗拔试验模型桩的尺寸　　　　　　　　　　　　　表 4.4-3

桩参数名称	代表字母	单位	尺寸
主桩径	d	mm	10
盘径	D	mm	30
盘高	H	mm	15
坡角	α	(°)	37
桩长	L	mm	300
桩顶到其下第一个盘的距离	L_a	mm	—
桩端到其上第一个盘的距离	L_b	mm	20
盘间距	S	mm	40
预留打孔长度	K	mm	30

　　将取土器设计为矩形，矩形的两个侧板由螺栓固定可拆卸（形式详见第 2 章）。为了消除边界效应的影响，同时方便搬运，取土器尺寸应合理，不能过大，也不应小于桩周土体的影响范围（约为 $5D$），因此取土器尺寸设计为 300mm× 300mm×400mm，采用 3mm 厚的钢板制作。

　　2）桩周土体破坏情况分析

　　收集整理不同盘数量抗拔试验模型桩破坏过程的图片，以 4 号桩为例，给出位移每增加 2mm 桩周土体破坏的具体过程，如图 4.4-15 所示。

图 4.4-14　不同盘数量抗拔试验模型桩实物图

　　从图 4.4-15 可以得到以下结论：

　　（1）在竖向拉力作用下，桩端和各个承力扩大盘盘下同时出现缝隙，桩土开始分离，随着拉力的增大，桩土之间分开的距离增大。

　　（2）在盘间距合理的情况下，各个承力扩大盘上的水印比较清晰，未能连通上下盘之间土体，每个承力扩大盘都可以独立发挥抗拔作用。

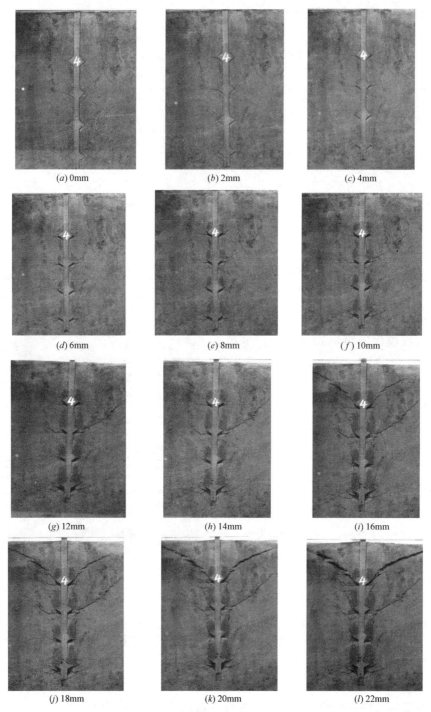

(a) 0mm   (b) 2mm   (c) 4mm

(d) 6mm   (e) 8mm   (f) 10mm

(g) 12mm   (h) 14mm   (i) 16mm

(j) 18mm   (k) 20mm   (l) 22mm

图 4.4-15　4 号桩桩周土体破坏过程（一）

 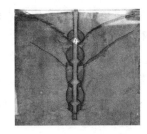 

(*m*) 24mm　　　　　(*n*) 描出主要破坏线　　　　(*o*) 从顶面拍摄

图 4.4-15　4 号桩桩周土体破坏过程（二）

（3）除了盘上出现"心形"水印外，越靠近土体表面的承力扩大盘，在盘端两侧出现的土体冲切破坏线越明显，越靠近桩端的，破坏的滑移线越明显，几乎不出现冲切破坏。

下面列出 1～4 号桩达到破坏时的照片，如图 4.4-16 所示。

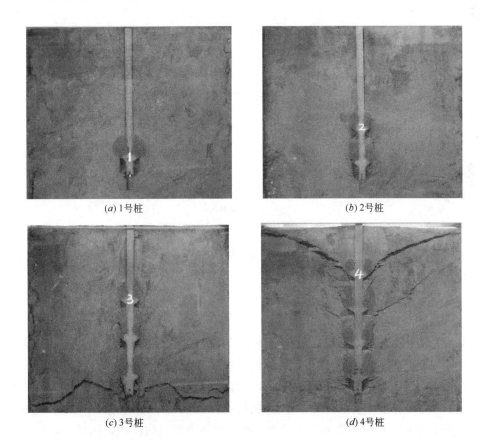

(*a*) 1 号桩　　　　　　　　　　　　(*b*) 2 号桩

(*c*) 3 号桩　　　　　　　　　　　　(*d*) 4 号桩

图 4.4-16　不同盘数量抗拔试验模型桩加载至破坏时的图形

（1）当只有一个盘时，从1号桩的破坏图片中水印形状可以看出，盘上土体的破坏形态是典型的滑移破坏。从2～4号不同盘数量试验模型桩的图片中，观察相邻两盘之间的水印可以看出，当盘间距在合理的范围内时，每个承力扩大盘都能发挥各自的作用，承力扩大盘盘上土体也发生滑移破坏。

（2）从1、2、3号桩破坏图中可以看出，当承力扩大盘距离土体表面具有较大的距离时，试验模型中的土体都是发生滑移破坏，并没有明显的冲切痕迹。4号桩由于最上面的承力扩大盘距离土体表面的距离较小，其上的土体发生了冲切破坏，第二个盘也有冲切破坏的迹象，下面的两个承力扩大盘基本上只有滑移破坏。

3）荷载-位移曲线对比分析

不同盘数量抗拔试验模型桩的荷载、位移数据制作成荷载-位移曲线对比图，如图4.4-17所示。

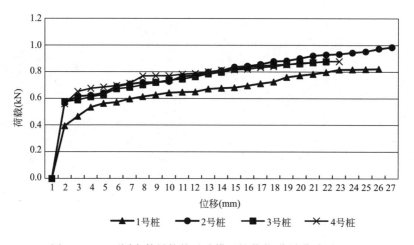

图4.4-17　不同盘数量抗拔试验模型桩荷载-位移曲线对比图

从图4.4-17可以得到以下结论：

（1）从不同盘数量抗拔试验模型桩荷载-位移曲线中可以看出，各个桩的总体发展趋势基本相同，随着位移的增大，荷载整体上也会增加，而且前期增长比较快，后期增长比较慢。其中4号桩的荷载-位移曲线出现异常，在位移12mm之前曲线位于最上方，在12mm之后，4号桩的荷载-位移曲线逐渐位于2号桩和3号桩曲线的下面，这是因为4号桩荷载达到一定值后，最上面的承力扩大盘之上的土体被冲切开，致使最上面的承力扩大盘失去了抗拔作用，因此总体承载力下降了。除此之外，3号桩的荷载-位移曲线也出现了些异常，它的荷载-位移曲线正常应该是位于 2 号桩荷载-位移曲线的上面，但是实际得到的数据却和 2 号桩相差不大，甚至有些区域位于 2 号桩荷载-位移曲线的下面，具体的原因会在下面的（4）论述中详细说明。

（2）从图中可以看出，当盘数量从 1 个增加到 2 个时，提升相同的位移需要的力大了许多，说明混凝土扩盘桩的抗拔承载力增大了，而且提高的幅度比较大，但是当承力扩大盘从 2 个增加到 3 个或者 4 个的时候，其荷载-位移曲线变化幅度很小，可知混凝土扩盘桩的抗拔承载力增加的幅度很小，说明当承力扩大盘超过 2 个时，再增加承力扩大盘的数量对其抗拔承载力提高的幅度有所下降。这是因为混凝土扩盘桩的抗拔承载力是由承力扩大盘的端承力和有效的桩侧长度产生的摩阻力共同构成的，桩长一定的情况下，在增加承力扩大盘数量的同时，有效的桩侧长度会减小，所以桩体的抗拔承载力不会有很大的增加，而盘数量的增加，又会使各个盘不能完全发挥作用。

（3）由于盘数量的增加，会导致混凝土用量和施工难度的增加，同时受到土层厚度、桩长等因素的限制，当盘间距在合理的范围内时，承力扩大盘的数量不宜过多，一般取 2～3 个即可。如果确实需要更高的承载力，盘径也增加到比较大，在土层厚度允许的情况下，能保证最上面的盘与土层表面的距离以及足够的盘间距的情况下，可以继续增加盘数量。

（4）试验过程中，3 号桩试验结果出现异常的原因：从图 4.4-17 可以看出，3 号桩的荷载-位移曲线与 2 号桩基本重合。而从图 4.4-16 可以看出 3 号桩的破坏出现了下面的现象：3 号桩在下面盘端处土体出现了水平断裂，并且在拉力作用下裂缝的间隙持续增大，所以记录的 3 号桩的位移是土体整体抬起的数值而不是桩在土中产生的位移。这是 3 号桩的荷载、位移数值明显异常的主要原因，但是由于盘上土体足够厚，所以它的荷载-位移曲线并没有像 4 号桩那样出现明显的下降，其下降幅度比较小。具体产生土体水平裂缝的原因，可能是在原状土模型运输的过程中，受到碰撞导致土体内部已经出现了裂痕，在拉力作用下，裂缝逐步扩展，所以 3 号桩的荷载、位移数值异常。

2. 不同盘数量抗拔桩有限元分析

1）桩模型及桩土模型

根据桩型选择上的基本要求，设定模拟分析桩的桩长 $L = 13520\text{mm}$，主桩径 $d = 500\text{mm}$，盘径 $D = 1500\text{mm}$，盘坡脚 $\alpha \approx 37°$，盘悬挑径 $R_0 = 500\text{mm}$（盘间距的基准），盘高 $H = 760\text{mm}$，盘间距 $S = 2000\text{mm}$。对于桩周土体的范围，和建立不同盘间距试验模型桩时一样，不能太小，故取半径 6000mm，因为研究对象是抗拔作用，所以桩下土体深度取 4000mm。

因为研究目的是盘数量对混凝土扩盘桩抗拔承载力的影响，所以在有限元模拟分析模型中设定固定的盘间距是 2000mm，将第一个承力扩大盘的位置固定在距桩端 1000mm 处，其他参数不变，在桩端第一个承力扩大盘的基础上增加盘数量。以此类推，直到达到 4 个承力扩大盘。所以盘数量作为影响因素的有限元模拟分析模型一共建立 4 个，且将承力扩大盘数量从 1 个到 4 个的有限元模拟分析模型分别编号为 NP1~NP4。模拟分析桩的长度固定，第一个盘的位置和两个盘之间的距离也都是固定的，不同的只是承力扩大盘的数量。现以 3 个承力扩大盘的模型为例（即 NP3），给出具体模型参数，如图 4.4-18 所示。桩周土体参数同 4.1.1，桩土模型如图 4.4-19 所示。

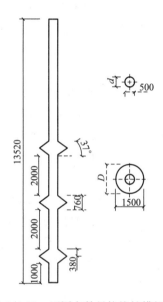

图 4.4-18　不同盘数量抗拔桩模拟分析模型参数示意图（以 NP3 为例）

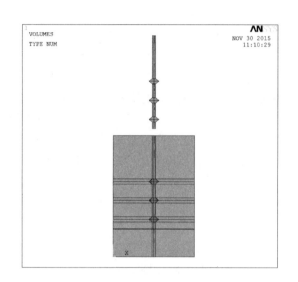

图 4.4-19　不同盘数量抗拔桩模拟分析桩土模型

2）位移结果分析

（1）位移云图

以面荷载的方式进行半截面桩的加载，从面荷载换算成集中荷载时，即从 100kN 开始加载，以后每级按 100kN 递增。其中一个盘的单盘桩加载到第 10 级时，基本达到破坏，上拔位移比较大，其余桩加载到第 10 级时，情况比较好。分析完成后，分别提取各个模型加载到 1000kN 时的竖向位移云图进行对比分析。不同盘数量抗拔模拟分析桩竖向桩土位移云图，如图 4.4-20 所示。并将相同荷载（1000kN 左右）作用下各个模型的最大位移量绘制成曲线，如图 4.4-21 所示。

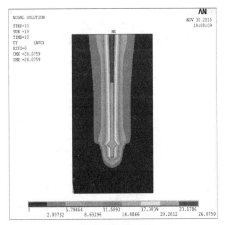
(a) NP1桩土位移云图

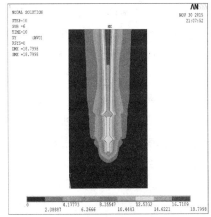
(b) NP2桩土位移云图

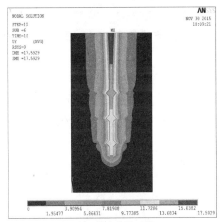
(c) NP3桩土位移云图

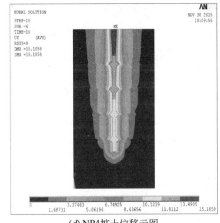
(d) NP4桩土位移云图

图 4.4-20　不同盘数量抗拔模拟分析桩竖向桩土位移云图

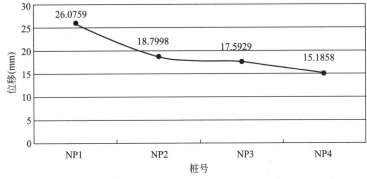

图 4.4-21　不同盘数量抗拔模拟分析桩在相同荷载下的最大竖向位移曲线

从图 4.4-20 和图 4.4-21 可以得到以下结论：

① 从图 4.4-20 可以看出，在有承力扩大盘的位置，位移云图会有突变，但位移云图的形式基本相同，都有从盘端向桩身回收的趋势，基本符合滑移线的形式。在桩顶位置位移又有增大，这是因为表面没有约束，局部土体在竖向拉力作用下会向上隆起。

② 当盘数量从 1 个增加到 2 个时，在相同荷载作用下，桩向上的位移会突然减小，这说明双盘桩的抗拔承载力比单盘桩的抗拔承载力有较大的提高。

③ 当盘数量从 2 个增加到 3 个时，在相同荷载作用下，虽然桩向上的位移会变小，但是变小的幅度不大，增加到 4 个盘时也是一样，说明盘数量增加到 2 个以上之后，对混凝土扩盘桩的抗拔承载力提高幅度减小。

④ 在桩长固定的情况下，混凝土扩盘桩的盘数量增加到 2 个以上之后，虽然会增加混凝土扩盘桩的抗拔承载力，但是增加的幅度变小，而增加混凝土扩盘桩的盘数量，会增加混凝土用量以及施工的难度，造成工程成本的增加，所以混凝土扩盘桩的盘数量应该以 2～3 个为最佳。

（2）荷载-位移曲线

从 ANSYS 后处理器中提取 NP1～NP4 每加载 100kN 后最下面的承力扩大盘上某点的最大竖向位移值。通过整理，绘制竖向位移随荷载的变化曲线，如图 4.4-22 所示。

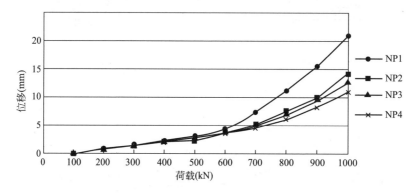

图 4.4-22　不同盘数量抗拔模拟分析桩最下面盘上某点荷载-位移曲线

从图 4.4-22 可以看出，NP1～NP4 的竖向位移均随荷载的增大而增加，其中 NP1 的位移值最大，说明在相同荷载作用下，NP1 在拉力作用下位移最大，其抗拔承载力最低。从 NP1 和 NP2 的对比可以看出，2 个承力扩大盘时，抗拔承载力有很大的提高。而 NP2～NP4 的位移值差不多，每一级荷载加载之后，各个模型的位移增量也基本保持一致，这也说明当承力扩大盘增加到 2 个以上之后，抗拔承载力的提高幅度减小。

3）应力结果分析

从 ANSYS 后处理器中分别提取 NP1～NP4 大约加载到 1000kN 时的竖向应力云图进行分析，不同盘数量的 Y 向（竖向）应力云图如图 4.4-23 所示。为了便于观察承力扩大盘的竖向应力变化情况，特将 NP1～NP4 在承力扩大盘处的 Y 向应力等值线调出，等值线符号从小到大用 A、B、C……I 来表示，疏密值 $N=3$ 的情况如图 4.4-24 所示。

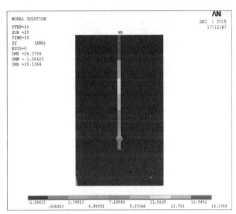

(*a*) NP1 的 *Y* 向应力云图

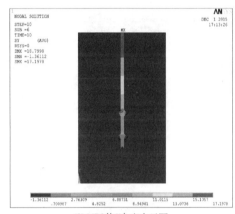

(*b*) NP2 的 *Y* 向应力云图

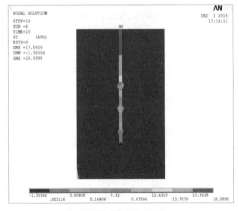

(*c*) NP3 的 *Y* 向应力云图

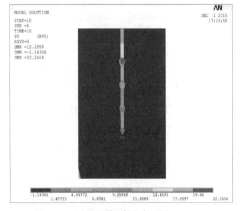

(*d*) NP4 的 *Y* 向应力云图

图 4.4-23　不同盘数量抗拔模拟分析桩 Y 向应力云图

从图 4.4-23 和图 4.4-24 可以得到以下结论：

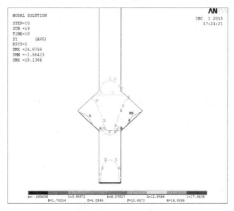

(a) NP1承力扩大盘处Y向应力等值线图

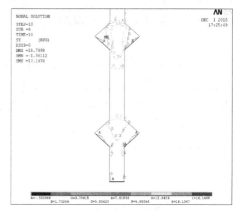

(b) NP2承力扩大盘处Y向应力等值线图

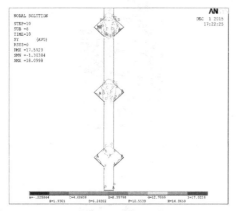

(c) NP3承力扩大盘处Y向应力等值线图

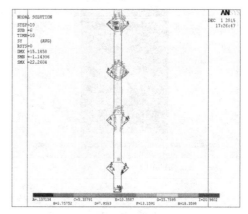

(d) NP4承力扩大盘处Y向应力等值线图

图 4.4-24　不同盘数量抗拔模拟分析桩承力扩大盘处 Y 向应力等值线图

（1）NP1～NP4 均是桩顶的 Y 向应力最大，从桩顶到桩端 Y 向应力逐渐减小，承力扩大盘上的 Y 向应力和整体的应力变化趋势一样，越靠近土体表面，承力扩大盘上的 Y 向应力变化越明显，越靠近土体底部，承力扩大盘上的 Y 向应力变化越不明显。

（2）从等值线图可以看出，NP1～NP4 均是在承力扩大盘处的 Y 向应力变化最复杂、最明显，桩体的应力变化最小，因为桩体和土体之间只存在摩擦力，而承力扩大盘处还存在端承力，所以这里的应力变化幅度大。

（3）因为所取的盘间距是一种合理范围内的情况，承力扩大盘之间土体不会发生整体剪切破坏，所以都会有 Y 向应力的变化。

（4）随着承力扩大盘数量的增加，混凝土扩盘桩两个承力扩大盘之间 Y 向应力变化幅度相似，从 NP2～NP4 中可以看出，上面的承力扩大盘到下面的承力扩大盘 Y 向应力变化幅度呈规律性的递减变化，说明在抗拔的过程中，上面的承力扩大盘比下面的承力扩大盘发挥的作用大。

4）应变结果分析

从 ANSYS 后处理器中分别提取 NP1～NP4 大约加载到 1000kN 时的 Y 向（竖向）总应变云图进行分析，不同盘数量的 Y 向（竖向）总应变云图如图 4.4-25 所示。为了便于观察承力扩大盘的竖向应变变化情况，特将 NP1～NP4 在承力扩大盘处及桩端的 Y 向总应变等值线调出，等值线符号从小到大用 A、B、C……I 来表示，疏密值 $N=3$ 的情况如图 4.4-26 所示。

从图 4.4-25 和图 4.4-26 可以得到以下结论：

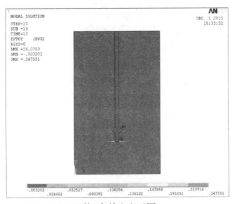

(a) NP1 的 Y 向总应变云图

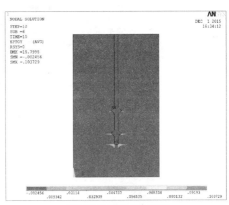

(b) NP2 的 Y 向总应变云图

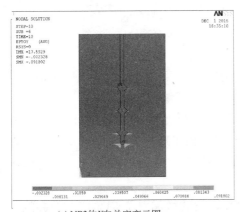

(c) NP3 的 Y 向总应变云图

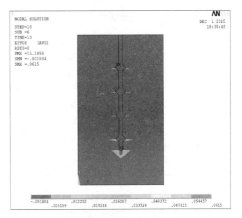

(d) NP4 的 Y 向总应变云图

图 4.4-25 不同盘数量抗拔模拟分析桩 Y 向总应变云图

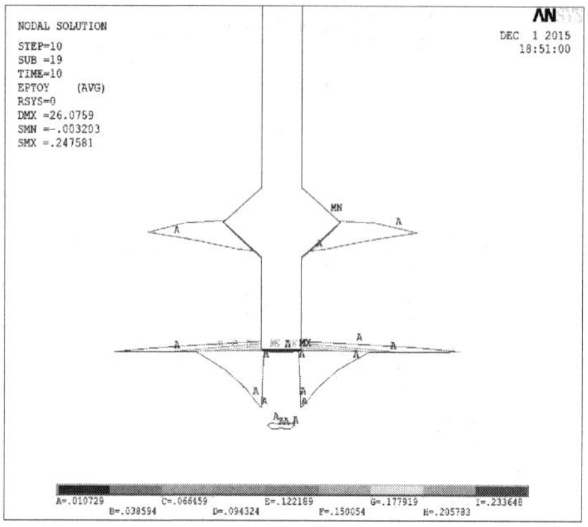

(*a*) NP1承力扩大盘处*Y*向总应变等值线图

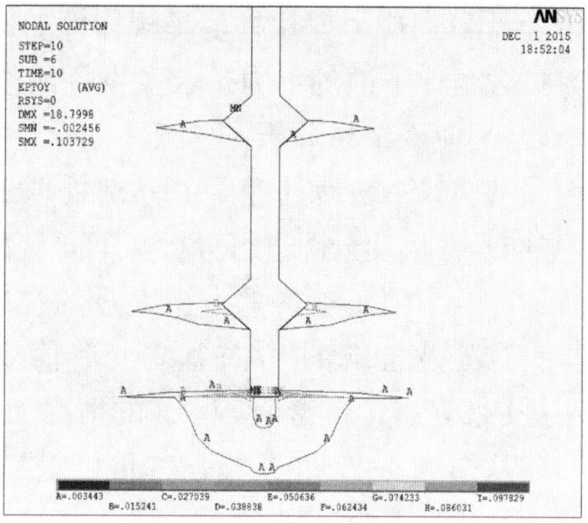

(*b*) NP2承力扩大盘处*Y*向总应变等值线图

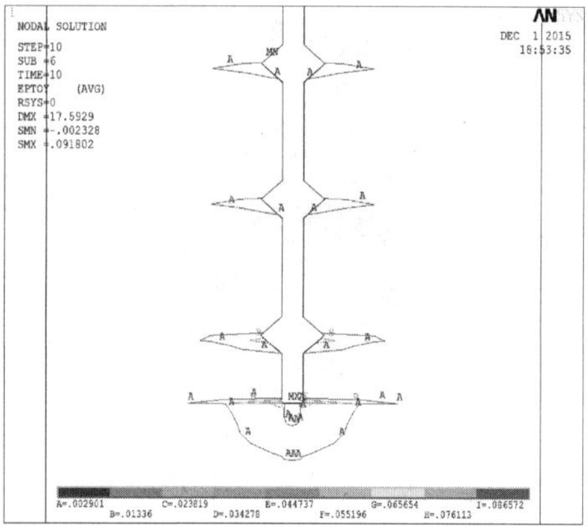

(*c*) NP3承力扩大盘处*Y*向总应变等值线图

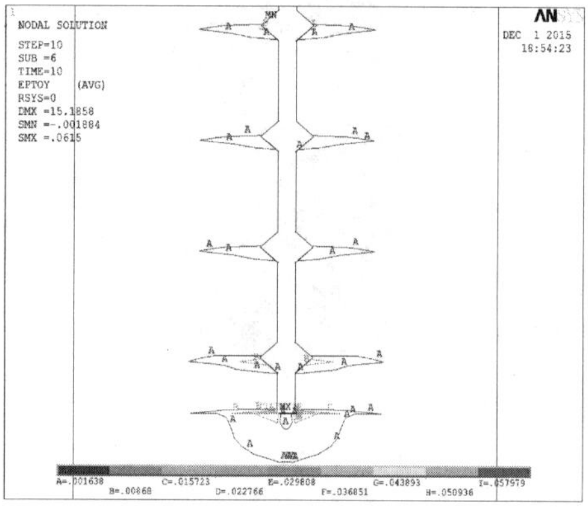

(*d*) NP4承力扩大盘处*Y*向总应变等值线图

图 4.4-26　不同盘数量抗拔模拟分析桩承力扩大盘处 Y 向总应变等值线图

（1）NP1～NP4 的 Y 向总应变最大值都是出现在桩端和承力扩大盘下面，盘上位置以及盘之外的桩侧的 Y 向总应变比较小。

（2）从 Y 向总应变云图和承力扩大盘处 Y 向等值线图可以看出，NP1～NP4 的 Y 向总应变云图从上到下逐渐增大，在桩端下面出现最大总应变值，其次是在每个承力扩大盘下部会出现比较大的应变值。随着盘数量的增加，这个趋势基本上不受影响。

（3）从图 4.4-26 可以知道，承力扩大盘数量的增加对 Y 向总应变的影响不大，基本不影响原来土体的弹塑性变形状态和分布规律，只是在竖向荷载一定的情况下，每个盘的应变逐渐变小，盘的作用没有充分发挥。在盘间距合理的情况下，每个承力扩大盘的 Y 向总应变的分布规律大致相同，土体之间的变形状态不会受到承力扩大盘数量增加的影响。

5）剪应力结果分析

从 ANSYS 后处理器中分别提取 NP1～NP4 加载到 1000kN 时的 XY 向剪应力进行分析，不同盘数量的 XY 向剪应力云图如图 4.4-27 所示。为了便于观察承力扩大盘的 XY 向剪应力变化情况，特将 NP1～NP4 在承力扩大盘处 XY 向剪应力等值线调出，等值线符号从小到大用 A……E（分界）……I 来表示，疏密值 N=5 的情况如图 4.4-28 所示。

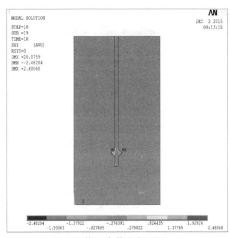

(*a*) NP1的*XY*向剪应力云图

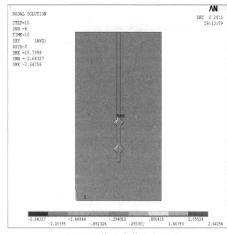

(*b*) NP2的*XY*向剪应力云图

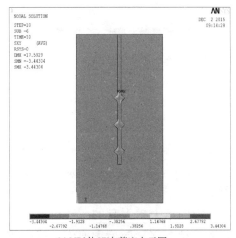

(*c*) NP3的*XY*向剪应力云图

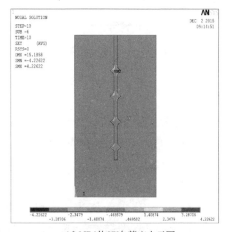

(*d*) NP4的*XY*向剪应力云图

图 4.4-27　不同盘数量抗拔模拟分析桩 XY 向剪应力云图

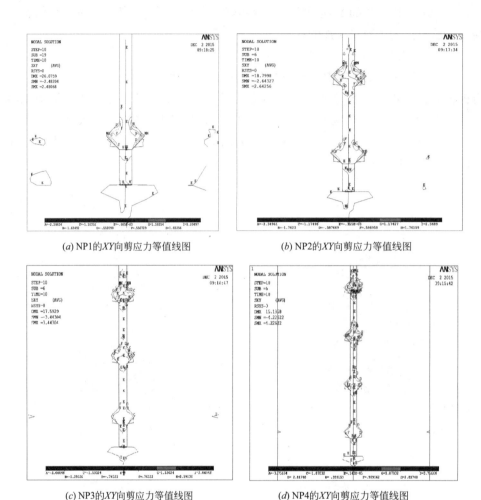

(a) NP1的XY向剪应力等值线图   (b) NP2的XY向剪应力等值线图

(c) NP3的XY向剪应力等值线图   (d) NP4的XY向剪应力等值线图

图 4.4-28   不同盘数量抗拔模拟分析桩承力扩大盘处 XY 向剪应力等值线图

从图 4.4-27 和图 4.4-28 可以得到以下结论：

（1）NP1～NP4 的剪应力均在承力扩大盘位置达到最大，在承力扩大盘的左侧出现正的最大值，在承力扩大盘的右侧出现负的最大值，这是由剪应力的方向特性决定的，左右两侧的剪应力大小相等，方向相反。

（2）从 NP4 的等值线图中可以看出，最上面的承力扩大盘的 XY 向剪应力得到最大值的范围最广，承力扩大盘从上到下，盘上 XY 向最大剪应力依次减小。NP2 和 NP3 也呈现出一样的变化规律。

（3）从 NP1 的等值线图中可以看出，在承力扩大盘的上侧产生最大剪应力，而在盘下的剪切力最小，并且在盘下一定的影响范围内会出现接近 0 的剪应力。这是由于在桩受拉的过程中，承力扩大盘上侧会产生压力，而在承力扩大盘的下侧会产生很小的拉应力，带动下侧的土体产生很小的位移，但是模型都在承力扩大盘下和土体之间留了一定的空隙（10mm），所以在拉应力作用下，承力扩大盘对这部分土体的影响很小。在 NP2～NP4 中也呈现出这样的变化趋势，这是由于在盘间距合理范围内，每个盘都发挥了相当于单盘的作用，所以多个承力扩大盘的变化趋势接近，不同的只是数值的大小。

（4）在离盘一定距离的桩侧剪应力基本一致，没有明显变化，这部分区域的桩只会受到桩侧土体摩阻力的作用，并不会产生剪应力的过大变化，只有在截面改变之处，剪应力才会发生明显的变化。在桩的端部，土体也出现了微小的应力变化趋势，也包含了桩体一定范围的区域，这部分的剪应力变化是由于桩在拉力作用下，带动土体运动产生的微小位移。

（5）从 NP1～NP4 的 XY 向剪应力云图和相应的等值线图可以看出，当混凝土扩盘桩受拉时，随着承力扩大盘数量的增加，其最大剪应力是逐渐增大的，这说明增加承力扩大盘数量对改善混凝土扩盘桩的剪切破坏是有一定影响的。

提取图 4.4-27 或图 4.4-28 的混凝土扩盘桩沿桩长左侧的剪应力值（即图 4.4-27 中正号一侧的剪应力），根据数据分别绘制成曲线图 4.4-29 和汇总成曲线对比图 4.4-30。

提取图 4.4-27 或图 4.4-28 的混凝土扩盘桩桩周土体沿桩长左侧的剪应力值（即图 4.4-27 中正号一侧的剪应力），根据数据分别绘制成曲线图 4.4-31 和汇总成曲线对比图 4.4-32。

从图 4.4-29～图 4.4-32 可以得到以下结论：

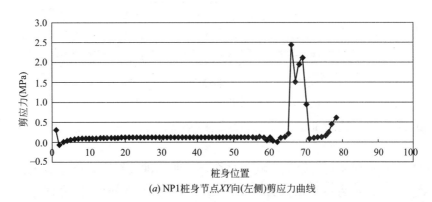

(a) NP1 桩身节点 XY 向 (左侧) 剪应力曲线

图 4.4-29　不同盘数量抗拔模拟分析桩桩身节点 XY 向（左侧）剪应力曲线（一）

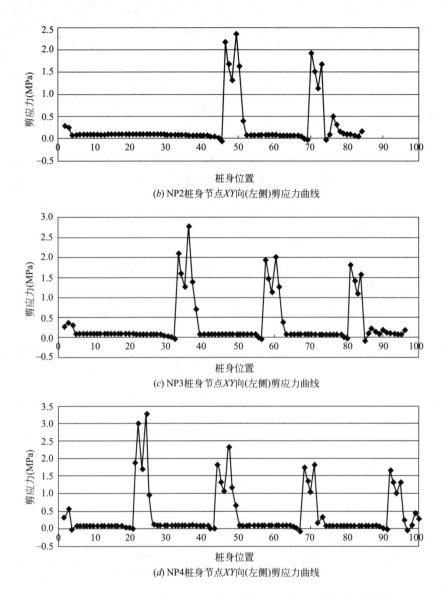

(b) NP2桩身节点XY向(左侧)剪应力曲线

(c) NP3桩身节点XY向(左侧)剪应力曲线

(d) NP4桩身节点XY向(左侧)剪应力曲线

图 4.4-29　不同盘数量抗拔模拟分析桩桩身节点 XY 向（左侧）剪应力曲线（二）

（1）NP1～NP4 均在第一个截面突变处（即从桩顶算第一个盘与桩相接处）达到最大剪应力，当达到最大剪应力之后，从截面突变处至盘尖剪应力有所减小，当到达第二个截面突变处（盘尖端）时剪应力会再次变大，但是其数值小于第一个截面突变处的剪应力值。而后剪应力迅速减小，盘下土体剪应力甚至出现

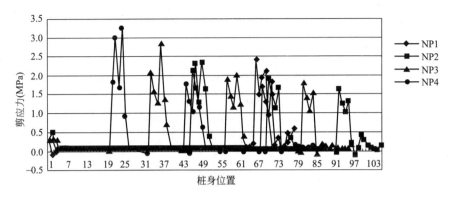

图 4.4-30　不同盘数量抗拔模拟分析桩桩身节点 *XY* 向（左侧）剪应力曲线对比图

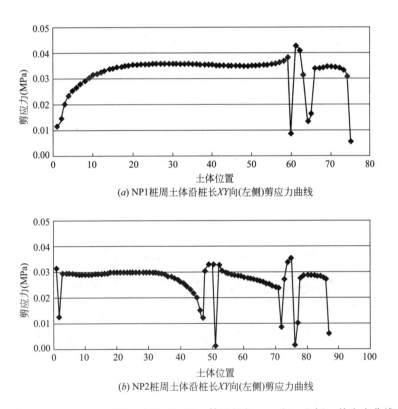

(*a*) NP1 桩周土体沿桩长 *XY* 向(左侧)剪应力曲线

(*b*) NP2 桩周土体沿桩长 *XY* 向(左侧)剪应力曲线

图 4.4-31　不同盘数量抗拔模拟分析桩桩周土体沿桩长 *XY* 向（左侧）剪应力曲线（一）

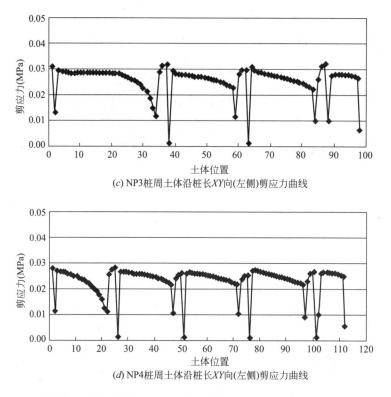

(c) NP3桩周土体沿桩长XY向(左侧)剪应力曲线

(d) NP4桩周土体沿桩长XY向(左侧)剪应力曲线

图 4.4-31　不同盘数量抗拔模拟分析桩桩周土体沿桩长 XY 向（左侧）剪应力曲线（二）

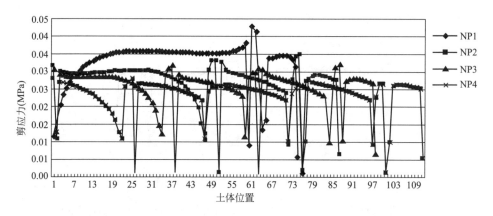

图 4.4-32　不同盘数量抗拔模拟分析桩桩周土体沿桩长 XY 向（左侧）剪应力曲线对比图

了负值，这部分负的剪应力是在桩土之间空隙处出现的，是由于周边土体扰动造成的。

（2）随着盘数量的增加，最大剪应力的值也随之增加，且最上面盘的剪应力大于其下盘的剪应力，并且随着入土深度的增加，承力扩大盘上的剪应力逐渐减小。

（3）从土体节点和桩身节点的对比中可以看出，当混凝土扩盘桩承力扩大盘处出现最大剪应力时，盘周土体出现最小的剪应力，其变化趋势一致，规律相似。在盘间距一定的情况下，两个盘之间的土体剪应力变化形式相似，且盘下的土体都以滑移破坏为主，这种破坏形式能够充分发挥承力扩大盘的作用。盘数量的增加对混凝土扩盘桩的剪应力影响较大，超过了对抗拔承载力的影响，所以当桩体需要考虑加强其抗剪切破坏时，可以适当考虑增加混凝土扩盘桩的盘数量。

3. 模型试验和模拟分析结果的对比分析

1）荷载-位移曲线的比较

为了便于比较采用插值公式法将模拟分析结果的荷载-位移曲线的横坐标和纵坐标进行变换，将横坐标统一变为位移，纵坐标变为荷载，由于模型试验材料属性与模拟分析中设定有一定差别，因此比较两组数据大小意义不大，主要比较一下模型试验与模拟分析的荷载-位移曲线的变化趋势。模型试验和模拟分析的荷载-位移曲线对比图，如图4.4-33所示。

从图4.4-33可以看出，当位移为零时，（a）图中在位移初始阶段，荷载增加较快，之后曲线平缓增长。（b）图中用有限元模拟分析的荷载-位移曲线比较理想化，曲线几乎呈线性增长。模型试验的荷载-位移曲线增长比模拟分析的荷载-位移曲线缓慢，但是存在二次增长的拐点，考虑到模型试验研究中的土层、加载、模型控制等不确定性因素的影响，从总体的变化趋势来看，模型试验与模拟分析的荷载-位移曲线还是比较吻合的。

2）桩周土体破坏状态的比较

以盘数量为4的抗拔桩为代表，对比达到破坏时的试验模型桩和模拟分析桩的状况，见图4.4-34。

从图4.4-34桩周土体破坏情况来看，在竖向拉力作用下，模型试验中桩和土体发生分离，两盘之间的土体受到剪切破坏，盘下产生空隙，达到破坏时盘间土体接近贯通整体剪切，盘上土体的影响范围在盘端部沿滑移线向下向内闭合，由于最上面的盘距离土层表面较近，因此盘上土体发生整体冲切破坏。从有限元模拟分析效果来看，各个盘处位移都有变化，达到极限破坏时桩土发生相对滑移，桩周土体位移随承力扩大盘变化，有从盘端向上向内回收的趋势。从桩周土体的破坏情况来考虑，模型试验与模拟分析的结果还是比较一致的。

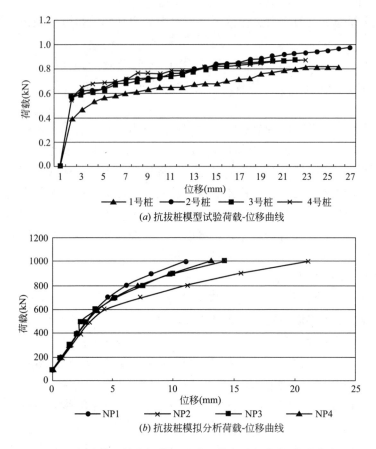

(a) 抗拔桩模型试验荷载-位移曲线

(b) 抗拔桩模拟分析荷载-位移曲线

图 4.4-33 不同盘数量抗拔桩模型试验和模拟分析荷载-位移曲线对比图

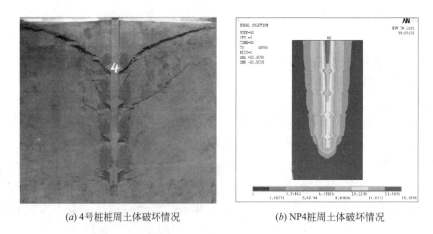

(a) 4号桩桩周土体破坏情况   (b) NP4桩周土体破坏情况

图 4.4-34 不同盘数量抗拔桩模型试验和模拟分析桩周土体破坏情况对比图

4.5　盘截面形式的影响

由于挤扩、旋扩、钻扩等成桩机具及施工工艺的不同,会导致形成不同盘截面形式的混凝土扩盘桩,而且与早期研究的对称截面桩有所区别,本节主要研究盘截面形式的变化对混凝土扩盘桩抗压、抗拔破坏机理的影响,运用有限元法和半截面桩原状土模型试验进行分析,通过改变承力扩大盘的形状,确定盘截面形状对混凝土扩盘桩在竖向荷载作用下的桩周土体破坏机理的影响,以便完善混凝土扩盘桩单桩极限承载力的计算模式。

模型桩是根据前期的理论研究和实际施工中所成的桩型而确定的,早期的挤扩设备形成的盘形如图 4.5-1 所示,图 4.5-2 是由新型旋扩设备形成的盘形,图 4.5-3 是由钻扩清一体机形成的盘形,本节取以上三种盘形并加上理想状态对称桩(见图 4.5-4),进行对比分析。

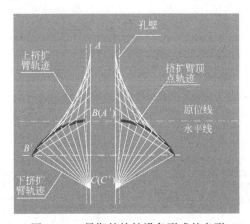

图 4.5-1　早期的挤扩设备形成的盘形

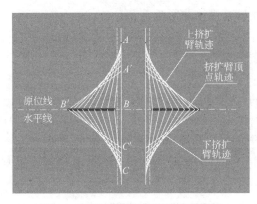

图 4.5-2　新型旋扩设备形成的盘形

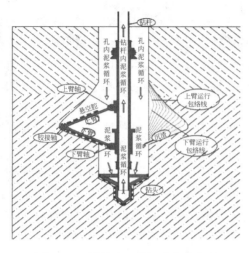
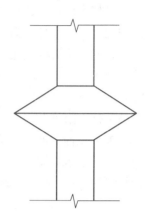

图 4.5-3　钻扩清一体机形成的盘形　　　　图 4.5-4　理论研究的理想盘形

4.5.1　盘截面形式对抗压桩破坏机理的影响

1. 不同盘截面形式抗压桩试验研究

1）试验模型桩及取土器设计

试验研究的是不同盘截面形式的承力扩大盘对混凝土扩盘桩抗压破坏的影响，因此根据实际情况设计试验的桩型，将试验模型桩按照 1：40 的比例进行制作，如图 4.5-5 所示，其中 1 号桩为承力扩大盘上下表面对称盘端为尖角形的试验模型桩（简称对称尖角），2 号桩为承力扩大盘上下表面对称盘端为圆弧形的试验模型桩（简称对称圆角），3 号桩为承力扩大盘上下表面非对称盘端为尖角形的试验模型桩（简称非对称尖角），4 号桩为承力扩大盘上下表面非对称盘端为圆弧形的试验模型桩（简称非对称圆角）。

为了增加取土器的刚度，取土器的材料选定为 4mm 厚的钢板。根据抗压桩实际情况，并与模拟分析协调，确定取土器的尺寸为 250mm×250mm×300mm。

2）试验用土

由于对原状土的试验要求，选择粉质黏土最佳，通过对比和分析地勘报告最终选取试验场地，对场地进行了测量定位、工程地质钻探、原位测试等工作。

根据《岩土工程勘察报告》，本场地的地貌单元为波状平原。勘察时拟建场地为农田，地面平坦，地势由西向东倾斜。孔口高程最大值为 214.89m，孔口高程最小值为 213.26m，最大高差 1.63m。勘察的最大深度为 30.00m，所揭露的地层上部为第四纪黏性土层，下部为白垩纪泥岩。根据岩土的物理力学性质分为

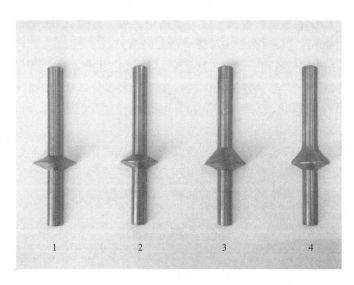

图 4.5-5　不同盘截面形式抗压试验模型桩实物图

如下 8 层：

第①层素填土：灰黑色、灰褐色为主，地表为耕植土，主要成分为黏性土，夹少量砂石，含植物根系，稍湿，稍密。勘察时呈冻结状态。层厚 0.70～1.40m。

第②层粉质黏土：黄褐色，可塑状态，中等偏高压缩性，局部高压缩性。土中可见大量细孔，含少量植物根系等物。勘察时上部呈冻结状态。层厚 2.00～3.80m，层顶深度 0.70～1.40m，层顶标高 212.30～214.10m。

第③层粉质黏土：黄褐色，软塑状态，中等偏高压缩性，局部为高压缩性。层厚 1.40～3.80m，层顶深度 3.00～4.60m，层顶标高 208.96～211.37m。

第④层粉质黏土：黄褐色，可塑状态，中等压缩性为主，局部为中等偏高压缩性。层厚 3.80～6.30m，层顶深度 5.70～7.30m，层顶标高 206.45～208.49m。

第⑤层黏土：黄褐色，硬塑状态，中等偏低压缩性。层厚 1.30～6.40m，层顶深度 11.00～13.00m，层顶标高 200.90～203.46m。

第⑥层粉质黏土：上部黄褐色，向下渐变为灰黄、灰、灰黑色，可塑偏硬状态为主，局部为硬塑状态，中等偏低压缩性。下部混有中、粗砂，砂含量 20%～30%。层厚 3.00～7.40m，层顶深度 13.00～17.40m，层顶标高 197.06～201.22m。

第⑦层全风化泥岩：白垩纪。褐红色，岩芯呈硬塑—坚硬黏性土状。极软岩，极破碎，岩石基本质量等级Ⅴ级，干钻易钻进。层厚0.50～2.30m，层顶深度18.50～21.90m，层顶标高192.67～193.52m。

第⑧层强风化泥岩：白垩纪。紫红色，强风化状态，向下渐变为中风化状态。干钻不易钻进，岩芯呈碎块状、柱状，结构大部分破坏，块状构造。此层未钻穿，勘察揭露的厚度2.00～9.10m，层顶深度20.00～23.00m，层顶标高191.28～193.52m。

根据原状土的试验要求以及土的性状要求，选取第④层粉质黏土为取土层。为了提高试验的精确性，在试验后采用环刀法制取了土样，并进行了土体的性状分析，土体质量和含水率的分析数据如表4.5-1所示。

试验土样测试数据　　　　　表 4.5-1

土样编号	土盒湿质量(kg)	土盒干质量(kg)	盒质量(kg)	水质量(kg)	干土质量(kg)	含水率(%)
1	32.401	28.166	11.664	4.235	16.502	25.67
	39.598	33.599	11.243	5.999	22.356	26.83
2	36.011	31.367	11.709	4.644	19.658	23.62
	39.884	34.127	10.300	5.757	23.827	24.16
3	45.655	38.274	10.680	7.381	27.594	26.75
	48.724	41.269	13.943	7.455	27.326	27.28
4	46.796	39.021	10.624	7.775	28.397	27.38
	51.640	42.996	10.782	8.644	32.214	26.83

同时也测量了土体的黏聚力和内摩擦角，见表4.5-2。

土体黏聚力及内摩擦角　　　　　表 4.5-2

土样编号	平均含水率(%)	内摩擦角(°)	黏聚力(MPa)
1	26.25	20.4	15.08
2	23.89	26.5	12.09
3	27.02	23.3	14.18
4	27.11	24.2	15.90

3）桩周土体破坏情况分析

按照第 2 章的原状土试验方法进行试验，收集桩顶位移变化和桩周土体破坏情况。桩顶每增加 1mm 用数码相机记录此时桩和土体的变化情况，加至土体破坏，并记录试验照片和数据。具体的土体破坏以 4 号桩为例，选取有代表性的状态图，如图 4.5-6 所示。

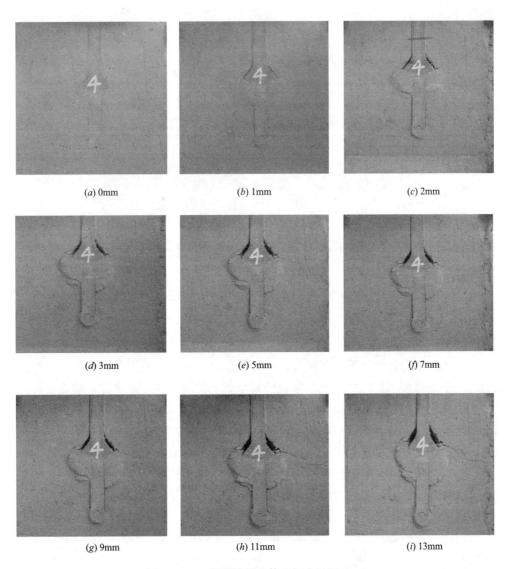

(a) 0mm　　　　　　　　(b) 1mm　　　　　　　　(c) 2mm

(d) 3mm　　　　　　　　(e) 5mm　　　　　　　　(f) 7mm

(g) 9mm　　　　　　　　(h) 11mm　　　　　　　　(i) 13mm

图 4.5-6　4 号桩桩周土体破坏全过程（一）

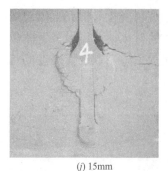
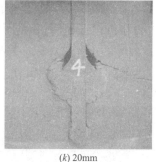
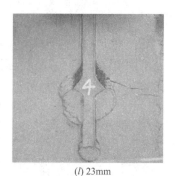

（j）15mm   （k）20mm   （l）23mm

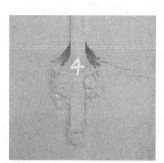

（m）23mm取下玻璃   （n）23mm取下桩

图 4.5-6   4号桩桩周土体破坏全过程（二）

从图 4.5-6 可以得到以下结论：

在加载初期，因桩顶施加压力，承力扩大盘上面发生桩土分离现象，在压力的作用下，盘端两侧土体出现水平裂缝，盘下土体向下滑移，土体被挤密，同时土中的水也被挤出，并附着在观测玻璃上，通过观察玻璃上溢出的水印能够直观地观察到盘下土体的受压影响区域，随着加载的不断进行，桩的位移量不断增大，承力扩大盘下的土体不断被挤密压缩。从图中可以看出，影响范围逐渐增大，同时呈现出收敛的趋势并沿盘下呈"心形"闭合趋势，这是由于盘下土体发生了滑移线性收敛，到加载后期盘下土体发生滑移破坏，彻底失去承载力，而桩端一直发生土体被挤密，同样出现"心形"破坏范围。

对比不同盘截面形式的试验模型桩桩周土体破坏形式，如图 4.5-7～图 4.5-10 所示。

从图 4.5-7～图 4.5-10 可以得到以下结论：

从图中可以发现，4个试验在刚开始施加荷载时都发生了盘上土体和桩分开

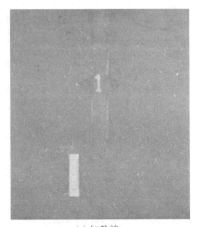 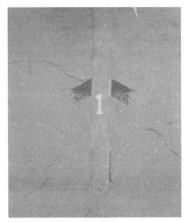

(a) 加载前　　　　　　　　　　　(b) 破坏后

图 4.5-7　1 号桩桩周土体破坏情况对比图

 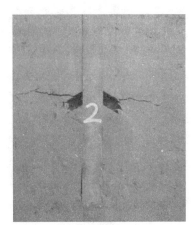

(a) 加载前　　　　　　　　　　　(b) 破坏后

图 4.5-8　2 号桩桩周土体破坏情况对比图

的现象，承力扩大盘的端部都产生了裂缝，盘端土体发生剪切破坏，同时盘下的土体均发生了滑移破坏。分别对比 1 号桩和 2 号桩以及 3 号桩和 4 号桩，测量盘下挤密区域即水印的范围发现，1 号桩的水印面积比 2 号桩的水印面积略大，3 号桩的水印范围比 4 号桩的水印范围略大，但竖向范围都是 2～3 倍盘悬挑径，水平范围都是 1.3～1.5 倍盘悬挑径。通过观察水印形状发现，承力扩大盘下土体均发生了滑移破坏，除去盘悬挑径的影响，初步得出盘端是圆弧形和尖角形对桩周土体的破坏机理没有大的影响。

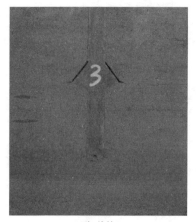 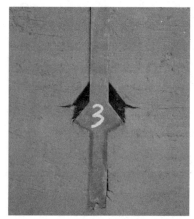

(a) 加载前   (b) 破坏后

图 4.5-9　3 号桩桩周土体破坏情况对比图

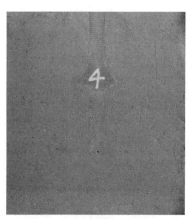 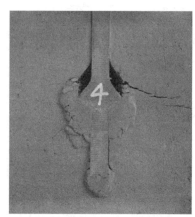

(a) 加载前   (b) 破坏后

图 4.5-10　4 号桩桩周土体破坏情况对比图

　　分别对比 1 号桩和 3 号桩及 2 号桩和 4 号桩发现，1 号桩和 3 号桩盘下土体被挤密的区域及水印区域基本相同，2 号桩和 4 号桩盘下被挤密的土体范围大致相同，初步说明盘截面形式上下是否对称对桩周土体抗压破坏机理基本没有影响。

　　4）荷载-位移曲线对比分析

　　将原始数据按照盘截面形式对应的桩号进行分类，在处理数据时加入初始荷载即拉拔仪、桩帽和垫片的重量，并将单位换算成 kN，经过整理将 4 个试验模型桩的位移和荷载数据汇总。

根据位移、荷载数据，绘制 1～4 号桩荷载-位移曲线，如图 4.5-11 所示。

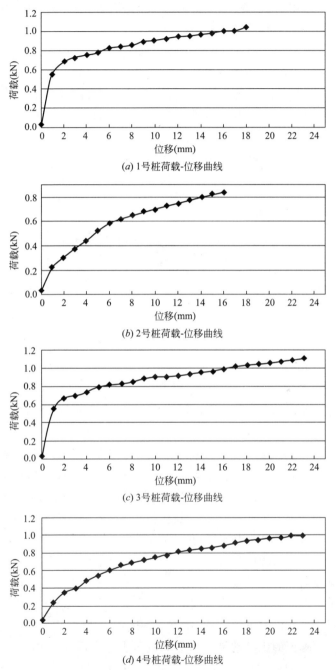

(a) 1 号桩荷载-位移曲线

(b) 2 号桩荷载-位移曲线

(c) 3 号桩荷载-位移曲线

(d) 4 号桩荷载-位移曲线

图 4.5-11　不同盘截面形式抗压试验模型桩荷载-位移曲线

首先分析4种不同盘截面形式抗压试验模型桩的荷载-位移曲线，总体来看，1～4号桩均呈现相同的荷载-位移变化趋势，即随着位移的增加，荷载也不断增加。在加载初期，随着荷载的增加，曲线斜率较大，变化较明显，当加载到后半段时，曲线斜率较小，变化平缓，到加载后期荷载基本不变的情况下，桩顶位移不断增加，说明土体完全破坏，不具有承载力了，加载结束。从曲线图中可以看出，1号桩和3号桩的曲线变化趋势比较一致，2号桩和4号桩的曲线变化趋势较为一致，这是因为1号桩和3号桩的盘端形状一致都是尖角形，而2号桩和4号桩的盘端同为圆弧形。

为了更加方便对比，将1～4号桩的荷载-位移曲线做成对比图，如图4.5-12所示。

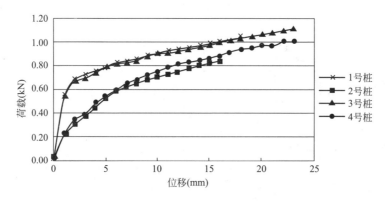

图4.5-12 不同盘截面形式抗压试验模型桩荷载-位移曲线对比图

从图4.5-12可以看出，1号桩和3号桩的曲线基本重合，2号桩和4号桩的曲线基本重合。到后期，2号桩曲线略低于4号桩曲线，但差值不大，主要原因是：由于取土场地限制，2号桩取土时，是在4号桩下一层土层，土层含水率稍高，因此土体的承载力稍低，但从总体趋势来看，混凝土扩盘桩承力扩大盘上下是否对称对于其抗压承载力基本没有影响。对比1号桩和2号桩、3号桩和4号桩，发现盘端是尖角形的比盘端是圆弧形的极限荷载高一些，在设计4根桩的时候，为保证盘坡角一致会导致盘端是圆弧形的2号桩和4号桩有效盘径小于盘端是尖角形的1号桩和3号桩，因为试验模型桩是根据实际施工确定的，因此盘端的形状对于混凝土扩盘桩抗压承载力的影响很小。在盘坡角和土体性状一定的情况下，盘端是圆弧形的比盘端是尖角形的抗压承载力低0.8～0.9kN，而这种降低是由于有效直径造成的，因而承力扩大盘截面形式对于抗压承载力基本没有影响。

2. 不同盘截面形式抗压桩有限元分析

1) 桩模型及桩土模型

根据实际施工工艺和施工机具，取盘坡角为 27°，如图 4.5-13 所示，很多施工机具是根据盘坡角来控制和确定盘的大小和形状，因此本试验选取盘坡角不变，为了保证盘坡角的一致，必将导致盘端是尖角形的比盘端是圆弧形的盘径大 127mm。根据盘形建立二维的坐标系统之后进行 180°的旋转得到 ANSYS 软件模型，同时将之前设置好的参数分别赋予桩和土，其中 1 号桩是之前研究的理论盘型（对称尖角），2 号桩是对比盘型也是在实际施工中常出现的一种盘型（对称圆角），3 号桩是挤扩设备形成的一种盘型（非对称尖角），4 号桩是现在使用较为广泛由钻扩清一体机形成的盘型（非对称圆角），在建模时要注意因为在实际生活中当桩受到压力时会发生盘上土体与盘分开的现象，因此在承力扩大盘的上部和土体接触部位预留有 10mm 的缝隙。

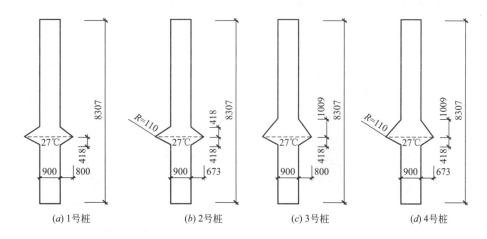

(a) 1 号桩　　　　(b) 2 号桩　　　　(c) 3 号桩　　　　(d) 4 号桩

图 4.5-13　不同盘截面形式的抗压模拟分析桩

材料属性是根据实际取的原状土进行设定的，具体参数如表 4.5-3 所示，设置材料的摩擦系数为 0.4，土体和混凝土扩盘桩共同作用时处于轴对称状态。

桩、土材料参数　　　　　　　　　　　　　　　　表 4.5-3

材料	泊松比	黏聚力 （kPa）	弹性模量 （MPa）	摩擦角 （°）	密度 （kg/m³）	桩土摩擦系数
混凝土	0.30	—	3.0×10^4	—	2500	0.4
黏土	0.35	16.4	30	18.29	1500	0.4

2）位移结果分析

根据混凝土扩盘桩抗压承载力公式估算的荷载值进行逐级加载，为方便比较4根桩的破坏状态，将4根桩均以每级158kN的加载步进行加载，发现当加载到第六步时有部分桩无法继续进行加载，为方便对比，将所有的桩均加载到同样的荷载即都加载到第六步，提取3号桩每一步加载的位移云图，如图4.5-14所示。

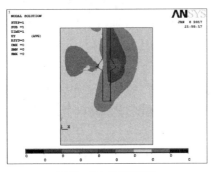
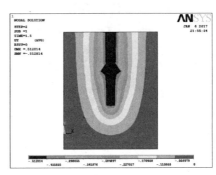

(a) 第一步加载位移云图　　　　　　(b) 第二步加载位移云图

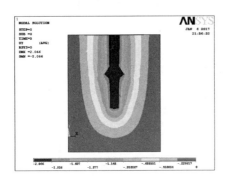
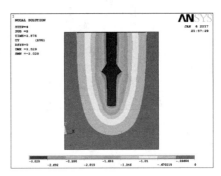

(c) 第三步加载位移云图　　　　　　(d) 第四步加载位移云图

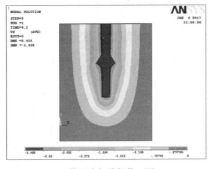
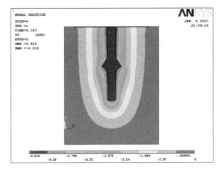

(e) 第五步加载位移云图　　　　　　(f) 第六步加载位移云图

图4.5-14　3号桩加载过程位移云图

为方便观测每一步的荷载值以及所产生的位移，将 3 号桩每一步的荷载值和位移值进行整理，见表 4.5-4。

3 号桩荷载及对应的位移值					表 4.5-4	
荷载值(kN)	158	316	474	632	790	948
位移值(mm)	-4.35×10^{-4}	-0.9252	-1.7367	-2.8843	-3.8909	-5.2486

分别提取 4 根桩在最大荷载下的 Y 向桩土位移云图、沿着桩身和桩周土体一侧的剪应力值以及最大荷载对应的剪应力值，Y 向桩土位移云图如图 4.5-15 所示，为了方便对比，将最大荷载对应的位移形成曲线，如图 4.5-16 所示，对比分析不同盘截面形式对混凝土扩盘桩抗压破坏的影响。

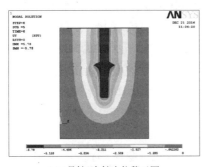
(a) 1号桩Y向桩土位移云图

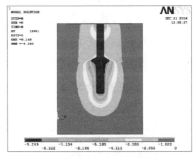
(b) 2号桩Y向桩土位移云图

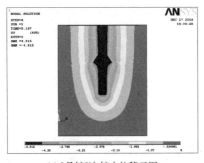
(c) 3号桩Y向桩土位移云图

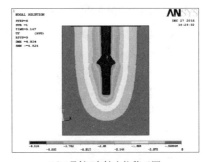
(d) 4号桩Y向桩土位移云图

图 4.5-15　不同盘截面形式抗压模拟分析桩 Y 向桩土位移云图

从图 4.5-15 可以看出，当混凝土扩盘桩受压达到极限抗压承载力时，混凝土扩盘桩和桩周土体之间都发生了相对滑动并达到了最大位移值。从图 4.5-16

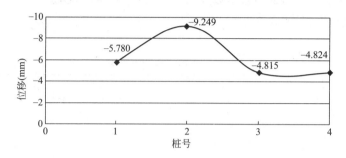

图 4.5-16　不同盘截面形式抗压模拟分析桩在相同荷载下的最大竖向位移曲线

可以看出 4 根桩的荷载均达到了第六步即 948kN，通过对比发现 4 根桩的最大位移值大致一样，因为用 ANSYS 有限元模拟时默认向下为负值，为对比更为直观采用绝对值进行对比，通过对比可以初步得出在混凝土扩盘桩主桩径不变的情况下，承力扩大盘上下是否对称对于混凝土扩盘桩极限抗压下产生的位移量基本没有影响，对比发现当混凝土扩盘桩盘下坡角不变的情况下，盘端是尖角形的比盘端是圆弧形的混凝土扩盘桩在极限抗压下产生的位移量小，这主要是由于为了让 4 根桩盘坡角一样大，会导致盘端是尖角形的比盘端是圆弧形的混凝土扩盘桩有效盘径大一点，因此也可以假设推断出混凝土扩盘桩盘端的形状对于其竖向抗压方向产生的位移量影响很小。

　　经过 ANSYS 有限元软件的计算，取 4 根不同盘截面形式的混凝土扩盘桩上的一个固定点（因为模拟假定桩不会被破坏，因此混凝土扩盘桩上的位移都是一样的），每施加 158kN 后的竖向位移值按桩号进行分类。

　　根据取得的数据，整理和绘制 1～4 号桩的荷载-位移曲线，如图 4.5-17 所示。

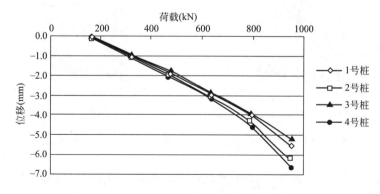

图 4.5-17　不同盘截面形式抗压模拟分析桩的荷载-位移曲线

从图 4.5-17 可以明显地看出，1～4 号桩的荷载-位移曲线大致类似，其中 1 号桩和 3 号桩的变化规律更为接近，在加载到第五步即 790kN 之前，可以看出荷载-位移曲线呈斜直线增长且直线斜率基本不变，但在超过 790kN 之后，位移增量有明显的增长趋势，尤其是 2 号桩和 4 号桩增量非常明显，在同样的荷载下，位移增量加大，说明此时的半截面桩承力扩大盘下土体达到极限抗压承载力，继续施加荷载土体将发生滑移破坏，而 1 号桩和 3 号桩位移增量相对较小，主要是因为 1 号桩和 3 号桩是尖角形的，有效盘径稍大，因此承载力稍高。

3）应力结果分析

通过 ANSYS 有限元软件计算完成后，将 4 根桩大约加载至极限荷载后分别提取出每根桩的 XY 向剪应力值和剪应力云图，并把剪应力值按照桩和土进行分类，1～4 号桩 XY 向剪应力云图如图 4.5-18 所示。

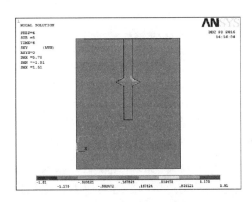

(a) 1号桩XY向剪应力云图

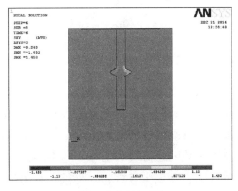

(b) 2号桩XY向剪应力云图

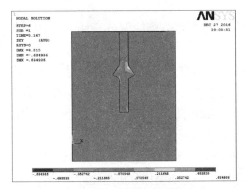

(c) 3号桩XY向剪应力云图

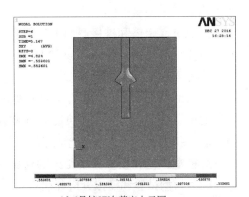

(d) 4号桩XY向剪应力云图

图 4.5-18　不同盘截面形式抗压模拟分析桩 XY 向剪应力云图

提取 4 根桩的桩身节点的 XY 向剪应力值并根据数值绘制成在同一坐标下的剪应力曲线对比图，见图 4.5-19。

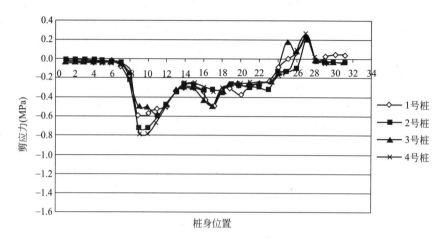

图 4.5-19　为不同盘截面形式抗压模拟分析桩桩身
节点 XY 向剪应力曲线对比图

从图 4.5-19 可以看出，4 根桩的剪应力曲线变化趋势基本一致，在混凝土扩盘桩承受竖向压力时，能够发现在承力扩大盘的位置上会发生剪应力的突变，4 根桩在盘端处的剪应力全部呈现出递减的趋势，同时在承力扩大盘盘下位置处剪应力递减的趋势较为明显，这主要是因为承力扩大盘盘下的桩侧摩阻力较大，通过对比会发现 1 号桩和 3 号桩即承力扩大盘盘端是尖角形的二者剪应力的变化趋势几乎完全一致，而 2 号桩和 4 号桩即承力扩大盘盘端是圆弧形的二者剪应力的变化趋势几乎完全一致。

提取桩周土体和桩接触面上的剪应力值，并根据数据绘制成在同一坐标下的剪应力曲线对比图，如图 4.5-20 所示。

从图 4.5-20 可以看出，尽管所取的点的位置并不是完全一致，但是在竖向压力一致的情况下，4 根桩剪应力的变化趋势基本一致，同时 4 根桩都在承力扩大盘的位置处剪应力发生了突变，同样在盘下的桩周土体剪应力值减小，也能说明在承力扩大盘盘下的桩侧摩阻力大。

3. 模型试验和模拟分析结果的对比分析

因为模型试验和模拟分析存在着一定的差异，比如模拟分析是在假设条件完全理想的条件下通过计算机模拟计算出来的，而模型试验会存在着客观的一些不确定的因素，比如尽管取土的场地、土层一样但是土样还是会存在差异，以及在埋桩时

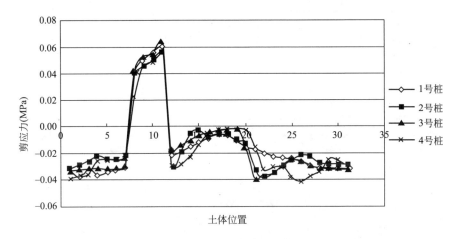

图 4.5-20　为不同盘截面形式抗压模拟分析桩桩周土体
沿桩身的 XY 向剪应力曲线对比图

的不均匀性会导致桩周土体的不同，同时在加载时，竖向压力的垂直度以及由于施加荷载和位移计的读数采用人工手动控制或者人工观测，在一定程度上会有一定的误差，因此将模拟分析结果和模型试验结果进行对比是十分必要的，由于在应力方面无法进行对比，因此仅对比二者的荷载-位移曲线以及极限抗压破坏状态。

1）荷载-位移曲线的比较

不同盘截面形式抗压桩模拟分析和模拟试验荷载-位移曲线对比图，如图 4.5-21 所示。

从图 4.5-21 可以看出，二者的曲线都是呈上升趋势，其中在曲线的后半段都有一个比较明显的变缓趋势，说明试验模型桩和模拟分析桩均达到了破坏状态，其中由于模型试验在加载初期桩顶有拉拔仪、桩帽、垫片等会导致荷载在初期不为零，土体会有一定的压缩量，而模拟分析则较为理想，但二者的变化趋势基本一致，考虑到在模型试验中的不确定因素，模拟分析和模型试验在荷载-位移曲线上还是比较吻合的。

2）桩周土体破坏状态的比较

以 1 号桩为例，对比达到破坏时的模拟分析桩和试验模型桩的状况，见图 4.5-22。

从图 4.5-22 可以看出，模拟分析桩的挤密区在盘下呈现出圆弧形分布，而试验模型桩和桩周土体的位移基本一致，同时试验模型桩盘下也呈现出圆弧向外分布，二者的土体破坏形态基本一致，都出现了滑移破坏，能够说明模拟分析和模型试验的一致性和准确性。

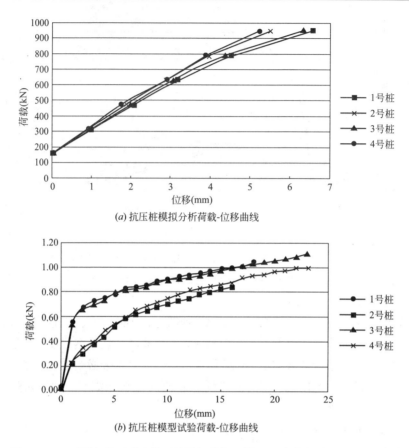

(a) 抗压桩模拟分析荷载-位移曲线

(b) 抗压桩模型试验荷载-位移曲线

图 4.5-21　不同盘截面形式抗压桩模拟分析和模型试验荷载-位移曲线对比图

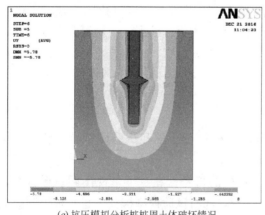

(a) 抗压模拟分析桩桩周土体破坏情况

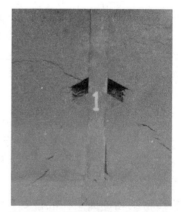

(b) 抗压试验模型桩桩周土体破坏情况

图 4.5-22　不同盘截面形式抗压桩模拟分析和模型试验桩周土体破坏情况对比图

4.5.2　盘截面形式对抗拔桩破坏机理的影响

根据第 2 章的半截面桩方法，通过控制单一变量即改变承力扩大盘的截面形式的方法设计试验方案及有限元分析方法，进行对比分析。

1. 不同盘截面形式抗拔桩试验研究

1）试验模型桩及取土器设计

模型试验主要设计了 4 种承力扩大盘的截面形式：即承力扩大盘盘上曲线非对称桩（非对称圆角）、盘上直线非对称桩（非对称尖角）、盘端曲线对称桩（对称圆角）、盘端尖角对称桩（对称尖角）。由于以往的试验研究表明，盘径的大小对于混凝土扩盘桩的影响相比其他影响因素要大，所以该研究所确定的 4 种截面形式的承力扩大盘的盘径是一致的。本节主要研究的是混凝土扩盘桩对桩周土体的破坏，为保证主桩在试验中不出现破坏，试验材料选用圆钢。试验采取的是半截面桩小模型原状土试验，试验模型桩均是半截面形式，此试验为抗拔试验，所以在桩头处需要留出一定距离进行打孔以便连接拉拔仪，试验模型桩具体设计如图 4.5-23 所示，实桩如图 4.5-24 所示。

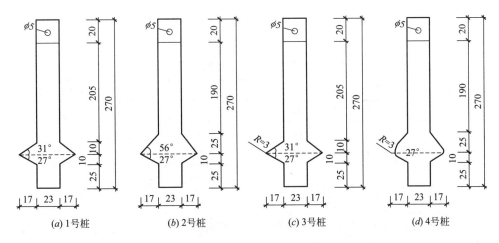

(*a*) 1号桩　　(*b*) 2号桩　　(*c*) 3号桩　　(*d*) 4号桩

图 4.5-23　不同盘截面形式抗拔试验模型桩设计尺寸示意图

该组 4 种不同盘截面形式的混凝土扩盘桩模型是以盘上曲线非对称桩为基础设计出来的，而盘上曲线非对称桩是以钻扩工艺成桩机具所成的盘体形状设计出来的。该机具所成的桩主体直径为 900mm，设计扩径为 2200mm，实际盘径为 2276mm，盘端形成类似半径为 180mm 的圆形曲线。其他桩型均以该桩为基础，改变扩大盘的截面形式从而形成对比。将盘端尖角对称桩定义为 1 号桩，盘端尖角非对称桩定义为 2 号桩，盘端圆角对称桩定义为 3 号桩，盘端圆角非对称桩定

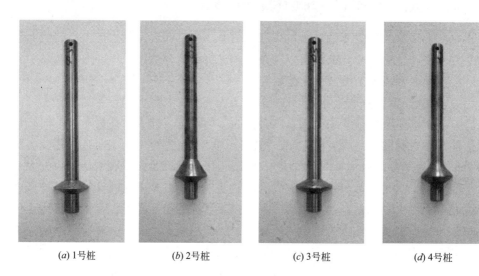

(a) 1号桩　　　　(b) 2号桩　　　　(c) 3号桩　　　　(d) 4号桩

图 4.5-24　不同盘截面形式抗拔试验模型桩实物图

义为 4 号桩，模型桩参数如表 4.5-5。

不同盘截面形式抗拔试验模型桩参数　　　　　　表 4.5-5

桩号	桩长(mm)	桩径(mm)	盘径(mm)	盘上坡角(°)	盘下坡角(°)
1	270	23	57	31	31
2	270	23	57	31	56
3	270	23	57	27	27
4	270	23	57	27	47

取土器设计为上下镂空，四周为可拆卸的矩形形状的钢板，并且在取土器的底端设有一定角度的坡角以便在实际取土时更好地压入土中。取土器所采用的钢板为 3mm 厚的冷轧钢板。在取土器两边留出 20mm 的耳边，取土器尺寸为 300mm×300mm×350mm。

2）试验用土

试验用土同 4.5.1。

3）桩周土体破坏情况分析

本次试验所采用的是半截面桩小模型原状土试验，在试验中能够全程观测桩周土体变化情况，这也为分析桩周土体破坏形式提供了有力的支撑。在试验中采用手动控制液压千斤顶进行荷载的施加，并通过位移传感器进行桩体位移数据变化的读取，位移每变化 2mm（位移超过 10mm 后，间隔为 4mm）停止加载并对桩周土体变化情况进行拍照并记录位移变化数据，直至桩周土体发生完全破坏加载即停止。4 种盘截面形式的混凝土扩盘桩在竖向拉力作用下的破坏形式如图 4.5-25～图 4.5-28 所示。

图 4.5-25　1 号桩桩周土体破坏过程

3 号桩是根据实际的旋扩成桩机具所成的桩型设计出来的，实际成桩过程中由于机具的原因在盘端形成一定的曲线形式。4 号桩采用钻扩工艺成桩，由于该机具的成盘力臂是在向下移动的同时进行旋转作业，所以在盘上会出现曲线的形式。1 号桩和 2 号桩是根据 3 号桩和 4 号桩以及以往的试验经验所设计出的理论对比桩型，试验主要通过 1 号桩与 3 号桩、2 号桩与 4 号桩之间的对比，从而得

图 4.5-26 2 号桩桩周土体破坏过程

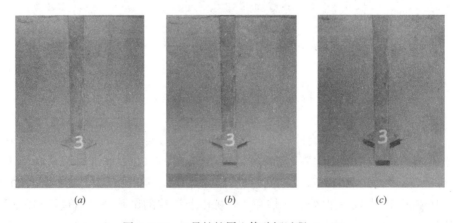

图 4.5-27 3 号桩桩周土体破坏过程（一）

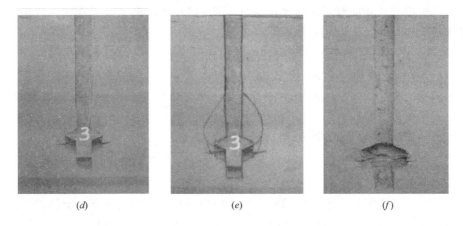

(d)   (e)   (f)

图 4.5-27 3 号桩桩周土体破坏过程（二）

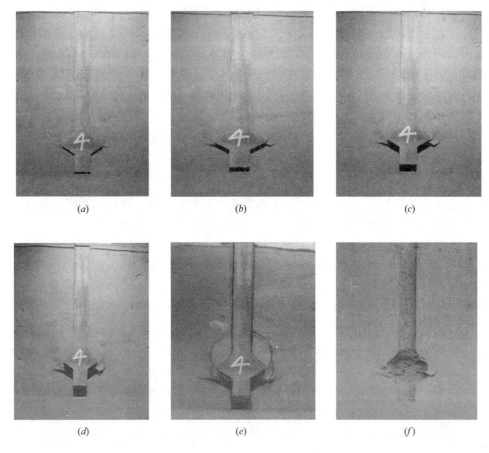

(a)   (b)   (c)

(d)   (e)   (f)

图 4.5-28 4 号桩桩周土体破坏过程

出理论桩型与实际桩型之间的差异并检验理论桩模型承载力公式在实际桩模型中是否应用得当。

从 1~4 号桩桩周土体破坏过程能够得到以下结论：

（1）在开始施加竖向拉力时，桩与土发生了分离，随着荷载的不断增加，桩与土的分离程度在不断地增加，直至桩周土体发生破坏。在桩与土分离的时候，桩上侧土体被不断地挤压，土体发生滑移破坏，随着荷载加大土体被挤压的范围在不断地扩大，最后在盘上端形成类似"心形"的水印区域，即图 4.5-28 所描绘的曲线范围，而且土体挤压区域随着荷载的施加呈现收敛的状态。挤压区域由于在土体被挤压的同时有水分从土体中渗出并依附在玻璃面板上，所以会呈现出水印状态。呈现明显水印的原因是在竖向拉力不断增加的情况下，承力扩大盘盘上土体被不断地挤压，随着荷载的不断增加，土体之间发生挤压，水印会沿着盘端不断地向上向内呈现收敛状态。

（2）在进行竖向拉力试验时，承力扩大盘要设置在混凝土扩盘桩靠近桩端的地方，盘上土体的范围要大于或等于 5 倍的盘悬挑径才能够保证混凝土扩盘桩在竖向拉力作用下很好地发挥承力扩大盘的作用。由 1~4 号桩的破坏过程可知，当桩上侧土体范围大于或等于 5 倍的盘悬挑径时，土体发生的是明显的滑移破坏，而当承力扩大盘上端的土体范围过小时土体会先产生滑移，然后沿着盘端发生整体冲切破坏，从而将上层土体完全破坏。

（3）1 号桩与 2 号桩在加载开始时，会沿着盘端尖角处出现沿着盘端方向的水平裂缝，在荷载不断加大的同时裂缝的宽度也不断加大。但是 3 号桩与 4 号桩的水平裂缝并不是随着荷载的施加出现，而是在荷载施加一段时间后，桩体向上出现了一定的位移之后才会出现沿着盘端延伸的水平裂缝。出现这种情况的原因是 1 号桩与 2 号桩盘端都是尖角，是我们设计出的理论桩体模型，在荷载施加的时候裂缝就会沿着尖角的方向延伸，荷载施加的越大，裂缝越明显。3 号桩与 4 号桩盘端都是曲线，这是根据实际成桩机具设计出的桩体模型，曲线的盘端在荷载施加的时候会对盘端土体有一个缓冲的过程，裂缝并不会在荷载施加的开始就产生，而是在桩体向上具有一定位移时才会产生沿着盘端发展的裂缝。

（4）从 1~4 号桩桩周土体破坏过程可以看出，4 种不同盘截面形式的混凝土扩盘桩桩周土体发生的破坏均是滑移破坏，所以不同承力扩大盘的截面形式并不会影响混凝土扩盘桩在竖向拉力作用下的土体破坏形式。但是也可以看出，桩周土体发生破坏的时候 4 种不同盘截面形式的混凝土扩盘桩盘上端的土体挤压范围是有所不同的，1 号桩与 3 号桩盘上的土体挤压范围要比 2 号桩与 4 号桩的大，这可能是由盘上端的不同形式决定的，当上下盘是对称的时候，盘上端的坡角较小，对土体的挤压范围会更宽，当上下盘为非对称的时候，盘上端的坡角较大，对土体的挤压范围会更窄。

（5）通过 1 号桩与 3 号桩、2 号桩与 4 号桩桩周土体破坏范围的对比可以看出，当盘端为尖角时土体的挤压范围会沿着尖角的方向，当扩大到一定程度后才会出现收敛的趋势，而当盘端为曲线时这种扩大程度会变小。

4）荷载-位移曲线对比分析

试验中所记录的位移数据均是以桩顶最大位移为基础的，将 1～4 号桩在试验中所发生的位移变化记录并进行整理，根据数据制作成荷载-位移曲线对比图，如图 4.5-29 所示。

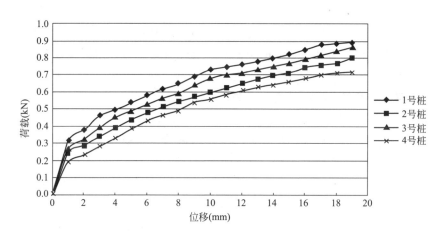

图 4.5-29　不同盘截面形式抗拔试验模型桩荷载-位移曲线对比图

从图 4.5-29 可以得到以下结论：

（1）随着荷载的不断增大，桩顶位移在不断地增大，在桩体产生位移的初始，荷载的增值幅度较大，而随着位移不断增大，位移每变化 1mm 所需的荷载不断变小，荷载-位移曲线趋于平缓。这主要是由于桩即将达到极限承载力时，在荷载增加较小的情况下，位移增量较大。

（2）由 1 号桩与 3 号桩、2 号桩与 4 号桩最大位移之间的对比可以清晰地看出，在相同荷载的情况下，1 号桩的桩顶最大位移要小于 3 号桩的桩顶最大位移，2 号桩的桩顶最大位移要小于 4 号桩的桩顶最大位移。由于 1 号桩与 2 号桩均是盘端为尖角的扩大盘，而 3 号桩与 4 号桩均是盘端为曲线的扩大盘，所以理论模式的桩体整体位移要小于实际的桩体整体位移。产生这种现象的原因可能是由于在开始施加荷载的时候 1 号桩与 2 号桩就出现了沿着盘端方向的裂缝，而 3 号桩与 4 号桩在荷载施加到一定的数值，并在桩体产生了一定的位移后才出现沿着盘端的裂缝。另外，由于 4 种桩型是在 4 个取土器中做的试验，虽然所获取的原状土是在同一土层，但是各项指标还是会存在一定的差异。通过观察与数据的对比可知，1号桩与3号桩、2号桩与4号桩整体位移相差值在5%左右，这种差值在可接受范围之内，而且主要是由于盘的有效直径有一定的差别造成的。

（3）从1～4号桩的荷载-位移曲线可以看出，在相同荷载作用的情况下，1号桩与3号桩的最大位移相对于2号桩与4号桩要小，而1号桩与3号桩的承力扩大盘截面形式为上下对称式，2号桩与4号桩的承力扩大盘截面形式为上下非对称式。产生这种现象的原因可能是由于承力扩大盘的坡角而引起的，通过以往的试验可以证明承力扩大盘坡角在30°～35°之间的桩的承载能力最佳。而1～4号桩的承力扩大盘上坡角分别为31°、56°、27°、47°，所以会出现以上情况。

（4）通过观察4号桩可以看出，其荷载-位移曲线与其他3种桩型并没有明显的区别，整体趋势与其他3种桩型相同。所以由钻扩清一体机成型的承力扩大盘在桩周土体破坏形式与荷载-位移曲线上相对于其他桩型并没有区别。

2. 不同盘截面形式抗拔桩有限元分析

1）桩模型与桩土模型

由于研究的是不同盘截面形式混凝土扩盘桩对抗拔破坏状态的影响，4种桩的盘截面形式与试验模型桩相同，桩的规格尺寸见表4.5-6。在模拟分析中承力扩大盘的位置应该尽量靠近桩下端，在盘上端留出足够的土体以免发生冲切破坏，盘下端的土体范围对模拟分析的影响并不大，所以在此次模拟中只留了2m的盘下土体。此外，由于桩体承受竖向拉力，所以桩周土体的范围不能太小，根据以往的试验研究，桩周土体的影响范围大约在5倍的盘悬挑径，为了不使桩周土体对本次模拟产生影响，所建立的模型桩周土体为8m。

不同盘截面形式抗拔模拟分析桩参数 表 4.5-6

桩号	桩长（mm）	桩径（mm）	盘径（mm）	盘上坡角（°）	盘下坡角（°）
1	10000	900	688	31	31
2	10000	900	688	31	56
3	10000	900	688	27	27
4	10000	900	688	27	47

盘端尖角对称桩定义为1号桩，盘端尖角非对称桩定义为2号桩，盘端圆角对称桩定义为3号桩，盘端圆角非对称桩定义为4号桩。

模拟分析模型建立的半截面桩和土体（以4号桩为例），见图4.5-30。

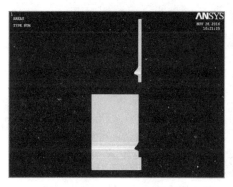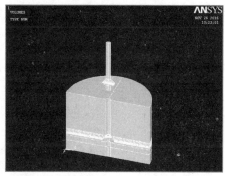

图 4.5-30　不同盘截面形式抗拔模拟分析桩与桩周土体模型

2）材料属性

模拟分析所采用的土体单元材料属性是根据试验部分所测得的土体的各项指标取平均值来定义的，混凝土扩盘桩采用 C30 混凝土的各项指标，假定在整个加载过程中桩体是不发生破坏的，材料属性参数见表 4.5-7。

材料属性参数　　　　　　　　　　　　表 4.5-7

材料	密度 （kg/m³）	弹性模量 （MPa）	泊松比	黏聚力 （MPa）	摩擦角 （°）	桩土摩擦系数
混凝土(桩)	2400	29500	0.30	—	—	0.41
土体	1800	29	0.33	0.0174	18.29	0.41

3）位移结果分析

模拟分析加载按照面荷载加载，每级加载 0.5MPa，直至加载到桩周土体发生破坏荷载不能继续施加为止。图 4.5-31 给出了 4 种不同盘截面形式的混凝土扩盘桩加载到极限荷载时的桩土位移云图。

从图 4.5-31 可以看出，4 种不同盘截面形式的混凝土扩盘桩桩周土体的影响范围均满足在 5 倍的盘悬挑径左右。桩周土体的位移以桩体为中心向四周扩散，并逐层递减。1 号桩与 2 号桩桩周土体的水平影响范围较小，而 3 号桩与 4 号桩相对较大。这种发展趋势的原因可能是由于 1 号桩与 2 号桩盘端均为尖角，在桩体受到竖向拉力作用时会直接向上挤压土体。而 3 号桩与 4 号桩盘端均为曲线，在桩体受到竖向拉力作用时并不会直接拉断周围土体，而是在向上挤压土体的同时向外发展。

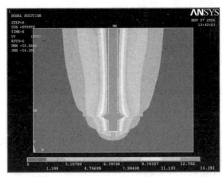 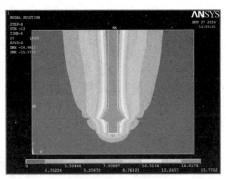

(a) 1号桩Y向(竖向)桩土位移云图　　　　(b) 2号桩Y向(竖向)桩土位移云图

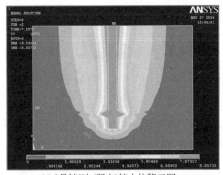 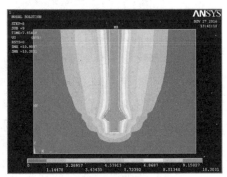

(c) 3号桩Y向(竖向)桩土位移云图　　　　(d) 4号桩Y向(竖向)桩土位移云图

图 4.5-31　不同盘截面形式抗拔模拟分析桩 Y 向（竖向）桩土位移云图

提取各桩型的荷载、位移数据，根据表中数据形成荷载-位移曲线，如图 4.5-32 所示，提取各桩型桩顶最大位移数据形成曲线，如图 4.5-33 所示。

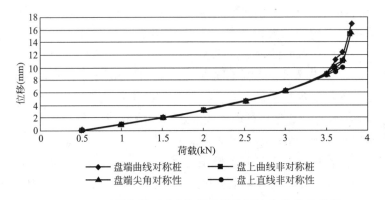

图 4.5-32　不同盘截面形式抗拔模拟分析桩荷载-位移曲线

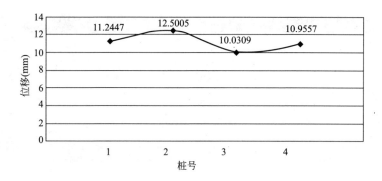

图 4.5-33　不同盘截面形式抗拔模拟分析桩最大位移对比图

从图 4.5-32 和 4.5-33 可以得到以下几点结论：

（1）从荷载-位移曲线图中可以看出当荷载在 3MPa 以前，每 0.5MPa 的荷载桩体的位移都在 2mm 左右，荷载-位移曲线的形式基本一样，而在 3～3.5MPa 之间桩体位移为 3mm，3.5～3.7MPa 之间桩体位移为 3mm，各组桩型的荷载-位移曲线发生明显变化，所以在 3.5MaP 之后位移产生突变，同时也就说明这时的桩周土体发生了破坏，即达到了极限承载力。

（2）结合荷载-位移曲线和桩体最大位移图可以看出，当荷载达到 3.5MPa 时，各组桩型之间的位移差距在 5% 以内，而当荷载达到 3.7MPa 时各组桩型的位移最大差距为 2mm，相差 15% 左右，在各组桩型的位移都产生了突变的情况下，位移最大差距仍在 15% 左右，产生区别的主要原因是盘端圆角桩与盘端尖角造成的有效盘径的区别，因此，四组桩型在桩体位移上并没有太明显的区别。

（3）通过 1 号桩与 3 号桩、2 号桩与 4 号桩之间荷载-位移曲线的对比可知，理论计算的盘端尖角桩在桩体最大位移上要略大于实际的盘端圆角桩，但是差距均在 10% 左右，最大差距为 1.6mm。这也就说明了运用理论模式所推出的桩体承载力计算公式在实际桩型中是可应用的。

4）应力结果分析

（1）剪应力云图

提取 ANSYS 软件将 4 种桩型加载至 3.7MPa 时的剪应力云图，从而进行不同盘截面形式的混凝土扩盘桩之间的对比，找出 4 种桩型在应力应变之间的差异。如图 4.5-34 所示。

从图 4.5-34 可以看出：

① 4 种不同盘截面形式的混凝土扩盘桩的应力都是在承力扩大盘处达到最大值，并且都是沿着桩身呈对称式分布，桩体左右两侧的剪应力虽然数值相等，但

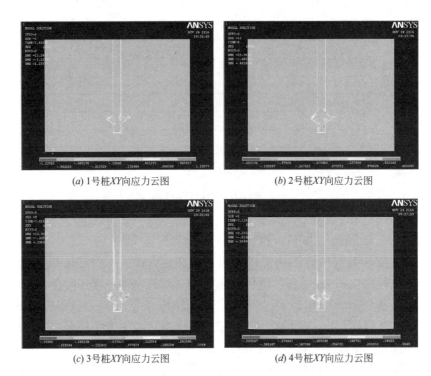

(a) 1号桩XY向应力云图　　　　　　　　(b) 2号桩XY向应力云图

(c) 3号桩XY向应力云图　　　　　　　　(d) 4号桩XY向应力云图

图 4.5-34　不同盘截面形式抗拔模拟分析桩 XY 向应力云图

是方向相反。

② 通过观察图片亦可看出 4 种桩型的剪应力在承力扩大盘与桩身接触的位置和桩底端会产生应力集中，左右两侧产生的应力集中大小相等、方向相反，非对称承力扩大盘的剪应力呈半圆式分布并逐层减小，对称承力扩大盘的剪应力分布形式是向下扩散的一个椭圆形式并逐渐减小。

③ 4 种桩型的剪应力均在盘端附近出现应力集中现象并且达到最大值。剪应力值沿着盘体逐层减小并在距盘端 1/2～2/3 处达到最小值。

④ 通过 1 号桩与 2 号桩、3 号桩与 4 号桩之间剪应力云图的对比可以看出，对称盘的剪应力模式基本都是沿着盘端呈对称式分布的，而非对称盘的剪应力分布沿承力扩大盘逐层减小的范围是相同的，但是盘上与盘下的剪应力的影响范围是不同的，承力扩大盘盘上的剪应力影响范围要大，而盘下的剪应力影响范围要小。

⑤ 通过 1 号桩与 3 号桩、2 号桩与 4 号桩之间剪应力云图的对比可以看出，盘端圆角形式的混凝土扩盘桩出现剪应力最大值的位置并不是在绝对的盘端处，

而是在盘端的上下两侧，而盘端尖角形式的混凝土扩盘桩则是在盘端处出现剪应力最大值。

⑥ 通过 1 号桩与 3 号桩、2 号桩与 4 号桩之间剪应力云图的对比可以看出，盘端圆角形式的混凝土扩盘桩在盘端处向盘体内部的剪应力扩散范围要大于盘端尖角形式的混凝土扩盘桩。

（2）桩身剪应力分析

为了方便比较不同盘截面形式混凝土扩盘桩的剪应力值之间的不同，将各桩型沿桩身左侧的剪应力进行提取并进行比较（桩左侧与右侧的剪应力大小相等、方向相反，所以只提取桩左侧）。

根据数据形成各个桩型的桩身剪应力曲线，如图 4.5-35 所示，汇总形成不同盘截面形式抗拔模拟分析桩桩身剪力曲线对比图，如图 4.5-36 所示。

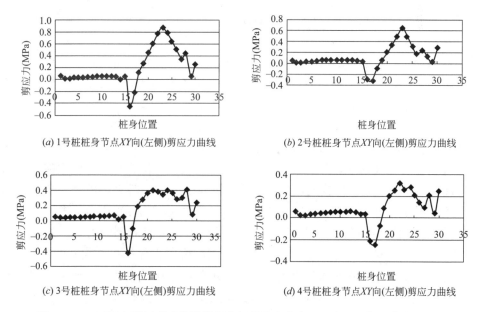

(a) 1 号桩桩身节点 *XY* 向(左侧)剪应力曲线　　(b) 2 号桩桩身节点 *XY* 向(左侧)剪应力曲线

(c) 3 号桩桩身节点 *XY* 向(左侧)剪应力曲线　　(d) 4 号桩桩身节点 *XY* 向(左侧)剪应力曲线

图 4.5-35　不同盘截面形式抗拔模拟分析桩桩身节点 XY 向（左侧）剪应力曲线

从图 4.5-35 和图 4.5-36 可以得到以下几点结论：

① 由图 4.5-35 可知，4 种不同盘截面形式的混凝土扩盘桩桩身节点 XY 向的剪应力曲线趋势大体相似，都是在盘上端沿桩身处的剪应力很小，而在承力扩大盘与桩身接触点处剪应力发生应力集中现象，在盘上端至盘端范围内剪应力不断增大直至盘端附近达到最大值，在盘下端沿着盘端到盘下与桩身接触点位置剪应力不断减小，而在盘下端与桩身接触的位置剪应力再次发生应力集中现象，然

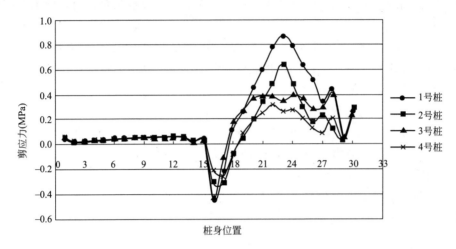

图 4.5-36　不同盘截面形式抗拔模拟分析桩桩身节点 XY 向（左侧）剪应力曲线对比图

后不断减小，直至到桩底端附近剪应力有一个增大的过程。

② 由图 4.5-35 可知，剪应力在 16 点处发生了应力集中现象，2 号桩与 4 号桩的剪应力值大约为 0.2～0.3MPa，1 号桩与 3 号桩的剪应力值基本在 0.5MPa 左右，大约是 2 号桩与 4 号的 2 倍。出现这种现象的原因可能是由于 1 号桩与 3 号桩是对称式桩型，盘上坡角较小，盘体在承受竖向拉力作用时会直接承受很大的土体挤压，从而造成盘体受压，在盘体与桩身接触的位置会产生较大拉力。而 2 号桩与 4 号桩盘上坡角较大，盘体在承受竖向拉力作用时直接承受的土体挤压并没有 1 号桩与 3 号桩那么大，所以在盘体与桩身接触的位置应力集中较小。

③ 由图 4.5-35 可知，1 号桩与 2 号桩沿承力扩大盘周围的剪应力的趋势是相同的，而 3 号桩与 4 号桩沿承力扩大盘周围的剪应力的趋势是相同的。1 号桩与 2 号桩的剪应力会在盘端处出现应力集中现象，而这种应力集中现象所产生的剪应力数值很大，但是 3 号桩与 4 号桩的最大剪应力并没有出现在盘端，而是出现在盘端附近的上下两侧，并且在盘端处虽然也出现了应力集中现象，但是相对平缓。

④ 由图 4.5-36 可知，1 号桩在盘端出现的最大剪应力为 0.9MPa，2 号桩在盘端出现的最大剪应力为 0.7MPa，3 号桩在盘端附近出现的最大剪应力为 0.4MPa，4 号桩在盘端附近出现的最大剪应力为 0.35MPa。通过比较可以看出，理论形式的盘端尖角的混凝土扩盘桩会在盘端尖角处出现很大的应力集中现象，比较 1 号桩与 3 号桩、2 号桩与 4 号桩可以发现，这种应力大约是实际机具所成的盘端圆角的混凝土扩盘桩的 2 倍。

（3）桩周土体剪应力分析

将各种桩型桩周土体沿桩身左侧的剪应力进行提取并进行比较（桩左侧与右侧的剪应力大小相等、方向相反，所以只提取桩左侧）。

汇总形成不同盘截面形式抗拔模拟分析桩桩周土体沿桩长 XY 向（左侧）剪应力曲线对比图，如图 4.5-37 所示。

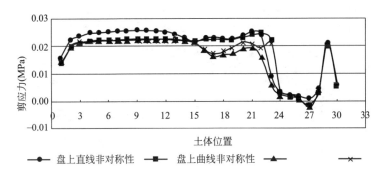

图 4.5-37 不同盘截面形式抗拔模拟分析桩桩周土体沿桩长
XY 向（左侧）剪应力曲线对比图

从图 4.5-37 可以得到以下几点结论：

① 4 种不同盘截面形式的混凝土扩盘桩沿桩长 XY 向的桩周土体剪应力曲线趋势大体相似，桩周土体都是在承力扩大盘处出现了剪应力的突变，且 4 种桩型的桩周土体剪应力突变的趋势与数值大体上是相似的。1 号桩与 2 号桩在承力扩大盘与桩身接触的位置发生了较小的剪应力突变，这可能是由于盘上坡角较小所造成的。

② 由 21～28 点之间桩周土体的剪应力可知，4 种不同盘截面形式的混凝土扩盘桩虽然在桩体上承力扩大盘的剪应力有明显的区别，但是承力扩大盘附近桩周土体的剪应力并无明显区别，这也说明了承力扩大盘的形状对桩周土体剪应力的影响并不明显。

③ 通过观察 4 号桩承力扩大盘的剪应力曲线图可以看出，由钻扩清一体机所成的承力扩大盘的桩身剪应力要明显小于其他 3 种桩型，而桩周土体的剪应力与其他 3 种桩型并没有明显区别，这也就说明了这种机具与这种桩型在实际中的可应用性。

3. 模型试验和模拟分析结果的对比分析

1）荷载-位移曲线的比较

为了便于比较而采用插值公式法将模拟分析结果的荷载-位移曲线的横坐标

和纵坐标进行变换，将横坐标变为位移，纵坐标变为荷载，由于模型试验材料属性与模拟分析中设定有一定差别，因此比较两组数据大小意义不大，主要比较一下模型试验与模拟分析的荷载-位移曲线的变化趋势。模型试验和模拟分析的荷载-位移曲线对比图，如图 4.5-38 所示。

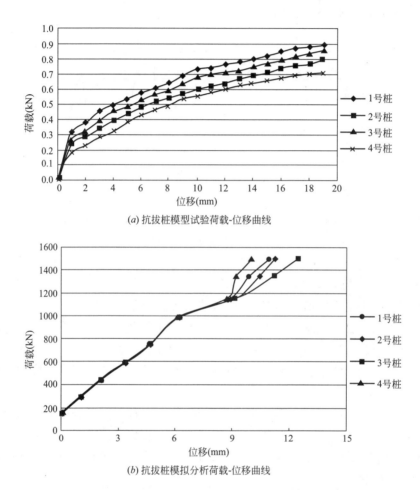

(a) 抗拔桩模型试验荷载-位移曲线

(b) 抗拔桩模拟分析荷载-位移曲线

图 4.5-38 不同盘截面形式抗拔桩模型试验和模拟分析荷载-位移曲线对比图

通过对比图 4.5-38（a）和图 4.5-38（b）可以发现，二者的曲线都是呈上升趋势，其中在曲线的后半段都有明显的平缓趋势，说明试验模型桩和模拟分析桩均达到了破坏状态，二者的变化趋势基本一致，考虑到模型试验中的不确定因素，模拟分析和模型试验在荷载-位移曲线上还是比较吻合的。

通过 ANSYS 模拟分析所得出的荷载-位移曲线与通过模型试验所得出的荷

载-位移曲线相比较可以看出，模拟分析与模型试验所得出的荷载-位移曲线在基本规律上保持高度的相似，这也说明了模拟分析与模型试验所得的数据相吻合，这种半截面桩试验是成功的。通过桩体最大位移的比较可知，两种方法所得出的位移数据虽然在各种桩型上有所差距，但是彼此之间的差距相差不大，对整体的结果并不产生影响。

2）桩周土体破坏状态的比较

以 1 号桩为例，对比达到破坏时的模拟分析桩和试验模型桩的状况，见图4.5-39。

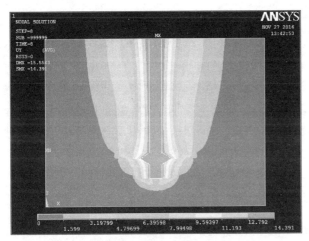
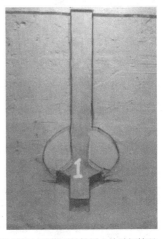

(a) 抗拔模拟分析桩桩周土体破坏情况　　　(b) 抗拔试验模型桩桩周土体破坏情况

图 4.5-39　不同盘截面形式抗拔桩模拟分析和模型试验桩周土体破坏情况对比图

从图 4.5-39 可以看出，模拟分析桩的挤密区在盘上呈现出圆弧向外分布，试验模型桩的挤密区在盘上呈现出圆弧形分布，同时二者的土体破坏形态基本一致，都出现了滑移破坏，能够说明模拟分析和模型试验的一致性和可靠性。

第5章　混凝土扩盘桩桩周土参数对
破坏机理的影响

5.1　土层厚度的影响

由于所有的地基都是由多层不同性状的土层组成，而且各个土层的厚度不同，混凝土扩盘桩的承力扩大盘需选择最合适的土层设置，所以土层厚度（承力扩大盘的设置位置）对混凝土扩盘桩承载力的影响不容忽视。前面的研究基本假设桩周土体为单一土层，但是为了进一步研究土层厚度对混凝土扩盘桩破坏机理及承载力的影响，本节通过半截面桩的原状土模型试验方法及有限元分析方法进行研究，以单盘桩为基础，研究盘所在土层盘下（或盘上）土层厚度对混凝土扩盘桩抗压（或抗拔）破坏机理及承载力的影响。同时探讨盘上相邻土层厚度及性状对抗拔桩破坏机理及承载力的影响。

5.1.1　土层厚度对抗压桩破坏机理的影响

1. 不同土层厚度抗压桩试验研究

1）试验模型桩及取土器设计

由于本节采用的是小比例原状土模型试验，且假定土体先于桩发生破坏，因此桩试件材质对试验结果影响较小，故桩试件材料选用 Q235 钢桩，试验模型桩的参数见表 5.1-1。

不同土层厚度抗压试验模型桩参数

表 5.1-1

项目	与实际桩比例	主桩径 （mm）	盘径 （mm）	盘高 （mm）	盘悬挑径 （mm）	桩长 （mm）
实际参数	1:1	500	1500	750	500	5750
模型参数	1:25	20	60	30	20	230

由于研究的是盘所在土层的厚度对混凝土扩盘桩抗压破坏机理及承载力的影

响，试验采用两层土，上层为粉质黏土，下层为硬质黏土。在保证两层土的厚度和其他因素相同的条件下，改变承力扩大盘的位置，以便实现盘下土层厚度的变化，具体的试验模型规格见表 5.1-2。

不同土层厚度的抗压桩试验模型规格　　　表 5.1-2

桩号	1	2	3	4
L(mm)	0	750	1500	2250

注：L 为抗压桩盘下顶点到两层土分界面的距离，以盘悬挑径为变化基数，盘所在土层盘下土体的厚度为 0 倍、1.5 倍、3 倍、4.5 倍盘悬挑径 4 种情况。

按上述规格制作的试验模型桩如图 5.1-1 所示。

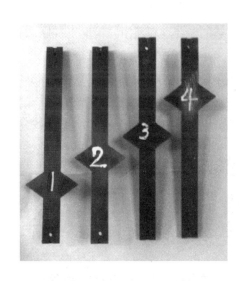

图 5.1-1　不同土层厚度抗压试验模型桩实物图

试验仍是原状土模型试验，为了能更好地取得原状土，保证取土时取土器不变形，取土器仍采用 Q235 钢，板厚 3mm，取土器尺寸为 400mm×250mm×130mm，平面钢板边为长度方向，工字钢板边为宽度方向，取土器形式详见第 2 章。两层土分别取，试验时叠合使用。

2）试验用土

试验用土选择的是工程现场的原状土。场地勘察报告显示，第一层为杂填土，第二层为粉质黏土，第三层为硬质黏土。由于杂填土层较薄，比较容易开挖，而第三层土埋置比较深，不易开挖取土，因此试验用土取第二层粉质黏土，分上、下两层取，试验时承力扩大盘所在土层土样稍干，盘下层土土样稍湿。具体的土体数据见表5.1-3。

取用土样的场地勘察报告中的数据　　　　　　　　　表5.1-3

土层	密度（kg/m³）	弹性模量（MPa）	泊松比 ν	黏聚力 c（MPa）	摩擦角 φ（°）	桩土摩擦系数
粉质黏土	1850	30	0.350	0.024	13	0.400

3）桩周土体破坏情况分析

（1）桩周土体破坏过程分析

按照第2章的原状土模型试验方法完成试验，收集相关图片及数据。观测桩土破坏情况是试验的主要任务，重点观察桩周土体的破坏过程及不同情况下抗压试验模型桩破坏前后的状态。以2号桩为例，桩周土体破坏过程如图5.1-2所示。

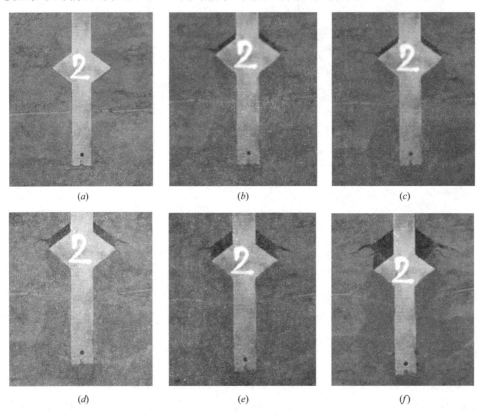

图5.1-2　2号桩桩周土体破坏过程

从图 5.1-2 可以清楚地看出桩周土体的破坏形式以及破坏的全过程，将试验中盘下土层厚度一定的情况下，混凝土扩盘桩在受压状态下桩周土体破坏过程分为三个阶段。

第一阶段：模型试验加载前期。荷载作用较小，盘上土体与盘分离，盘下和桩端土层局部压密，随着荷载的增大，盘下和桩端逐渐被压密实。

第二阶段：模型试验进入中期。桩顶荷载逐渐增大，盘上土体与盘分离的裂缝加大，盘上出现凌空区，在盘端处土体首先出现微小的水平裂缝；盘下土体的"心形"水印逐渐明显。随着荷载的增大，位移相应增加，盘端处出现剪切破坏，盘下、桩端土体应力逐渐增大，位移也逐渐增大，盘下土体的"心形"水印范围逐渐扩大，逐渐接近下层土体，桩端的近似"心形"水印也逐渐增大。

第三阶段：破坏阶段。这一阶段静载荷试验进入后期，在荷载增量较大的情况下，桩身位移变化很小，试验模型桩已无法继续承担荷载，试验即告结束，此时桩盘周围土体破坏状态基本明显。盘上凌空区高度较大，盘端土体水平裂缝较大，盘端土体出现剪切破坏，盘下土体产生滑移破坏，"心形"水印区域扩大，滑移破坏区域已经涉及盘所在土层的下层土，桩端土体压密，出现"心形"水印。

综上所述，抗压试验模型桩的桩周土体破坏过程与前面的研究结果基本相同，只是当盘下土层厚度较小时，盘下土体的破坏曲线已经达到下层土，破坏曲线受到下层土性状的影响，滑移线形状有一定变化。

（2）桩周土体破坏状态对比

盘所在土层的盘下土层厚度对抗压试验模型桩桩周土体破坏的影响，如图 5.1-3 和图 5.1-4 所示。

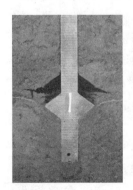

图 5.1-3　不同土层厚度抗压试验模型桩的土体破坏图（取桩前）

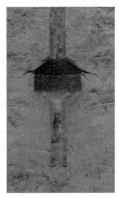

图 5.1-4　不同土层厚度抗压试验模型桩的土体破坏图（取桩后）

相同点：

① 对于盘上土体，试验模型桩在竖向压力作用下，承力扩大盘上表面立即与土体发生脱离，并随着荷载的逐渐增大，形成较大的凌空区，对盘上土体的影响较小。

② 桩端土体都产生土体压缩，区域呈类似"心形"水印。

③ 承力扩大盘盘端土体首先出现水平裂缝。随着荷载的增加，水平裂缝逐渐向外侧发展，盘端的土体处都有明显的剪切现象。

④ 对于盘下土体，随着荷载的增加，"心形"水印出现，滑移线逐渐明显，最终发生滑移破坏。

不同点：

桩土相互作用时，不同的盘下土层厚度对混凝土扩盘桩承载力的影响也不同，从图中两层土的分界线的变化可以很明显地看出，1号桩的分界线有明显的下凹，2号桩和3号桩的分界线有不明显的下凹，而在竖向压力作用下，4号桩的分界线没有变化，说明混凝土扩盘桩对下层土的作用从1号桩到4号桩越来越小，且当盘下土层厚度大于3倍盘悬挑径时，盘下土体的滑移破坏曲线是完整的，承载力不会受到下层土性状的影响。当盘下土层厚度小于3倍盘悬挑径时，盘下土体滑移线的形状受到下层土性状的影响。

4）荷载-位移曲线对比分析

进行加载试验时，每增加1mm位移记录一次荷载，逐级加载。

根据试验数据，可以得出不同土层厚度的抗压试验模型桩的荷载-位移曲线，如图5.1-5所示。

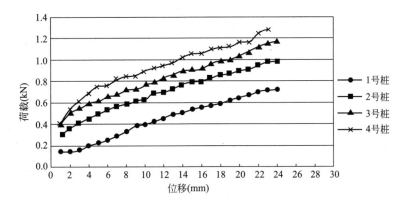

图 5.1-5 不同土层厚度抗压试验模型桩荷载-位移曲线

从图 5.1-5 可以看出，1～4 号桩的位移都随着荷载的递增逐渐增大；在同一荷载作用下，随着盘下土层厚度的增加，从 1 号桩到 4 号桩的位移逐渐增大。前期（桩顶位移 0～1mm），在竖向压力作用下土体因挤压而变得密实使土体初期承载力得到提高，单位位移下竖向荷载增长较快，符合荷载-位移曲线斜率在整个曲线中斜率最大的结果；中期（桩顶位移 1～10mm）桩顶的竖向荷载增加趋势逐渐趋于平缓，随着竖向压力的逐渐增大，承力扩大盘边缘土体出现轻微开裂，土体整体性有所破坏，承载力有所降低，出现荷载-位移曲线斜率减缓现象；后期（桩顶位移 10～24mm）桩顶的竖向荷载增加趋势逐渐减缓，即在竖向压力增加较小的情况下竖向位移迅速增加，表明土体已达到破坏状态。

对比分析 1～4 号桩的荷载-位移曲线可以得到以下结论：

（1）从 1 号桩到 4 号桩，混凝土扩盘桩承载力随荷载的增大而增大，荷载-位移曲线走势大致相似。

（2）1 号桩的盘下土层厚度是 0 倍的盘悬挑径，曲线位于最下方，从图中可以看出其极限承载力大于 0.5kN，当加载到 0.5kN 时，其位移-荷载曲线趋于平缓但仍有增长，桩身位移已达到 24mm，已形成过大位移。2～4 号桩的盘下土层厚度分别为 1.5 倍、3 倍和 4.5 倍的盘悬挑径，3 根试验模型桩的荷载-位移曲线较为接近，承载力逐渐提高，且均高于 1 号桩。2 号桩的极限承载力大于 0.7kN，3 号桩的极限承载力大于 0.9kN，4 号桩的极限承载力大于 1.2kN，这 3 种桩型的荷载-位移曲线的趋势相似，说明土体破坏规律相似。

（3）与前面的土体破坏情况相结合，同样桩、盘参数的混凝土扩盘桩，承载力不同的原因是：1 号桩的盘下土体完全是下层土，破坏滑移线完全在下层土中，因此承载力取决于下层土的性状，由于下层土承载力比较低，因此该桩的承载力最低；2号桩和3号桩的盘下土体滑移线涉及两层土，因此承载力取决于两层土的性状，而3号桩的盘下第一层土体承载力比2号桩大一些，因此承载力稍高，但都高于1号桩；4号桩的盘下土体滑移线完全在第一层土中，承载力完全取决于第一层土的性状，承载力最高。

因此，当盘下土层厚度大于3倍盘悬挑径时，盘下土体滑移线是完整的，承载力不会受到下层土性状的影响。当盘下土层厚度小于3倍盘悬挑径时，盘下土体滑移线的形状受到下层土性状的影响，承载力计算时要考虑下层土的参数，尤其是当下层土的土层性状不好时，需特别注意。

2. 不同土层厚度抗压桩有限元分析

1）模型尺寸

建立的抗压桩模拟分析模型：桩长5750mm，主桩径500mm，盘径1500mm，盘高750mm，盘坡角37°，盘位置不同。桩是中心对称结构，模拟分析模型采用了半截面桩模型。为了与模型试验相比较，模拟分析中所涉及的土层是粉质黏土。

为了使建立的模拟分析模型与试验情况相符合，即同一模型包含两层不同参数的粉质黏土，承力扩大盘设置于性能较好的粉质黏土中，且模拟时两层土的厚度一定。两层粉质黏土厚度分别取为3250mm、3250mm。桩下预留土层厚度及桩外侧土体距离要满足桩及承力扩大盘受力时的土体影响范围，该模拟分析模型中桩端以下土层厚度取2000mm，桩外侧土体距离取5000mm，满足要求。

承力扩大盘所在土层盘下土层厚度不同时建立的模型如表5.1-4所示，模型简图如图5.1-6所示。

不同土层厚度的抗压桩模拟分析模型规格　　　　　　表5.1-4

桩号	HDKY1	HDKY2	HDKY3	HDKY4
L（mm）	0	750	1500	2250

注：盘下顶点到硬质黏土顶面距高L分别取0倍、1.5倍、3倍、4.5倍盘悬挑径4种情况。

2）材料属性

根据实际工程的勘察报告和试验研究中得出的不同性状土层的物理力学性能指标，有限元分析中运用的各层土和混凝土的物理力学性能指标如表5.1-5所示。

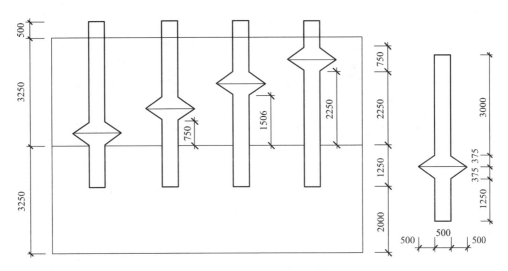

图 5.1-6　不同土层厚度抗压桩模拟分析模型简图

不同土层及混凝土的物理力学性能指标　　　　　　　　　　　　表 5.1-5

材料名称	密度 （kg/m³）	弹性模量 （MPa）	泊松比 υ	黏聚力 c （MPa）	内摩擦角 φ （°）	桩土摩擦 系数
淤泥质土	16.0×10^3	19.0	0.48	—	—	0.20
粉质黏土	18.5×10^3	30.4	0.35	0.024	13.0	0.40
粉质黏土	16.5×10^3	33.5	0.35	0.011	10.0	0.35
混凝土	25.0×10^3	2.5×10^4	0.20	—	—	—

3）位移结果分析

模拟分析时分别取第 10 步即加载到 1500kN 时的 Z 向桩土位移云图，如图 5.1-7 所示。

从图 5.1-7 可以得到以下结论：

（1）模拟分析桩在同一竖向压力作用下，在桩的各项参数相同的情况下，随着盘下土层厚度的增加，HDKY1～HDKY4 对下层土体的影响范围逐渐变小。

（2）模拟分析桩对整个土体的竖向最大影响范围是承力扩大盘悬挑径的 3～4 倍，此结论与实际小比例原状土模型试验结论相符。

ANSYS 模拟分析时，为了得到桩顶点竖向位移随着荷载的递增而变化的规律，通过模拟得出桩顶点在不同荷载下的竖向位移数据。

根据模拟分析数据，绘制位移随荷载变化的曲线，如图 5.1-8 所示。

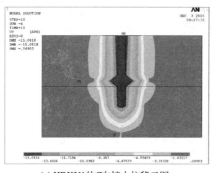

(a) HDKY1的Z向桩土位移云图

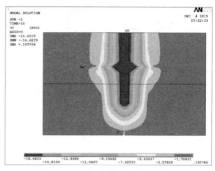

(b) HDKY2的Z向桩土位移云图

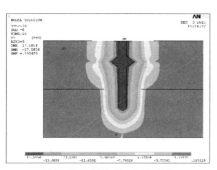

(c) HDKY3的Z向桩土位移云图

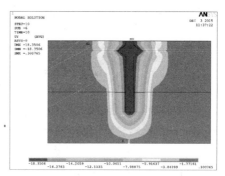

(d) HDKY4的Z向桩土位移云图

图 5.1-7　不同土层厚度抗压模拟分析桩 Z 向桩土位移云图

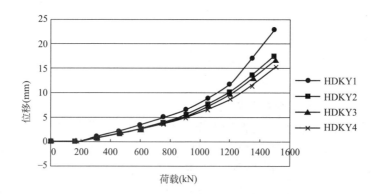

图 5.1-8　不同土层厚度抗压模拟分析桩的荷载-位移曲线

从图 5.1-8 可以看出，各个模拟分析桩的荷载-位移曲线的发展趋势相同，桩的位移都随着荷载的递增而增加，前期斜率较小，后期斜率较大，即后期荷载增加较小的情况下，位移迅速增加，即达到破坏。在相同的荷载作用下，随着盘下土层厚度的增大，桩的位移逐渐减小，HDKY4 位移最小，HDKY1 位移最大，且 HDKY2～HDKY4 的荷载-位移曲线比较接近。结合位移云图分析，当盘下土层厚度为 0 倍盘悬挑径时，相同荷载情况下位移最大，主要是因为承载力主要取决于下层土，而下层土承载力较低；盘下土层厚度为 1.5 倍和 3 倍盘悬挑径时，相同荷载情况下位移明显减小，主要是因为承载力取决于两层土，HDKY3 依赖于上层土更多，承载力稍高；盘下土层厚度为 4.5 倍盘悬挑径时，承载力完全取决于上层土，因此位移最小。上述结论与模型试验研究结果相符。

　　4）剪应力结果分析

　　（1）桩身剪应力分析

　　从 ANSYS 模拟分析中提取相同荷载作用下各模拟分析桩桩身的剪应力数据。

　　根据数据，绘制剪应力曲线，如图 5.1-9 所示。

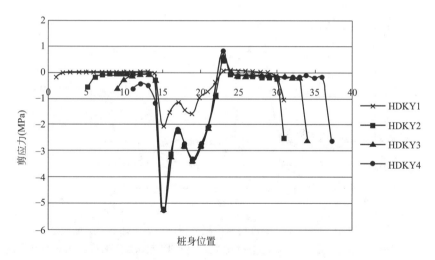

图 5.1-9　不同土层厚度抗压模拟分析桩桩身剪应力曲线

注：图中曲线突变位置为承力扩大盘所在位置：16 为盘上最靠近桩身的点（在桩身上），19 为盘端处的点，22 为盘下最靠近桩身的点（在桩身上），24 为两层土的交界面。

　　观察分析图 5.1-9 可以得到以下结论：

　　① HDKY1～HDKY4 沿整个桩身方向（1～37 点）的剪应力曲线变化规律大致相同。

　　② 2～14 点和 25～35 点处的剪切应力绝对值远小于 32～25 点处的剪应力绝

对值，说明在竖向压力荷载作用下，桩身剪应力主要由桩两端和承力扩大盘承受，并且以承力扩大盘为主；32点（扩大盘上盘拐点）和36点（20为扩大盘边缘点）为两个剪应力峰值点，说明剪应力易集中于桩身形状突变处。因此，实际工程中应提高桩身边角转换处的抗剪能力。

③ 28-29点为两层土的分界面，从图5.1-9可以看出，分界面的剪应力从HDKY1～HDKY4逐渐增大，但影响并不明显。

④ 不同模拟分析桩的桩身剪应力都在承力扩大盘处达到最大，且HDKY1承力扩大盘处的剪应力明显小于HDKY2～HDKY4，且HDKY2～HDKY4的桩身剪应力几乎相同。

（2）桩周土体剪应力分析

从ANSYS模拟分析中提取相同荷载作用下各模拟分析桩桩周土体的剪应力数据。

根据数据，绘制桩周土体剪应力曲线，如图5.1-10所示。

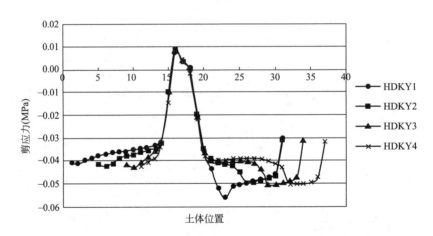

图5.1-10 不同土层厚度抗压模拟分析桩桩周土体剪应力曲线

注：图中曲线突变位置为承力扩大盘所在位置；15为盘上最靠近桩身的点（在桩身上），19为盘尖处的点，23为盘下最靠近桩身的点（在桩身上）；23为HDKY1桩模型两层土的分界面，27为HDKY2桩模型两层土的分界面，29为HDKY3桩模型两层土的分界面，32为HDKY4桩模型两层土的分界面。

从图5.1-10可以看出，承力扩大盘处始终是剪应力变化最明显处，此外，两层土的分界面的剪应力也发生突变。从图中可以看出，HDKY1～HDKY4桩盘周围土体的剪应力几乎相同，而主桩周围土体的剪应力变化趋势相同，分界面土体的剪应力及其变化趋势也基本相同。

3. 模型试验和模拟分析结果的对比分析

由于模型试验和模拟分析的各种条件存在一定差别，模拟分析是通过计算机软件进行全过程的模拟，是在理想状态下进行的，而模型试验会受到客观条件的影响和限制，例如模型试验过程中竖向加载的垂直度、桩周土体的不均匀性、人工读取数据的精准度等因素都会造成模型试验和模拟分析结果的差异，但是桩的荷载-位移曲线的变化趋势以及桩周土体的破坏状态应该是相似的，对研究结论有重要的意义。下面以 2 号桩和 HDKY2 为例，根据数据形成的荷载-位移曲线如图 5.1-11 和图 5.1-12 所示。

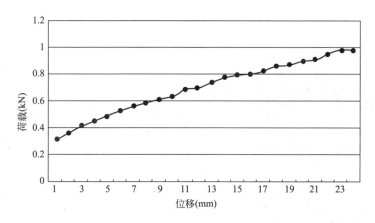

图 5.1-11　2 号桩荷载-位移曲线

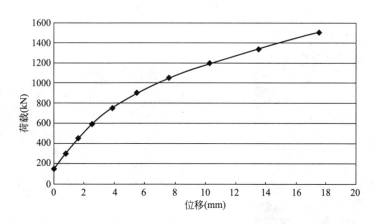

图 5.1-12　HDKY2 荷载-位移曲线

从模型试验与模拟分析的荷载-位移曲线对比分析可知，2 号桩荷载随着位移的增加而增大，并且相对于位移，荷载呈凸形曲线变化。HDKY2荷载同样随着位移的增加而增大，相对于位移，荷载同样呈凸形曲线变化，两条曲线的发展趋势是基本相同的。不同的是模型试验在开始时（位移为0~1mm）荷载突变，而模拟分析荷载有突变但位移几乎没有发生变化，这是由于模型试验是控制位移增加记录荷载，而模拟分析是控制荷载增加得出位移，这个不同能更好地相互验证彼此；另一个不同是模型试验所得出的荷载-位移曲线里面的点呈离散分布，这是由于试验的非理想状态所致，无法避免。综上所述，模型试验和模拟分析二者得出的结论基本一致。

同样以2号桩和HDKY2以及4号桩和HDKY4为例，对比模型试验和模拟分析桩周土体破坏形态，如图5.1-13所示。

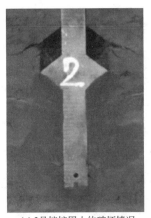

(a) 2号桩桩周土体破坏情况

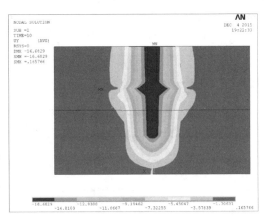

(b) HDKY2桩周土体破坏情况

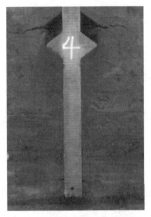

(c) 4号桩桩周土体破坏情况

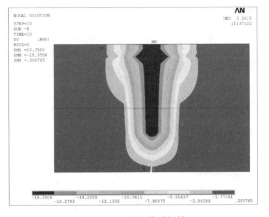

(d) HDKY4桩周土体破坏情况

图5.1-13　不同土层厚度抗压桩模型试验与模拟分析桩周土体破坏情况对比图

从图 5.1-13 可以看出，模型试验的结论与模拟分析基本相同。首先，当盘下土层厚度小时，试验模型桩的水印形状与模拟分析桩的位移云图形状的影响范围均涉及下层土，证明盘下土层厚度对承载力有影响；当盘下土层厚度大时，则不涉及下层土。其次，试验模型桩盘下面的土体沿着桩盘倾斜向下，并向桩身回收，呈"心形"分布，同样模拟分析桩盘下面的土体也沿着桩盘倾斜向下呈"心形"分布，二者的土体破坏形态基本一致，均符合滑移线破坏理论。

5.1.2　土层厚度对抗拔桩破坏机理的影响

1. 不同土层厚度抗拔桩试验研究

1）试验模型桩及取土器设计

由于本节采用的是小比例原状土模型试验，且假定土体先于桩发生破坏，因此桩试件材质对试验结果影响较小，故桩试件材料选用 Q235 钢桩，试验模型桩的参数见表 5.1-6。

不同土层厚度抗拔试验模型桩参数　　　　　表 5.1-6

项目	与实际桩比例	主桩径(mm)	盘径(mm)	盘高(mm)	盘悬挑径(mm)	桩长(mm)
实际参数	1∶1	500	1500	750	500	18000
模型参数	1∶50	10	30	15	10	360

试验设置两层土，上层土为稍湿的粉质黏土，下层土为稍干的粉质黏土。在保证两层土的厚度和其他因素相同的前提下，改变盘的位置，具体的试验模型规格见表 5.1-7。

不同土层厚度的抗拔桩试验模型规格　　　　　表 5.1-7

桩号	5	6	7	8
L(mm)	1000	1500	2500	3000

注：L 为抗拔时盘上顶点到两层土分界面的距离，分别为 2 倍、3 倍、5 倍、6 倍的盘悬挑径。

实际的试验模型桩如图 5.1-14 所示。

本节进行的仍是原状土模型试验，为了能更好地取得原状土，保证取土时取土器不变形，取土器仍采用 Q235 钢，板厚 3mm，取土器尺寸见表 5.1-8，两层土分别取，试验时叠合使用。

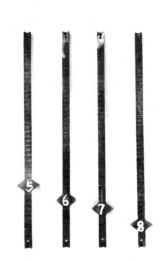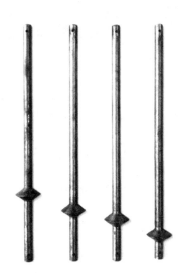

图 5.1-14　不同土层厚度抗拔试验模型桩实物图

不同土层厚度抗拔桩取土器尺寸　　　　　　　　　　　　　表 5.1-8

项目	长度(mm)	宽度(mm)	高度(mm)	厚度(mm)
上层粉质黏土	300	200	120	3
下层粉质黏土	300	200	200	3

注：取土器形式见第2章，平面钢板边为长度方向，工字钢边为宽度方向。

2）试验用土

试验用土同 5.1.1，但试验土层设置时，上层土稍湿，下层土稍干。

3）荷载-位移曲线对比分析

进行加载试验时，每增加 1mm 位移记录一次荷载，逐级加载，收集位移、荷载数据。

根据数据，可以得出不同土层厚度的抗拔试验模型桩的荷载-位移曲线，如图 5.1-15 所示。

从图 5.1-15 可以看出，在竖向拉力作用下，不同土层厚度的试验模型桩的荷载-位移曲线趋势是相同的，位移都随着荷载的递增逐渐增大。加载前期（桩顶位移 0～1mm），曲线斜率较大，单位位移下竖向荷载增长较快，符合荷载-位移曲线的变化规律；加载中期（桩顶位移 1～10mm）桩顶的竖向荷载增加趋势逐渐趋于平缓，随着竖向拉力的逐渐增大，土体承载力有所降低，但各个曲线的变化也不大，因为这个阶段盘上土体的滑移范围都还没有达到上层土，因此承载

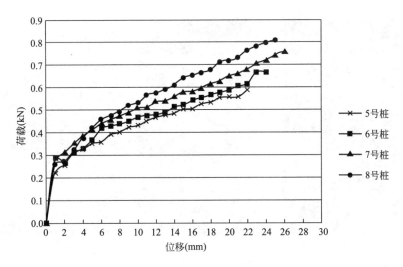

图 5.1-15　不同土层厚度抗拔试验模型桩荷载-位移曲线

力基本相同；加载后期（桩顶位移 10～24mm），随着桩顶竖向荷载的增加，不同的试验模型桩逐渐达到破坏状态，因此不同试验模型桩的曲线有所变化，在相同位移下，从 5 号桩到 8 号桩荷载值逐渐增大，说明承载力逐渐提高。因为 5 号桩盘上土层厚度最小，加载后期，盘上土体滑移范围涉及上层土，而上层土的承载力低于盘所在土层，因此承载力较低；8 号桩盘上土层厚度最大，加载后期，盘上土体滑移范围也未涉及上层土，因此承载力较高；6 号桩和 7 号桩的盘上土层厚度居于 5 号桩和 8 号桩之间，加载后期，盘上土体滑移范围部分涉及上层土，因此承载力也不同程度受到影响。

4）桩周土体破坏情况分析

（1）桩周土体破坏过程分析

试验过程中记录的抗拔试验模型桩桩周土体破坏过程如图 5.1-16 所示（以 7 号桩为例）。

从图 5.1-16 可以清楚地看到桩周土体的破坏形式以及破坏的全过程，结合的位移、荷载数据，可以将试验中半截面桩在受拔状态下桩周土体破坏过程分为三个阶段。

第一阶段：模型试验加载前期。图 5.1-16（a）为未加载状态；加载初期，由于荷载作用较小，盘下和桩端均出现桩土分离现象，盘上土体出现压缩，有较小的水印出现，如图 5.1-16（b）所示。

第二阶段：模型试验进入中期。桩顶荷载逐渐增大，盘下和桩端的桩土分离

303

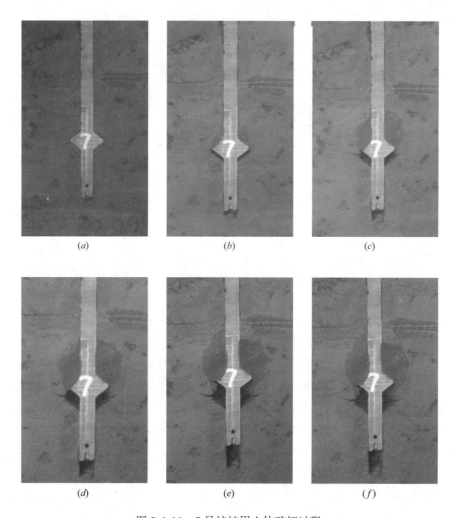

图 5.1-16 7 号桩桩周土体破坏过程

更大，均出现凌空区，在盘端处土体出现微小的水平裂缝；盘上土体的水印范围逐渐扩大，出现"心形"水印，并且随桩的位移向上移动，接近上下土层分界线，如图 5.1-16 (c)、(d)、(e) 所示。

第三阶段：破坏阶段。这一阶段荷载试验进入后期，荷载-位移曲线已经开始趋向于水平方向发展，即在荷载增量较小的情况下，桩身位移变化很大，模型桩已无法继续承担荷载，试验即告结束。在桩周土体破坏状态下，盘下和桩端的桩土的凌空区都比较大，在盘端处土体出现的水平裂缝继续发展，但盘端土体出现剪切破坏；盘上土体的"心形"水印范围达到最大，并接近土层分界线，但未涉及上层土，说明滑移破坏在盘所在土层发生。如图 5.1-16（f）所示。

（2）桩周土体破坏状态对比分析

盘所在土层的盘上土层厚度对抗拔试验模型桩桩周土体破坏的影响，如图 5.1-17 和图 5.1-18 所示。

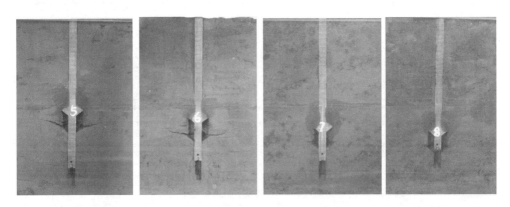

图 5.1-17 不同土层厚度抗拔试验模型桩的土体破坏图（取桩前）

图 5.1-18 不同土层厚度抗拔试验模型桩的土体破坏图（取桩后）

相同点：

① 对于盘下及盘端土体，均出现桩土分离，并产生一定的凌空区。

② 对于盘端土体，均在加载初期产生微小的水平裂缝，并随着荷载的增加逐渐向外延伸，裂缝宽度增加，但发展不大。破坏时，是盘端土体剪切破坏。

③ 对于盘上土体，在加载初期，盘上土体出现压缩，有较小的水印出现，

随着荷载的增加，水印的范围逐渐增大，并在后期向桩身回收，形成"心形"水印，土体均产生滑移破坏。

④ 由于盘径相同，试验模型桩盘上的土体破坏情况相似，测量滑移线最外边缘至桩身的水平距离即承力扩大盘对盘上土体的影响范围，竖向大致为 4～5 倍的盘悬挑径，水平方向为 1.3～1.5 倍的盘悬挑径，此结论与前期的研究结论相符。

不同点：

① 桩土相互作用时，不同的盘上土层厚度对混凝土扩盘桩承载力的影响也不同，从两层土的分界线可以很明显地看出，5 号桩的分界线有明显的上凹，6 号桩和 7 号桩的分界线有不明显的上凹，而 8 号桩的分界线没有变化。说明从 5 号桩到 8 号桩，随着盘上土层厚度的增加，在竖向拉力的作用下，对上层土的影响越来越小，即当盘上土层厚度大于 3 倍盘悬挑径时，承力扩大盘的盘上土体破坏线基本在盘所在土层，对上层土几乎没有影响。

② 5 号桩的滑移破坏线完全在上层土中，盘端承载力依靠上层土的特性；6 号桩的滑移破坏线涉及两层土，需考虑两层土的特性，比较复杂；7 号桩和 8 号桩的滑移破坏线完全在盘所在土层中，盘端承载力依靠盘所在土层特性。即盘上土层厚度大于 5 倍盘悬挑径时，盘端承载力可不考虑上层土的影响，否则，要考虑上层土的影响。

2. 不同土层厚度抗拔桩有限元分析

1）模型尺寸

为了更加详细地分析土层厚度对混凝土扩盘桩性能的影响，建立有限元分析模型时，保证上下两层土的厚度不变，改变盘到两层土临界面的距离，分别分析 4 种情况下土层厚度对抗拔承载力、桩土效应及破坏机理的影响，分别将 4 种模拟分析桩命名为 HDKB1（2 倍盘悬挑径）、HDKB2（3 倍盘悬挑径）、HDKB3（5 倍盘悬挑径）、HDKB4（6 倍盘悬挑径）。

建立的抗拔模拟分析桩：桩长 12500mm，主桩径 500mm，盘径 1500mm，盘高 750mm，盘坡角 37°，模型采用了半截面桩模型，所涉及的土层是承载力不同的两层粉质黏土。承力扩大盘处于承载力较高的粉质黏土中，模拟时两层土的厚度一定。

模拟分析设计两类模型：

第一类：两层粉质黏土的土层厚度分别为 10000mm、10000mm 不变，改变盘所在土层的盘上土体厚度，如表 5.1-9 所示。桩端预留土层厚度及桩外侧土体距离要满足桩及承力扩大盘受力时的土体的影响范围，该模型中桩下土层厚度取 4750mm，桩外侧土体距离取 5000mm。

桩号	HDKB1	HDKB2	HDKB3	HDKB4
L(mm)	1000	1500	2500	3000

盘所在土层盘上土体厚度不同抗拔桩模拟分析模型规格　　　表 5.1-9

注：L 为盘上顶点到两层土分界线的距离。

承力扩大盘所在土层盘上土体厚度不同时抗拔模拟分析桩桩土模型示意图，如图 5.1-19 所示。

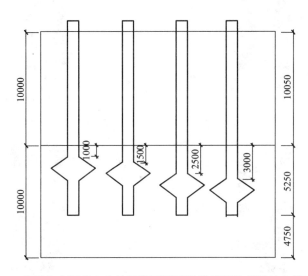

图 5.1-19　盘所在土层盘上土体厚度不同时抗拔模拟分析桩桩土模型示意图

第二类：考虑上层土厚度的影响，以表 5.1-15 中 HDKB1 尺寸为桩模型，硬质土层厚度 10000mm 不变，桩参数不变，只改变上层粉质黏土的厚度，分别为 1000mm、2500mm、5000mm、8000mm、10000mm。不同上层土厚度的模型规格见表 5.1-10。

不同上层土厚度的模型规格　　　表 5.1-10

桩号	SCHD1	SCHD2	SCHD3	SCHD4	SCHD5	HDKB1
上层土土层厚度(mm)	2000	3500	5000	7000	9000	11000

2）材料属性

桩土材料属性同 5.1.1 中的设置。

3）盘所在土层盘上土体厚度影响的模拟结果分析

（1）位移结果分析

ANSYS 模拟分析时，提取不同抗拔模拟分析桩达到破坏时的位移云图，如图 5.1-20 所示。

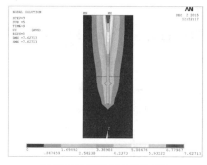

(a) HDKB1 的 Z 向桩土位移云图

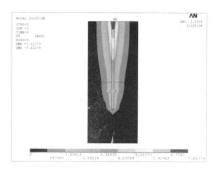

(b) HDKB2 的 Z 向桩土位移云图

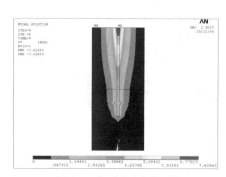

(c) HDKB3 的 Z 向桩土位移云图

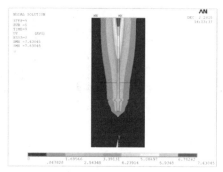

(d) HDKB4 的 Z 向桩土位移云图

图 5.1-20　盘所在土层盘上土体厚度不同抗拔模拟分析桩的 Z 向桩土位移云图

从图 5.1-20 可以看出，由于盘所在位置距土体表面距离较远，即埋桩足够深，故均未发生冲切破坏，都是滑移破坏的特征，因此各个桩的位移云图基本相似；但同时，由于盘上土体厚度不同，因此，盘对上层土的影响不同，HDKB1 对上层土影响较大，HDKB2 对上层土有一定的影响，HDKB3 和 HDKB4 对上层土几乎没有影响。

通过模拟得出不同抗拔模拟分析桩，桩顶点在不同荷载下的竖向位移数据可绘制位移随荷载变化的曲线，如图 5.1-21 所示。

从图 5.1-21 可以看出，加载开始时位移几乎没有变化，继续加载，桩的位移都随着荷载的递增而增加，且在一定范围内呈线性关系，随着荷载的增大位移的变化速率逐渐增大，曲线的斜率逐渐减小。在前期和中期（位移在 11mm 以

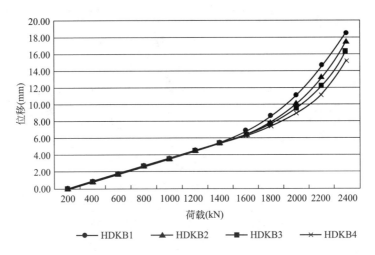

图 5.1-21　盘所在土层盘上土体厚度不同抗拔模拟分析桩的荷载-位移曲线

内），各桩的荷载-位移曲线几乎重合；在后期（位移超过 11mm 之后），在相同的荷载作用下，随着盘上土体厚度的增大桩的位移逐渐减小，HDKB1 位移最大，HDKB4 位移最小，HDKB2 和 HDKB3 的位移介于 HDKB1 和 HDKB4 之间，因此可以得出混凝土扩盘桩盘上土体厚度大于一定值时，改变盘所在土层盘上土体厚度对混凝土扩盘桩的影响不大，结合前面的土体破坏状态分析，盘上土体厚度大于 5 倍盘悬挑径时，盘上土体的滑移破坏线完全在盘所在土层，与上层土无关，因此在此基础上，盘上土体厚度继续增加，不会影响承载力和位移。但当盘上土体厚度小于 5 倍盘悬挑径时，盘上土体的滑移破坏线涉及上层土，因此位移和承载力会受到上层土性状的影响。

（2）应力结果分析

从 ANSYS 模拟分析结果中提取数据，绘制在相同荷载作用下各个抗拔模拟分析桩桩身的剪应力变化曲线，如图 5.1-22 所示。

观察分析图 5.1-22 可以得到以下结论：

① HDKB1～HDKB4 沿整个桩身方向（1～50 点）的剪应力曲线变化趋势大致相同。

② 2～15 点和 25～28 点处的剪应力绝对值远小于 1 点、32～42 点和 50 点处的剪应力绝对值，说明在竖向拉力作用下，桩身剪应力主要由桩端和承力扩大盘承受，并且以承力扩大盘为主；32 点（承力扩大盘上盘拐点）和 36 点（承力扩大盘边缘点）为两个剪应力峰值点，说明剪应力集中于桩身形状突变处。因此，实际工程中应提高桩身边角转换处的抗剪能力。

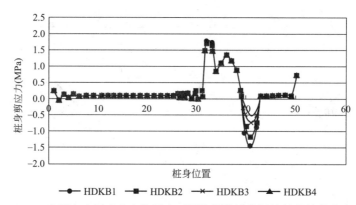

图 5.1-22　盘所在土层盘上土体厚度不同抗拔模拟分析桩桩身的剪应力曲线

注：28～29 点处为两层土的临界处，31～35 点为盘的上表面，35～40 点为盘的下表面。

③ 28～29 点为两层土的分界面，从图 5.1-22 可以看出，由于两层土的性状比较接近，因此两层土对桩身剪应力的影响不大。

④ 各桩的桩身剪应力都在承力扩大盘处最大，HDKB1～HDKB4 随着盘上土体厚度的增加承力扩大盘处的剪应力逐渐减小，变化速率基本相同。

4）上层土厚度影响的模拟结果分析

（1）荷载-位移曲线对比分析

盘所在土层厚度及盘参数不变，改变上层粉质黏土的厚度，研究上层土厚度对抗拔桩破坏机理及承载力的影响。

根据数据，绘制位移随荷载变化的曲线，如图 5.2-23 所示。

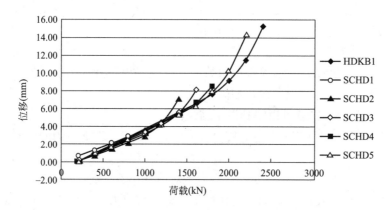

图 5.1-23　不同上层土厚度抗拔模拟分析桩的荷载-位移曲线

从图 5.1-23 可以看出，混凝土扩盘桩的位移都随着荷载的增加而增加，且变化趋势基本相同（除 SCHD1 外），只是承载力和最大位移不同，在开始的一定范围内，位移和荷载呈线性关系，随后位移和荷载的变化率变大，曲线变陡，直到土体发生破坏。SCHD1 由于上层土厚度过小，加载后很快发生冲切破坏，因此承载力较低。其他桩型，在相同荷载条件下，上层土厚度越小，土体越早发生破坏，桩承载力越低，极限位移越小。即相同荷载条件下 SCHD1 的位移最小且土体最早发生破坏，HDKB1 的位移最大且土体最后发生破坏。故上层土厚度小于 5 倍盘悬挑径时，容易发生冲切破坏。SCHD2～SCHD5 的变化率相似，后期荷载-位移曲线呈非线性增长，盘上土体发生滑移破坏，承载力较高。

（2）位移云图对比分析

取 HDKB1 和 SCHD1 的位移云图进行比较分析，如图 5.1-24 所示。

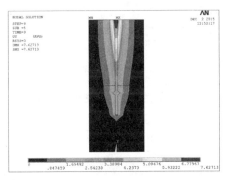 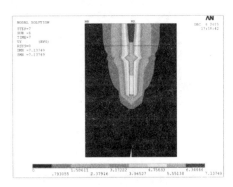

(a) HDKB1 的 Y 向桩土位移云图　　　　　(b) SCHD1 的 Y 向桩土位移云图

图 5.1-24　不同上层土厚度抗拔模拟分析桩的 Y 向桩土位移云图

观察分析图 5.1-24 可以得到以下结论：

① 混凝土扩盘桩在同一竖向拉力作用下，上层土厚度减小的模拟分析桩对周围土体的影响范围增大。

② 上层土厚度较小时，会产生冲切破坏。上层土厚度较大时，可以发生滑移破坏，滑移破坏的竖向影响范围为 4～5 倍的盘悬挑径，因此当上层土厚度大于 5 倍的盘悬挑径时，虽然承载力取决于上层土，但仍然是滑移破坏，而不会发生冲切破坏。

5）上层土性状影响的模拟结果分析

由于盘所在土层盘上土体厚度较小时，盘上土体的破坏会涉及上层土，因此，上层土的性状也会对破坏机理和承载力产生影响。

（1）荷载-位移曲线对比分析

盘所在土层不变，改变上层土的性状（把上层土的粉质黏土换成淤泥质土），研究盘上相邻土体的性状对混凝土扩盘桩承载力的影响。

根据数据，绘制位移随荷载变化的曲线，如图 5.1-25 所示。

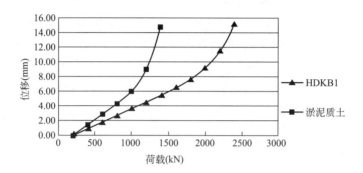

图 5.1-25　不同上层土性状抗拔模拟分析桩荷载-位移曲线

从图 5.1-25 可以看出，上层土的性状对混凝土扩盘桩是有很大影响的，从上述两种不同上层土性状的曲线对比图可以看出，两条曲线在荷载作用下的变化趋势是相同的，但同一荷载作用下淤泥质土的位移比粉质黏土的位移大，且淤泥质土中的混凝土扩盘桩更早发生破坏，承载力小很多。因此，虽然承力扩大盘设在硬质黏土中，但由于盘所在土层的上层土厚度较小，破坏承载力由盘所在土层的相邻上层土决定，因此，上层土的厚度和性状对破坏状态和承载力影响较大。

（2）应力分析

根据 ANSYS 模拟分析，得出不同上层土性状时，抗拔模拟分析桩沿桩身各点在相同荷载作用下的剪应力数据，绘制剪应力随荷载变化的曲线，如图 5.1-26 所示（注：图中曲线突变位置为承力扩大盘所在位置）。

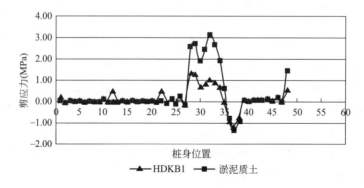

图 5.1-26　不同上层土性状抗拔模拟分析桩桩身剪应力曲线

从图 5.1-26 可以得到以下结论：

① 淤泥质土和 HDKB1 沿整个桩身方向（1～48 点）的剪应力曲线变化规律大致相同。

② 1～27 点和 39～47 点处的剪应力绝对值远小于 28～38 点和 48 点处的剪应力绝对值，说明在竖向拉力作用下，桩身剪应力主要由桩两端和承力扩大盘承受，并且以承力扩大盘为主；28 点（承力扩大盘上盘拐点）、33 点（承力扩大盘边缘点）和 37 点（承力扩大盘下盘拐点）为剪应力峰值点，说明剪应力易集中于桩身形状突变处。

③ 28～29 点为两层土的分界面，从图 5.1-26 可以看出，两层土对桩身剪应力影响不大。

④ 不同模拟分析桩的桩身剪应力都在承力扩大盘处最大，淤泥质土桩身剪应力明显大于 HDKB1。

根据 ANSYS 模拟分析，得出桩周土体与桩接触点在相同荷载作用下的剪应力数据，绘制剪应力随荷载变化的曲线，如图 5.1-27 所示（注：图中曲线突变位置为承力扩大盘所在位置）。

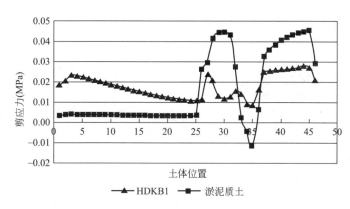

图 5.1-27 不同上层土性状抗拔模拟分析桩桩周土体剪应力曲线

注：图中 25～26 点之间为两种土层的分界面，28～35 点为承力扩大盘接触面。

① 淤泥质土和 HDKB1 桩周土体沿整个桩身方向（1～46 点）的剪应力曲线变化规律大致相同。

② 25～26 点为两层土的分界面，从图 5.1-27 可以看出，两层土对桩周土体剪应力影响很大，且淤泥质土比粉质黏土的影响更大。

③ 不同模拟分析桩桩周土体的剪应力都在承力扩大盘处最大，淤泥质土桩周土体剪应力明显大于 HDKB1。

3. 模型试验和模拟分析结果的对比分析

1) 荷载-位移曲线的比较

由于模型试验和模拟分析存在一定的差别，模拟分析是通过计算机软件进行全过程的模拟，是在理想状态下进行的，而模型试验会受到各种客观和人为条件的影响和限制，因此，对比模型试验和模拟分析的结果，对研究结论的准确性有很大的验证价值。下面以 7 号桩和 HDKB3 为例，列举出模型试验和模拟分析中位移、荷载数据，根据数据形成的变化曲线如图 5.1-28 和图 5.1-29 所示。

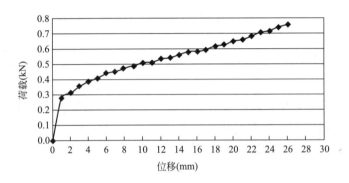

图 5.1-28　7 号桩荷载-位移曲线

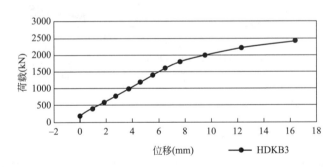

图 5.1-29　HDKB3 荷载-位移曲线

由模型试验与模拟分析的荷载-位移曲线对比分析可知，3 抗拔试验模型桩荷载随着位移的增加而增大，并且相对于位移，荷载呈凸线形变化。抗拔模拟分析桩同样是荷载随着位移的增加而增大，相对于位移，荷载同样呈凸线形变化。不同的是模型试验在开始时（位移为 0～1mm）荷载突变，位移也随之变化，呈线性发展，而模拟分析中，荷载有突变，但位移几乎没有发生变化，这是由于模型试验是控制位移增加记录荷载，而模拟分析是控制荷载增加得出位移，这个不同能更好地相互验证彼此；另一个不同是模型试验中所得出的荷载-位移曲线里面的点呈离散分布，这是由于模型试验的非理想状态所致，无法避免，而模拟分析是在理想状态下进行的。综上所述，模型试验和模拟分析二者得出的结论基本一致，研究结论相互印证，是可靠的。

2）桩周土体破坏状态的比较

同样以 7 号桩和 HDKB3 为例，提取抗拔桩模型试验和模拟分析的桩周土体破坏形态，如图 5.1-30 所示。

 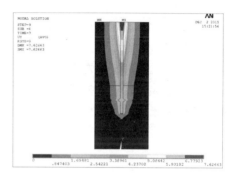

(a) 7号桩桩周土体破坏情况　　　　　　(b) HDKB3桩周土体破坏情况

图 5.1-30　不同土层厚度抗拔桩模型试验与模拟分析桩周土体破坏情况对比图

从图 5.1-30 可以看出，抗拔试验模型桩盘上面的土体产生压缩滑动，呈"心形"分布，呈现滑移破坏趋势，而且滑移破坏线接近上层土，抗拔模拟分析桩桩周土体位移趋势也基本相同，二者呈现的土体破坏形态基本一致。可以印证模型试验和模拟分析的结论是可靠的。

5.2　黏土含水率的影响

除了土层厚度以外，黏土的含水率对混凝土扩盘桩桩周土体破坏状态及单桩承载力也起到举足轻重的作用。本节仍采用半截面桩原状土模型试验和有限元分析，以单盘桩为基础，重点研究黏土含水率对混凝土扩盘桩破坏机理及承载力的影响。

5.2.1　黏土含水率对抗压桩破坏机理的影响

1. 不同黏土含水率抗压桩试验研究

1）试验模型桩及取土器设计

由于抗压桩对桩周土体的影响范围大约为 3～4 倍的盘悬挑径，因此将抗压桩设计成 1∶25 的试验模型桩。抗压试验模型桩参数见表 5.2-1。

不同黏土含水率抗压试验模型桩参数　　　　　　　　表 5.2-1

项目	主桩径 d （mm）	盘径 D （mm）	盘高 H （mm）	盘坡角 α （°）	桩长 L （mm）	桩数量
实际参数	500	1500	750	31	3750	
模型参数	20	60	30	31	150＋30	4

注：桩顶部增加 30mm 是桩高出土层的长度，便于试验加载。

抗压试验模型桩示意图如图 5.2-1 所示，实物图如图 5.2-2 所示，改变黏土含水率，形成不同的试件模型。将抗压试验模型桩命名为 9 号桩，为了区分埋于不同含水率土层的模型桩，将模型桩以 9・、9・・、9・・・、9・・・・区分。

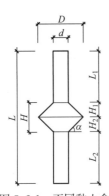

图 5.2-1　不同黏土含
水率抗压试验模型
桩示意图

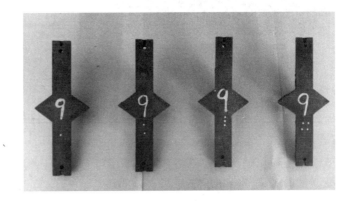

图 5.2-2　不同黏土含水率抗压
试验模型桩实物图

根据经验，取土器的尺寸为 400mm×200mm×320mm，数量为 4 个，用于制备不同含水率的土样试件。

2）试验用土

因试验主要研究混凝土扩盘桩在不同含水率土层中受压作用的特性，试验原状土取回后，通过放置不同时间，形成不同含水率的原状土，预设土层含水率分为四个级别：最湿、较湿、较干、最干。试验前，将取土器放到阴凉的地方，试验模型分别在不同的时间段进行试验，先做试验的模型土层含水率较高，然后做试验的模型土层含水率较低，依此区分，以达到试验模型土层含水率不同的目的。

为了保证试验模型含水率的真实性和准确性，完成试验以后，及时将破坏后的土体进行土工检测，检测土的含水率及相关物理参数，抗压试验模型桩与所在黏土层含水率的对应关系见表 5.2-2，基本满足梯度要求。

抗压试验模型桩与所在黏土层含水率的对应关系　表 5.2-2

桩号	实测含水率	干湿状况
9·	26%	最湿
9··	22.2%	较湿
9···	20.5%	较干
9····	17%	最干

3）荷载-位移曲线对比分析

根据第 2 章的原状土模型试验方法完成试验，提取相关试验数据进行分析。为了提高数据的准确性，在试验数据统计时，将抗压试验模型桩上部的千斤顶垫片、千斤顶自身的重量计入其中，试验数据更贴近实际。试验模型桩在抗压状态下，试验加载后，记录下不同黏土含水率所对应的荷载、位移数据。

根据所记录的数据，绘制每个抗压试验模型桩的荷载-位移曲线，由于试验的加载步级很多，全部列出荷载-位移曲线较为混乱，因此选取相对具有代表性的点列出位移、荷载数值。不同黏土含水率抗压试验模型桩荷载-位移曲线如图 5.2-3 所示。

从图 5.2-3 可以看出，桩的起始荷载都不是从 0kN 开始，这是因为桩在开始加载之前，桩上面已经有千斤顶垫片、千斤顶对试验模型桩产生了初始荷载，两者的重量是 0.034kN，因此，起始点受到的荷载是 0.034kN。从 9·、9··、9···、9···· 桩荷载-位移曲线可以看出，抗压试验模型桩在加载前期，荷载-位移曲线大致呈线性增长，斜率较大。继续加载，其荷载-位移曲线呈上凸形状，说明该阶段试验模型桩所受的荷载和自身的位移不是呈线性变化，即荷载增加不大时，位移变化较大，该阶段持续时间较长，土体的变形较大。随着对试验模型桩继续加载，到加载的后期，增加的荷载较小，桩的竖向位移较大，此时土体宣告破坏，试验结束。

汇总 9·、9··、9···、9···· 桩的荷载-位移曲线形成对比图，如图 5.2-4 所示。

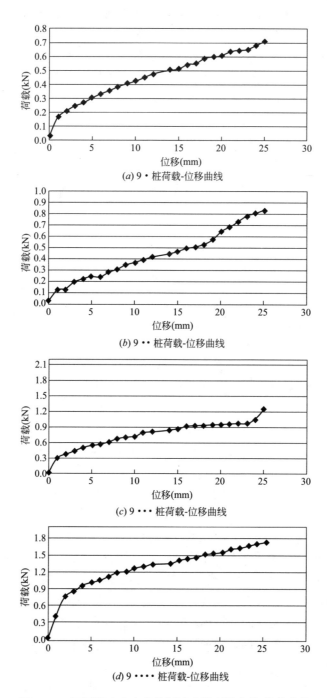

(a) 9·桩荷载-位移曲线

(b) 9··桩荷载-位移曲线

(c) 9···桩荷载-位移曲线

(d) 9····桩荷载-位移曲线

图 5.2-3　不同黏土含水率抗压试验模型桩荷载-位移曲线

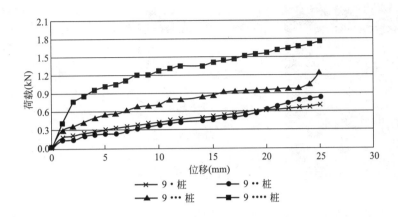

图 5.2-4　不同黏土含水率抗压试验模型桩荷载-位移曲线对比图

从图 5.2-4 可以看出，4 条曲线的总体趋势基本相同，都是随着荷载的增加位移在不断增大。不同的是随着土层含水率的不同，试验模型桩随着土层位移的增加，其承受荷载的变化率有所差异。9·桩（含水率 26%）和 9··桩（含水率 22.2%）竖向承载力较小，9·桩的极限承载力为 0.679kN，9··桩的极限承载力为 0.810kN，而且二者之间的变化趋势较为相似。9···桩（含水率 20.5%）相对于 9·、9··桩来说，在试验加载初始，施加荷载较大，随着试验过程的进展，9···桩的荷载增加较慢，最终达到极限状态，曲线接近水平。而 9····桩（含水率 17%）相对于 9·、9··、9···桩变化较大，不仅试验初始施加荷载就很高，而且在试验加载过程中其荷载的变化率也很大，最终达到极限状态时，荷载值很高，为 1.710kN，说明其承载力最高。因此，根据以上数据和分析得出：混凝土扩盘桩的单盘桩竖向抗压极限承载力随着土层含水率的提高而降低，当土层含水率在 22.2% 以上时，混凝土扩盘桩的抗压承载力较低，在实际工程中，估算混凝土扩盘桩的承载力时应该乘以一个相对较小的系数。当土层含水率小于 20.5% 时，混凝土扩盘桩的极限承载力有明显的提高，在实际工程中，估算混凝土扩盘桩的承载力时应该乘以一个相对较大的系数。

4）桩周土体破坏情况分析

（1）桩周土体破坏过程分析

收集试验中桩周土体破坏状况图片，以土层含水率最高的 9·桩为例，观察抗压试验模型桩加载全过程中盘上、盘下、桩周土体的破坏情况，如图 5.2-5 所示。

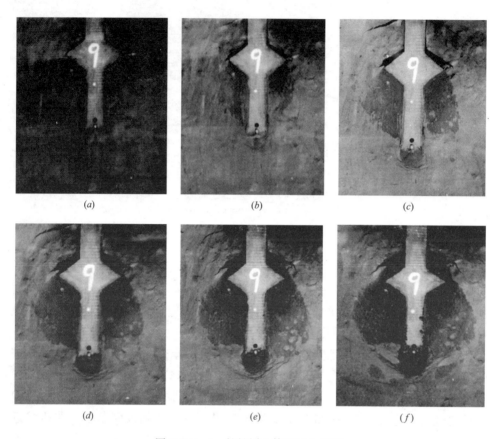

(a) (b) (c)

(d) (e) (f)

图 5.2-5   9·桩桩周土体破坏全过程

　　从图 5.2-5 可以清晰地看出抗压试验模型桩从开始加载到土体完全破坏的全部过程。从图片中能够清晰地看到受压后桩周土体的受力范围以及形状。根据试验过程，并结合桩的荷载-位移曲线，可以将整个破坏过程分为三个阶段。

　　第一阶段：图 5.2-5（a）为加载前。在对抗压试验模型桩进行加载的初期，由于荷载较小，桩身的竖向位移较小。盘上土体与桩分离，出现较小的裂缝；由于竖向压力的作用，桩体下移，盘端土体出现细小的水平方向发展的裂缝；盘下土体受压后，出现压缩，形成一定区域的水印；盘端土体也出现压缩现象。如图 5.2-5（b）所示。

　　第二阶段：图 5.2-5（c）、（d）、（e），在这一阶段随着竖向荷载的不断增加，桩体向下的位移逐渐增加，盘上桩土分离部分增大，盘上逐渐出现凌空区域，且越来越大，因此盘上一定范围内的桩侧摩阻力为零，这在混凝土扩盘桩单桩承载力的计算公式中有非常重要的意义。盘端土体受到的剪切力越来越大，土体裂缝不断扩展，盘端与土体发生剪切作用。盘下土体随着荷载的增加，越来越密实，盘下土体"心形"水印逐渐形成，且范围增大。盘端土体也出现类似"心形"水印。

第三阶段：图 5.2-5（f）达到破坏状态，此时无需增加荷载，位移迅速增加，宣告土体破坏，试验结束。此时，盘上的凌空区域达到最大，盘端土体发生剪切破坏，盘下土体的滑移线区域达到最大，形成滑移破坏区域，盘端土体形成类似"心形"压缩区。

（2）桩周土体破坏状态对比分析

将不同抗压试验模型桩加载前、破坏后桩周土体的变化情况进行对比，如图 5.2-6～图 5.2-9 所示。

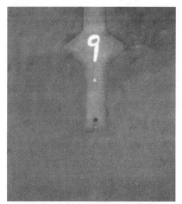
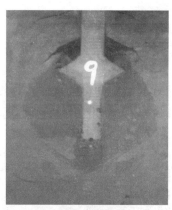

(a) 加载前　　　　　　　　　　　　(b) 破坏后

图 5.2-6　9·桩桩周土体破坏情况对比图

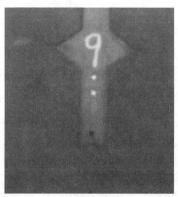
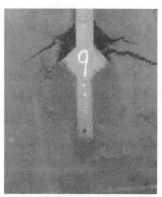

(a) 加载前　　　　　　　　　　　　(b) 破坏后

图 5.2-7　9··桩桩周土体破坏情况对比图

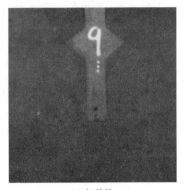
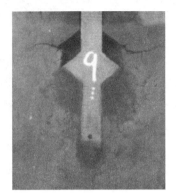

(a) 加载前   (b) 破坏后

图 5.2-8   9··· 桩桩周土体破坏情况对比图

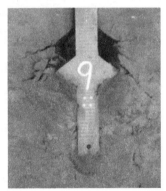

(a) 加载前   (b) 破坏后

图 5.2-9   9···· 桩桩周土体破坏情况对比图

从图 5.2-6~图 5.2-9 可以看出，不同试验模型桩的破坏情况基本相同，如上面破坏过程的叙述，盘下土体均为滑移破坏。但是由于各个试验模型桩的桩周土体含水率不同，所以破坏后的盘下土体的滑移线区域不尽相同，土层含水率越大，土体的可压缩性越大，盘下土体达到滑移破坏时的水印范围越大；土层含水率越小，土体的可压缩性越小，盘下土体达到滑移破坏时的水印范围越小。桩端水印范围具有同样的规律。因此，从 9· 桩到 9···· 桩，由于含水率逐渐减小，盘下和桩端的水印范围逐渐缩小。

2. 不同黏土含水率抗压桩有限元分析

1）模型尺寸及桩土模型

模拟分析模型中，为了尽量避免边界约束条件对土的影响，桩周土体的范围不能太小，土体直径取 10m，桩下土体深度取 5m，抗压桩模拟分析模型尺寸示意图如图 5.2-10 所示，模型参数见表 5.2-3。

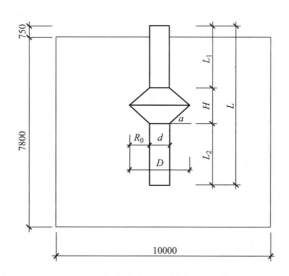

图 5.2-10　不同黏土含水率抗压桩模拟分析模型尺寸示意图

图 5.2-10 中，L 为桩长，L_1 为盘顶上部桩长，L_2 为盘底下部桩长，d 为主桩径，D 为盘径，H 为盘高，R_0 为盘悬挑径，其中 $R_0 = (D-d)/2$，α 为盘坡角。

不同黏土含水率抗压桩模拟分析模型参数　　　　　　表 5.2-3

桩型	L(mm)	d(mm)	D(mm)	H(mm)	R_0(mm)	α(°)
抗压桩	3550	500	1500	760	500	37

由于有限元分析可以克服模型试验研究中诸多不利的客观条件，因此为了更加详细地分析土层含水率对混凝土扩盘桩破坏机理及承载力的影响，增加了土层含水率状况，在模型试验数据基础上，增加了 15％、19％、21％、25％ 的土层含水率状况。具体如表 5.2-4 所示。

抗压模拟分析桩编号与所在黏土层含水率的对应关系　　　　表 5. 2-4

桩号	Z1	Z2	Z3	Z4	Z5	Z6	Z7	Z8
含水率	15%	17%	19%	20.5%	21%	22.2%	25%	26%

2）位移结果分析

按照第 2 章的方法对已经建立的模拟分析模型进行加载分析，加载数量级为 50kN，以面荷载形式施加，加载到 10 级，500kN 为 Z8 的极限承载力。Z1～Z8 达到破坏时的桩土位移云图如图 5.2-11 所示。

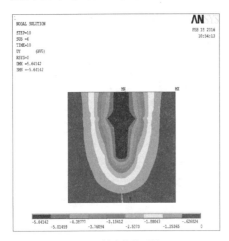

(a) Z1桩土位移云图

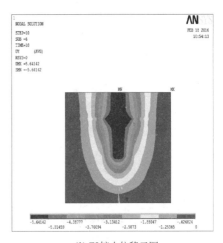

(b) Z2桩土位移云图

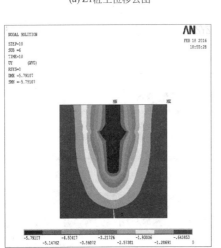

(c) Z3桩土位移云图

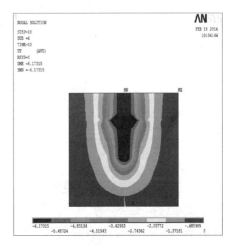

(d) Z4桩土位移云图

图 5.2-11　不同黏土含水率抗压模拟分析桩竖向桩土位移云图（一）

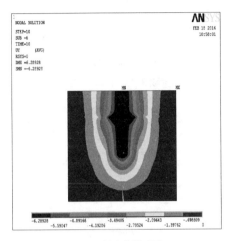

(e) Z5桩土位移云图

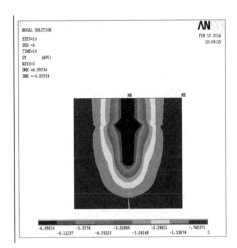

(f) Z6桩土位移云图

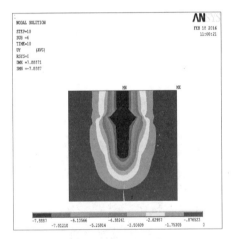

(g) Z7桩土位移云图

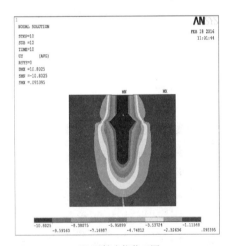

(h) Z8桩土位移云图

图 5.2-11　不同黏土含水率抗压模拟分析桩竖向桩土位移云图（二）

从模拟分析中提取最大位移数据，形成表 5.2-5。

不同黏土含水率抗压模拟分析桩的最大位移值　　　　　　表 5.2-5

桩号	Z1	Z2	Z3	Z4	Z5	Z6	Z7	Z8
最大位移值（mm）	−5.6414	−5.6414	−5.7907	−6.1731	−6.2892	−6.8883	−7.8887	−10.802

从图 5.2-11 和表 5.2-6 可以看出，当土层含水率分别为 15％、17％时，抗压模拟分析桩的最大位移量较小，为 −5.6414mm；当抗压模拟分析桩所在土层含水率为 19％、20.5％、21％时，桩的最大位移量增长相对缓慢；当抗压模拟分析桩所在土层含水率为 22.2％、25％、26％时，桩的最大位移量增长较快。将各个桩在相同荷载作用下桩顶的竖向最大位移量绘制成曲线如图 5.2-12 所示。

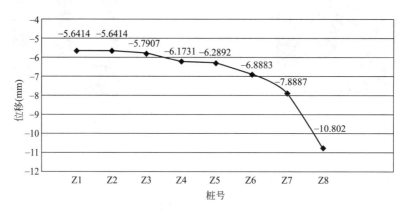

图 5.2-12　不同黏土含水率抗压模拟分析桩的最大位移曲线

从图 5.2-12 可以看出，抗压模拟分析桩的竖向位移量随着土层含水率的增大而不断增大，当土层含水率在 17％以下时，抗压模拟分析桩的竖向位移几乎不变；当土层含水率小于 20.5％时，抗压模拟分析桩的竖向位移缓慢增加，大致呈线性变化；当土层含水率大于 22.2％时，抗压模拟分析桩的竖向位移迅速增长。由上面的分析可以看出，当抗压模拟分析桩所在土层含水率大于 22.2％时，抗压模拟分析桩的承载力较小，在实际工程中估算抗压桩的承载力时应该乘以一个相对较小的系数；当土层含水率小于 20.5％时，抗压模拟分析桩的极限承载力有明显的提高，在实际工程中估算抗压桩的承载力时应该乘以一个相对较大的系数。该结论和混凝土扩盘桩抗压模型试验得出的结论相一致。

从 ANSYS 后处理器中提取 Z1～Z8 桩桩顶中点在每加载 50kN 后的竖向位移值，通过整理，绘制竖向位移随荷载的变化曲线，如图 5.2-13 所示。

从图 5.2-13 可以看出，不同抗压模拟分析桩的荷载-位移曲线的发展趋势是相同的，竖向位移随着荷载的增加而逐渐增大。在荷载相同的情况下，抗压模拟分析桩的竖向位移随着含水率的增加而增大。从变化趋势上看，在荷载加载到 200kN 之前，不同含水率对应的桩体的竖向位移基本相同，随着荷载的不断增加，抗压模拟分析桩的竖向位移开始发生变化，含水率较大的土层对应的抗压模

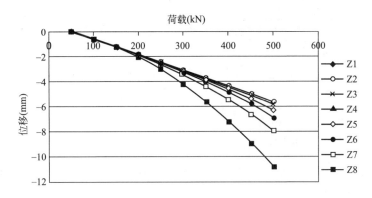

图 5.2-13　不同黏土含水率抗压模拟分析桩的荷载-位移曲线

拟分析桩的竖向位移变化较大，Z8 的斜率最大，Z1 的斜率最小，随着模拟的进一步进行，Z1～Z5 的变化趋势大致相同，而 Z6～Z8 的斜率越来越大，对应的竖向位移也越来越大。因此，可以得出结论：当土层含水率小于 20.5％时，抗压模拟分析桩的竖向位移增长缓慢，荷载-位移曲线大致呈线性变化，抗压模拟分析桩的抗压承载力较大，在实际工程中估算抗压桩的承载力时应该乘以一个相对较大的系数；当土层含水率大于 22.2％时，抗压模拟分析桩的抗压承载力较小，在实际工程中估算抗压桩的承载力时应该乘以一个相对较小的系数。

3. 模型试验和模拟分析结果的对比分析

由于模型试验和模拟分析存在一定的差别，模拟分析是在理想状态下通过计算机软件进行全过程的模拟分析，而模型试验会受到客观条件的限制和人为因素的影响，例如：试验模型桩不能保证受到的竖向压力完全垂直向下，试验模型桩平面一侧不可避免地受到玻璃面板的摩擦力，人工加载及记录数据的精准度等。但是不考虑数值本身的大小，抗压桩的荷载-位移曲线的变化趋势、桩周土体的破坏状态应该是相似的，对研究抗压桩的受力性能有很大的参考价值。下面以土层含水率为 17％的抗压桩为例（9 •••• 桩和 Z2），列举出模型试验和模拟分析中的荷载-位移曲线的变化趋势，如图 5.2-14 所示。

从图 5.2-14 可以看出，9 •••• 桩位移随着荷载的增加而增大，并且曲线呈凸线形变化。Z2 桩位移同样随着荷载的增加而增大，但曲线接近线性变化（主要是由于在模拟分析中，含水率是以换算黏聚力参数输入的，而换算时的对应曲线基本为线性关系，这与实际含水率与土体性能的变化趋势有一定的差别）。同时，模型试验所得出的荷载-位移曲线里面的点呈离散分布，这是由于模型试验的非理想状态所致，无法避免。模型试验和模拟分析二者得出的结论总体上是

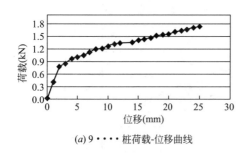
(a) 9····桩荷载-位移曲线

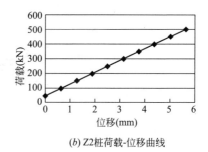
(b) Z2桩荷载-位移曲线

图 5.2-14　不同黏土含水率抗压桩模型试验与模拟分析荷载-位移曲线对比图

一致。

下面以土层含水率为 17％的抗压桩为例，列举出模型试验和模拟分析桩周土体破坏形态，如图 5.2-15 所示。

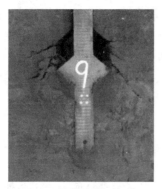
(a) 9····桩桩周土体破坏情况

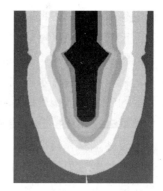
(b) Z2桩桩周土体破坏情况

图 5.2-15　不同黏土含水率抗压桩模型试验与模拟分析桩周土体破坏情况对比图

从图 5.2-15 可以看出，抗压试验模型桩和抗压模拟分析桩桩周土体破坏情况基本一致。试验模型桩盘下面的土体沿着盘端倾斜向下滑动，滑移土体呈"心形"分布，同样模拟分析桩盘下面的土体位移也沿着桩盘倾斜向下呈"心形"分布，二者的土体破坏形态基本一致。这也充分证明了盘端承载力用滑移线理论来进行计算更加符合实际状况。

4. 单桩抗压承载力计算公式修正

通过建立起来的抗压模拟分析模型，对混凝土扩盘桩模拟分析模型进行加载，直到桩周土体宣布破坏为止，统计 Z1～Z8 的极限承载力。根据目前研究已

得出的滑移线理论计算的单桩极限承载力计算公式，并结合模拟分析桩的实际尺
寸以及桩周土体的性质，可以计算出混凝土扩盘桩的单桩抗压极限承载力。在不
同土层含水率的情况下，通过模拟分析得出的单桩抗压极限承载力和通过公式计
算得出的单桩抗压极限承载力的具体数值见表 5.2-6。

不同黏土含水率时单桩抗压极限承载力对照表　　　　　表 5.2-6

桩号	Z1	Z2	Z3	Z4	Z5	Z6	Z7	Z8
模拟分析 极限承载力(kN)	1600	1600	1300	1100	900	800	600	500
公式计算 极限承载力(kN)	1073	987	1011	840	698	949	874	831
比例系数 λ	1.57	1.62	1.28	1.31	1.29	0.84	0.69	0.60

从表 5.2-8 中数据可以看出，通过公式计算得到的单桩抗压极限承载力（未
考虑土层含水率）和通过模拟分析得到的单桩抗压极限承载力（考虑土层含水
率）因土层含水率的不同会存在一定的差异，模拟分析得到的极限承载力和公式
计算得到的极限承载力存在一定的比值，取该比例系数 λ 为理论公式的放大或折
减系数。不同含水率对应的比例系数 λ 是不同的，为了方便设计计算应用，对表
5.2-8 中的数值进行归纳整理，当土层含水率小于 17％时，比例系数接近 1.6；
当土层含水率大于 19％小于 21％时，比例系数接近 1.3；当土层含水率大于
22.2％小于 25％时，比例系数较小约为 0.8；当土层含水率大于 25％时，比例系
数最小约为 0.6。

实际设计应用中，如果以土层含水率为 20％为基准，即调整系数为 1.0，则
当土层含水率小于 17％时，调整系数为 1.25，当土层含水率大于 25％时，调整
系数为 0.6，中间值可以用插值法进行计算。

5.2.2　黏土含水率对抗拔桩破坏机理的影响

1. 不同黏土含水率抗拔桩试验研究

1）试验模型桩及取土器设计

试验模型桩仍然制作成按一定比例缩小的钢制桩。抗拔桩对桩周土体的影响
范围大约为 4~5 倍的盘悬挑径，而且抗拔桩在竖向拉力作用下可能会对盘上土
体产生冲切破坏，因此抗拔桩桩长设计长一些，综合考虑各种因素和具体情况，
将抗拔桩做成 1：50 的试验模型桩，命名为 10 号桩（因为研究黏土含水率的影
响，桩的规格只有一种，为了区别埋置于不同土样中的桩，以 10・、10・・、

10·、10····来区分，·越多的含水率越低)。抗拔试验模型桩参数见表5.2-7。抗压试验模型桩实物图如图5.2-16所示。

不同黏土含水率抗拔试验模型桩参数　　　　　表5.2-7

项目	主桩径 d (mm)	盘径 D (mm)	盘高 H (mm)	盘坡角 α (°)	桩长 L (mm)	桩数量
实际参数	500	1500	500	31	10000	
模型参数	10	30	10	31	200+30	4

注：桩顶部增加30mm是桩高出土层的长度，为了便于加载。

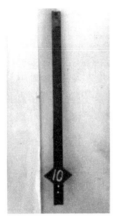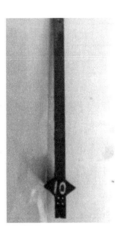

图5.2-16　不同黏土含水率抗拔试验模型桩实物图

根据试验需要，考虑抗拔桩桩周土体的影响范围，取土器尺寸为300mm×200mm×250mm，数量为4个，形式见第2章原状土模型试验。

抗拔试验模型桩与所在黏土层含水率的对应关系见表5.2-8。

抗拔试验模型桩与所在黏土层含水率的对应关系　　　　　表5.2-8

桩号	10·	10··	10···	10····
含水率	26%	22.2%	20.5%	17%

2）荷载-位移曲线对比分析

按照第2章原状土模型试验方法进行加载试验，得到不同黏土含水率所对应的荷载、位移数据。

　　根据数据，绘制每个抗拔试验模型桩的荷载-位移曲线，由于试验的加载步级较多，全部列出荷载-位移曲线里面较为混乱，因此选取相对具有代表性的点列出荷载、位移数值。不同黏土含水率抗拔试验模型桩荷载-位移曲线如图 5.2-17 所示。

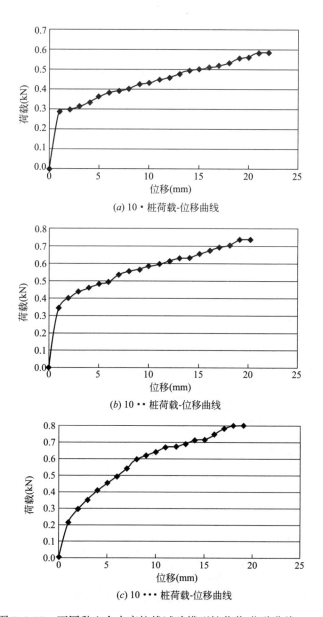

(a) 10·桩荷载-位移曲线

(b) 10··桩荷载-位移曲线

(c) 10···桩荷载-位移曲线

图 5.2-17　不同黏土含水率抗拔试验模型桩荷载-位移曲线（一）

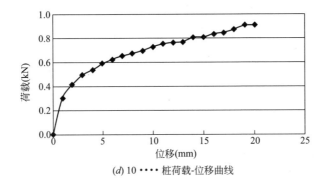

(d) 10 •••• 桩荷载-位移曲线

图 5.2-17 不同黏土含水率抗拔试验模型桩荷载-位移曲线（二）

从图 5.2-17 可以看出，在加载初期，桩的荷载-位移曲线呈线性变化。继续加载，其荷载-位移曲线呈上凸形状，说明抗拔试验模型桩所受的荷载和自身的位移变化速率发生变化，在荷载增加较小的情况下，位移发展较快。再继续加载，从荷载-位移曲线可以看出，曲线从原先的上凸形状逐渐变得平缓，这表明试验模型桩所受到的荷载几乎不变时，其竖向位移不断增大，此时宣告破坏，试验结束。

汇总 10 • 、10 •• 、10 ••• 、10 •••• 桩的荷载-位移曲线形成对比图，如图 5.2-18 所示。

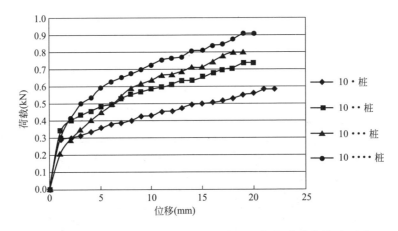

图 5.2-18 不同黏土含水率抗拔试验模型桩荷载-位移曲线对比图

从图 5.2-18 可以看出，4 条曲线的发展趋势基本相同，都是随着荷载的增加位移在不断增大，符合桩基础静载试验的规律。不同的是随着土层含水率的不同，抗拔试验模型桩随着位移的增加，其承受荷载的变化率有所差异。10·桩（含水率 26%）竖向荷载较小，竖向抗拔极限承载力为 0.583kN。10··、10···、10····桩相对于 10·桩的荷载都有大幅度的提高，并且三者随着土层含水率的减少都在均匀地增加。因此，根据以上数据和分析得出：混凝土扩盘桩的竖向抗拔极限承载力随着土层含水率的提高而降低，当土层含水率在 26% 以上时，混凝土扩盘桩的抗拔承载力较低，在实际工程中，估算混凝土扩盘桩的承载力时应该乘以一个相对较小的系数。当土层含水率小于 22.2% 时，混凝土扩盘桩的极限承载力有明显的提高，在实际工程中，估算混凝土扩盘桩的承载力时应该乘以一个相对较大的系数。

3）桩周土体破坏情况分析

（1）桩周土体破坏过程分析

混凝土扩盘桩的竖向抗拔试验，除了桩体受力方向与抗压桩相反以外，试验的过程、特点都与抗压桩相似，下面以土层含水率最高的 10·桩为例，观察整个加载过程中抗拔试验模型桩桩周土体的破坏情况，如图 5.2-19 所示。

从图 5.2-19 可以看出抗拔试验模型桩从开始加载到土体完全破坏的全部过程（由于含水率较高，在试验加载前，局部区域，尤其是桩端部分玻璃上已有水印出现，但此时水印是不连续的，因此对后期现场试验现象观察影响不大），根据试验过程，并结合桩的荷载-位移曲线，可以将整个破坏过程分为三个阶段。

第一阶段：图 5.2-19（a）是加载前的图片。进行加载的初期，桩体受力后产生竖向位移，盘下表面及桩端与土体分离，产生缝隙。盘端土体由于竖向力的作用，出现土体竖向拉力，并形成细小的水平裂缝。盘上土体压缩，出现密实现象，小范围水印清晰。如图 5.2-19（b）所示。

第二阶段：加载中期。在这一阶段随着竖向荷载的不断增加，盘下表面及桩端与土体分离缝隙逐渐增大，形成凌空区。盘端土体由于竖向力的不断增大，桩体位移增大，盘端出现土体剪切破坏，水平裂缝向外发展。盘上土体压缩范围增大，滑移线出现，并出现回收状态，"心形"水印清晰，并且范围逐渐增大。如图 5.2-19（c）、（d）、（e）所示。

第三阶段：达到破坏，如图 5.2-19（f）所示。随着试验的持续进行，盘下及桩端的凌空区域达到最大，盘端剪切破坏范围增大，盘上土体的滑移线越来越明显，"心形"水印的竖向和水平影响范围都达到最大，形成最终的滑移破坏。

（2）桩周土体破坏状态对比分析

为了清晰地展现桩周土体在试验结束时的破坏情况，将不同抗拔试验模型桩

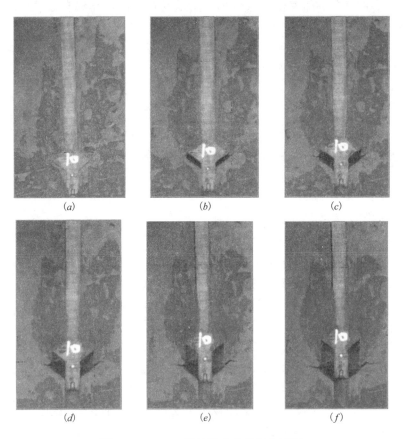

图 5.2-19 10·桩桩周土体破坏全过程

加载前和变化后桩周土体的变化情况进行对比，如图 5.2-20～图 5.2-23 所示。

从图 5.2-20～图 5.2-23 可以看出，当试验模型桩达到破坏时，桩周土体的破坏形态基本相同，即盘下及桩端的凌空区域达到最大，盘端土体剪切破坏，盘上土体的滑移线出现回收状态，形成"心形"水印，达到滑移破坏。但是，由于土层含水率的不同，土层性状有区别，盘上土体的"心形"水印的范围不同，说明盘上土体的受影响区域不同，从 10·桩到 10····桩，随着土层含水率的减小，水印范围逐渐缩小，即土体承载力逐渐提高。因此，在承载力设计计算时，必须考虑土层含水率的影响。

2. 不同黏土含水率抗拔桩有限元分析

1）模型尺寸及桩土模型

模拟分析模型中，为了尽量避免边界约束条件对土的影响，桩周土体范围不

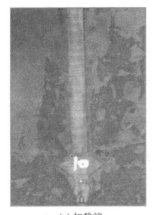 

(a) 加载前　　　　　　　　　　　　(b) 破坏后

图 5.2-20　10·桩桩周土体破坏情况对比图

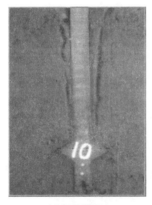 

(a) 加载前　　　　　　　　　　　　(b) 破坏后

图 5.2-21　10··桩桩周土体破坏情况对比图

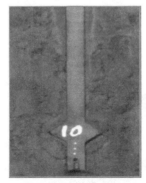 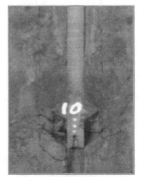

(a) 加载前　　　　　　　　　　　　(b) 破坏后

图 5.2-22　10···桩桩周土体破坏情况对比图

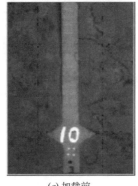 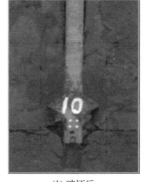

(a) 加载前   (b) 破坏后

图 5.2-23　10 •••• 桩桩周土体破坏情况对比图

能太小，土体直径取 12m，桩下土体深度取 1.5m，抗拔桩模拟分析模型尺寸示意图如图 5.2-24 所示，模型参数见表 5.2-9。

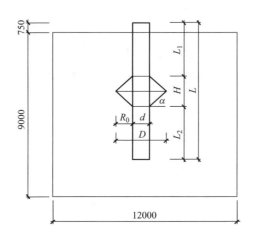

图 5.2-24　不同黏土含水率抗拔桩模拟分析模型尺寸示意图

图 5.2-24 中，L 为桩长，L_1 为盘顶上部桩长，L_2 为盘底下部桩长，d 为主桩径，D 为盘径，H 为盘高，R_0 为盘悬挑径，其中 $R_0 = (D-d)/2$，α 为盘坡角。

不同黏土含水率抗拔桩模拟分析模型参数　　　　　　　　　表 5.2-9

桩型	L(mm)	d(mm)	D(mm)	H(mm)	R_0(mm)	α(°)
抗拔桩	8250	500	1500	760	500	37

　　土层含水率对混凝土扩盘桩抗拔承载力影响的有限元分析过程中，首先根据模型试验研究的情况，建立相应的桩土分析模型，然后改变所在土层含水率这一重要的变量进行分析。由于有限元分析是在理想条件下进行的，克服了模型试验研究中诸多不利的客观条件，因此为了更加详细地分析土层含水率对混凝土扩盘桩性能的影响，增加了土层含水率为 19％、21％、25％、28％时混凝土扩盘桩的分析模型。具体模型编号与土层含水率的对应关系见表 5.2-10。

抗拔模拟分析桩编号与所在土层含水率的对应关系　　　　　　表 5.2-10

桩号	Z1	Z2	Z3	Z4	Z5	Z6	Z7	Z8
含水率	17％	19％	20.5％	21％	22.2％	25％	26％	28％

　　2）位移结果分析

　　对已经建立起来的不同黏土含水率的抗拔模拟分析模型进行加载，加载数量级为 100kN（换算为面荷载施加），加载到 7 级，700kN 为 Z8 的极限承载力。Z1～Z8 达到破坏时的位移云图如图 5.2-25 所示。

　　从图 5.2-25 可以看出，尽管土层含水率不同，但抗拔模拟分析桩的桩土位移云图的形态基本相同，说明各个桩的破坏状态是相同的。不同的是，主桩桩身的最大位移范围不同，说明桩周土体的承载力不同，同时，土层含水率不同，桩的最大位移量不同。

　　从图 5.2-25 中提取不同模拟分析桩的最大位移数据，汇总见表 5.2-11。

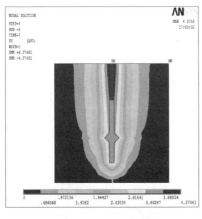

(a) Z1桩土位移云图

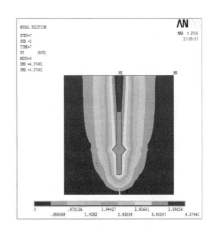

(b) Z2桩土位移云图

图 5.2-25　不同黏土含水率抗拔模拟分析桩竖向桩土位移云图（一）

337

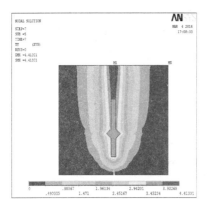

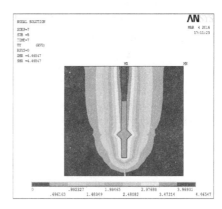

(c) Z3桩土位移云图

(d) Z4桩土位移云图

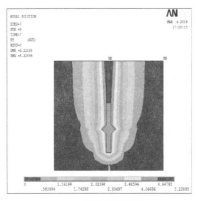

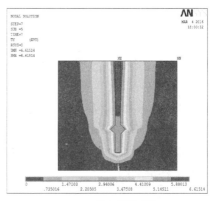

(e) Z5桩土位移云图

(f) Z6桩土位移云图

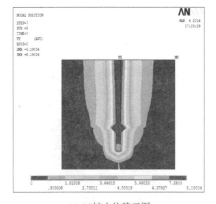

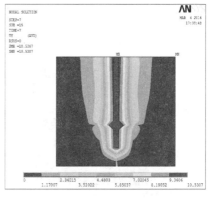

(g) Z7桩土位移云图

(h) Z8桩土位移云图

图 5.2-25　不同黏土含水率抗拔模拟分析桩竖向桩土位移云图（二）

不同黏土含水率抗拔模拟分析桩的最大位移值　　　　表 5.2-11

桩号	Z1	Z2	Z3	Z4	Z5	Z6	Z7	Z8
最大位移值(mm)	4.37461	4.37461	4.41301	4.46547	5.22895	6.61514	8.19034	10.5330

当土层含水率分别为 17%、19% 时，抗拔模拟分析桩的最大位移量较小；当抗拔模拟分析桩所在土层含水率为 20.5%、21%、22.2% 时，桩的最大位移量增长相对缓慢；当抗拔模拟分析桩所在土层含水率为 25%、26%、28% 时，桩的最大位移量增长较快。将各个桩在相同荷载作用下桩顶的竖向最大位移量绘制成曲线，如图 5.2-26 所示。

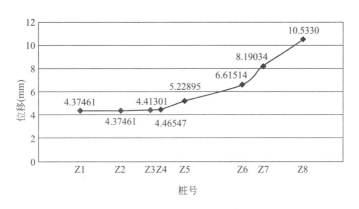

图 5.2-26　不同黏土含水率抗拔模拟分析桩的最大位移曲线

从图 5.2-26 可以看出，抗拔模拟分析桩的竖向位移量随着土层含水率的增大而不断增大，当土层含水率在 21% 以下时，抗拔模拟分析桩的竖向位移几乎不变；当土层含水率小于 22.2% 时，抗拔模拟分析桩的竖向位移缓慢增长，大致呈线性变化；当土层含水率大于 25% 时，抗拔模拟分析桩的竖向位移迅速增长。由上面的分析可以看出，当抗拔模拟分析桩所在土层含水率大于 25% 时，抗拔模拟分析桩的位移较大，抗拔承载力较小，在实际工程中估算抗拔桩的承载力时应该乘以一个相对较小的系数；当土层含水率小于 22.2% 时，抗拔模拟分析桩的抗拔承载力有明显的提高，在实际工程中估算抗拔桩的承载力时应该乘以一个相对较大的系数。该结论和抗拔桩的模型试验研究的结论相一致。

从 ANSYS 后处理器中提取 Z1～Z8 桩桩顶某点在每加载 100kN 后的竖向位移值。根据数据，绘制竖向位移随荷载的变化曲线，如图 5.2-27 所示。

从图 5.2-27 可以看出，不同模拟分析桩的荷载-位移曲线变化趋势基本相同，

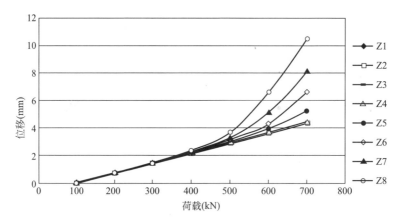

图 5.2-27 不同黏土含水率抗拔模拟分析桩的荷载-位移曲线

都是竖向位移随着荷载的增加而逐渐增大，前期呈线性发展，斜率较小，后期呈非线性发展，斜率较大。不同的是，在荷载相同的情况下，抗拔模拟分析桩的竖向位移随着含水率的增加而增大。从变化趋势上看，在荷载加载到 400kN 之前，不同含水率对应的桩体的竖向位移基本相同，随着荷载的不断增加，抗拔模拟分析桩的竖向位移开始发生变化，土层含水率较大的土层对应的抗拔模拟分析桩的竖向位移变化较大，Z8 的斜率最大，Z1、Z2 的斜率最小，随着模拟的进一步进行，Z1～Z5 的变化趋势大致相同，而 Z6～Z8 的斜率越来越大，对应的竖向位移也越来越大。因此，可以得出结论：当土层含水率小于 22.2％时，抗拔模拟分析桩的荷载-位移曲线大致呈线性变化，抗拔模拟分析桩的竖向位移增长缓慢，抗拔承载力较大，在实际工程中估算抗拔桩的承载力时应该乘以一个相对较大的系数；当土层含水率大于 25％时，位移随荷载的增长较快，抗拔模拟分析桩的抗拔承载力较小，在实际工程中估算抗拔桩的承载力时应该乘以一个相对较小的系数。

3. 模型试验和模拟分析结果的对比分析

由于模型试验和模拟分析存在一定的差别，模型试验受到很多客观条件和人为因素的影响和限制，例如模型桩不能保证受到的竖向拉力完全垂直向上、模型桩侧向不可避免地受到玻璃面板的摩擦力、人工加载和记录数据的精确性等。而模拟分析克服了众多客观条件的限制，从模型的建立到试验加载再到桩周土体的破坏整个过程均处于理想状态，但也存在不能完全符合实际情况的问题（由于在模拟分析中，含水率是以换算黏聚力参数输入的，而换算时的对应曲线基本为线性关系，这与实际含水率与土体性能的变化趋势有一定的差别）。因此模型试验和模拟分析的对比是相互弥补的。

下面以土层含水率为 20.5% 的抗拔桩为例，列举出模型试验和模拟分析荷载-位移曲线的变化趋势，如图 5.2-28 所示。

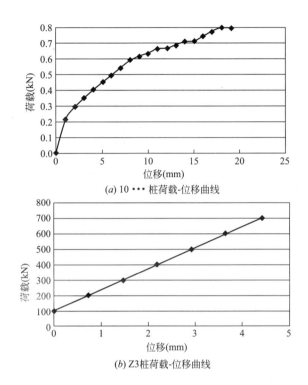

(a) 10··· 桩荷载-位移曲线

(b) Z3 桩荷载-位移曲线

图 5.2-28　不同黏土含水率抗拔桩模型试验与模拟分析荷载-位移曲线对比图

从图 5.2-28 可以看出，10··· 桩和 Z3 桩位移随着荷载的增大而增大，并且曲线呈凸线形变化。不同的是模型试验所得出的荷载-位移曲线里面的点呈离散分布，这是由于试验的非理想状态所致。二者得出的结论一致，并且符合桩静载试验的荷载-位移曲线变化规律，研究结论是可靠的。

下面以土层含水率为 20.5% 的抗拔桩为例，列举出模型试验和模拟分析桩周土体破坏形态，如图 5.2-29 所示。

从图 5.2-29 可以看出，抗拔试验模型桩和抗拔模拟分析桩桩周土体破坏情况基本一致。试验模型桩盘上面的土体沿着桩盘倾斜向上滑动，呈"心形"分布，同样模拟分析桩盘上面的土体也沿着桩盘倾斜向上呈"心形"分布，二者的土体破坏形态基本一致。这也充分证明了盘端阻力用滑移线理论来进行计算更加符合实际状况，更加合适。

总体来看，模型试验和模拟分析中抗拔桩的荷载-位移曲线的变化趋势、桩

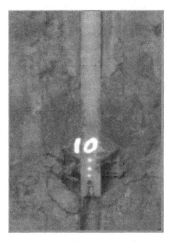

(a) 10···桩桩周土体破坏情况

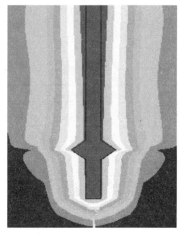

(b) Z3桩桩周土体破坏情况

图 5.2-29　不同黏土含水率抗拔桩模型试验与模拟分析桩周土体破坏情况对比图

周土体的破坏状态两者是相似的，对混凝土扩盘桩的抗拔破坏机理和承载力研究有很大的参考价值。

4. 单桩抗拔承载力计算公式修正

根据滑移线理论确定的单桩极限承载力计算公式，并结合模拟分析桩的实际尺寸以及桩周土体的性质，可以计算出抗拔桩的单桩极限承载力。在不同土层含水率的情况下，通过模拟分析得出的单桩极限承载力和通过公式计算得出的单桩极限承载力的具体数值见表 5.2-12。

不同黏土含水率时单桩抗拔极限承载力对照表　　　表 5.2-12

桩号	Z1	Z2	Z3	Z4	Z5	Z6	Z7	Z8
模拟分析极限承载力(kN)	2200	2200	1800	1700	1200	900	800	700
公式计算极限承载力(kN)	1352	1320	1247	1260	857	1150	1020	831
比例系数 β	1.63	1.67	1.44	1.35	1.40	0.78	0.78	0.84

从表 5.2-12 可以看出，通过公式计算得到的单桩抗拔极限承载力和通过模拟分析得到的单桩抗拔极限承载力存在一定的差异，模拟分析得到的极限承载力和公式计算得到的极限承载力存在一定的比值，取该比例系数 β 为理论公式的放大或折减系数。通过表 5.2-12 可以看出，不同含水率对应的比例系数 β 是不同的，当土层含水率小于 19% 时，比例系数接近 1.65；当土层含水率大于 20.5% 小于

22.2%时，比例系数接近 1.4；当土层含水率大于 25%时，比例系数较小约为 0.8。

实际设计应用中，如果以土层含水率为 20%～22%为基准，即调整系数为 1.0，则当土层含水率小于 19%时，调整系数为 1.2，当土层含水率大于 25%时，调整系数为 0.8，中间值可以用插值法进行计算。

5.3　细粉砂土含水率的影响

含水率对于细粉砂土是主要的物理参数，细粉砂土含水率变化对混凝土扩盘桩抗压、抗拔破坏状态有较大的影响，本节以单盘桩为基础，采用半截面桩小模型埋土试验以及 ANSYS 有限元模拟分析两种方法进行定性及定量的分析，并将模型试验研究与模拟分析的结果进行对比，确定细粉砂土含水率对混凝土扩盘桩桩周土体破坏状态以及抗压、抗拔承载力的影响，为混凝土扩盘桩设计应用提供理论依据，并为混凝土扩盘桩技术的更加广泛应用奠定基础。

5.3.1　细粉砂土含水率对抗压桩破坏机理的影响

1. 不同细粉砂土含水率抗压桩试验研究

1）试验模型桩及盛土器设计

研究细粉砂土含水率对混凝土扩盘桩抗压破坏的影响，关注的重点是细粉砂土含水率的变化，变量是桩周土体的含水率，因此仅设计一组桩盘参数比较合理的桩即可，针对这一特点试验模型桩采用钢制桩（见图 5.3-1），制作 4 个规格相同的桩，具体尺寸参数如表 5.3-1 所示。

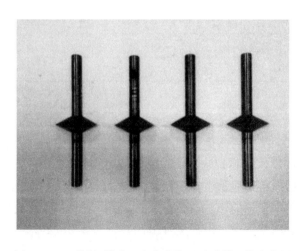

图 5.3-1　不同细粉砂土含水率抗压试验模型桩实物图

不同细粉砂土含水率抗压试验模型桩参数　　　　　　表 5.3-1

项目	主桩径 d (mm)	桩长 L (mm)	盘径 D (mm)	盘高 H (mm)	盘坡角 α (°)	盘悬挑径 R_0 (mm)
实际参数	500	5500	2000	800	28	750
模型参数	20	220	80	32	28	30

由于细粉砂土的特点，采用半截面桩小模型埋土试验，因此需要盛土器。根据前期研究确定的混凝土扩盘桩抗压桩影响范围，设计盛土器的尺寸为 280mm×320mm×320mm，盛土器需要承受细粉砂土压实过程中产生的侧向压力和加载过程中产生的侧向压力，因此凹槽形状的侧钢板和平面钢板的板厚设计为 3mm；顶面的钢板留有半圆形的豁口，便于试验时桩身能够高出顶板 3～4cm；盛土器侧面凸出的钢板用于螺栓固定玻璃平板（具体形式见第 2 章）。

2）细粉砂土含水率的确定

根据第 2 章中介绍的半截面桩小模型埋土试验方法，确定土样的初步含水率。根据含水率的计算公式，试验的设计将细粉砂土含水率控制为 10%、12.5%、15%、17.5%，根据已称得砂子的质量控制水的质量如表 5.3-2 所示。

不同含水率细粉砂土与水的质量　　　　　　表 5.3-2

含水率(%)	砂质量(kg)	水质量(kg)
10	51.0	5.10
12.5	50.6	6.33
15	49.2	7.38
17.5	49.6	8.68

从细粉砂土加水配制相应含水率的细粉砂土直到试验结束，会存在水分损失的情况，因此在试验结束后会重新测定细粉砂土的含水率。尽管在不同含水率情况下细粉砂土的各项性能指标也会存在差异，由于人工压实故存在压实度的误差，经过土工试验的结果显示压实度相差很小，因此可以忽略压实度的影响，只考虑含水率这一单一变量的影响。试验前后测得 a、b、c、d 桩所处的细粉砂土含水率、黏聚力、内摩擦角、干密度等指标如表 5.3-3 所示。

抗压试验细粉砂土各项性能指标　　　　　　　　表 5.3-3

桩号	理论含水率 ω （%）	实测含水率 ω （%）	黏聚力 c （kPa）	内摩擦角 φ （°）	密度 ρ （g/cm³）
a	10	10.47	49.98	42.8	1.78
b	12.5	12.05	46.90	38.7	1.82
c	15	13.60	45.32	35.2	1.76
d	17.5	15.13	34.11	32.1	1.80

注：实测含水率虽然与理论含水率有一定的差距，但基本满足试验变量的梯度要求。

3）荷载-位移曲线对比分析

根据第 2 章介绍的试验方法进行试验。试验加载时，采取的记录方式是位移控制法，即位移计每增加 1mm，记录一次加载数值。

为了提高数据的准确性，在试验数据统计时，将模型试验桩上部的千斤顶垫片、千斤顶自身的重量计入其中，试验数据更符合实际。根据数据，绘制抗压试验模型桩的荷载-位移曲线，如图 5.3-2 所示。

从图 5.3-2 可以看出，随着荷载的增加，桩顶位移也逐渐增大。位移为 0mm 时，荷载并不为 0，由于加载试验需要辅助设备，包括千斤顶、千斤顶垫片、桩

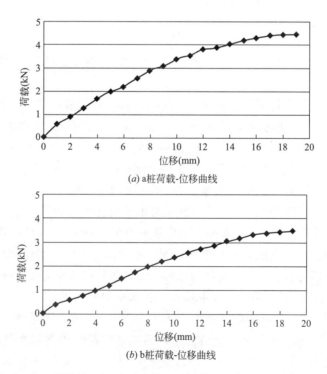

(a) a桩荷载-位移曲线

(b) b桩荷载-位移曲线

图 5.3-2　不同粉细砂土含水率抗压试验模型桩荷载-位移曲线（一）

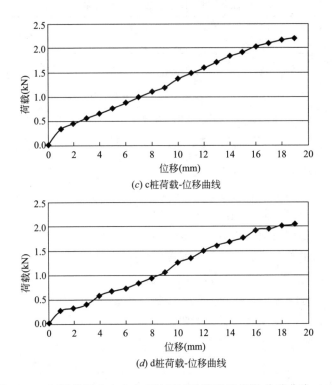

(c) c桩荷载-位移曲线

(d) d桩荷载-位移曲线

图 5.3-2　不同粉细砂土含水率抗压试验模型桩荷载-位移曲线（二）

顶垫块，这些辅助设备经过称重为 0.034kN，作为初始静荷载。在加载初期，位移每增加 1mm，荷载的变化幅度较大，继续加载，其荷载-位移曲线趋于平缓，变化率逐渐降低，说明此时位移变化相同时荷载的变化减小。随着对桩顶加载到最后阶段，对桩顶施加较小的荷载，桩的竖向位移很大，说明混凝土扩盘桩已达到极限破坏状态，对应的荷载值是桩的极限荷载值。

将 a、b、c、d 桩的荷载-位移曲线汇总形成对比图，如图 5.3-3 所示。

从图 5.3-3 可以看出，4 条曲线的发展趋势基本相同，都是随着荷载的增加位移在不断增大。但是随着含水率的不同，不同试验模型桩的位移增加随承受荷载的变化率有所差异。a 桩（实际含水率 10.47%）的竖向承载力较大，与 b 桩（实际含水率 12.05%）曲线变化率接近，含水率相差约 1.6%，但竖向承载力变化相对比较明显，a 桩的极限承载力为 4.450kN，b 桩的极限承载力为 3.496kN，二者相差 0.954kN。混凝土扩盘桩的承载力随着细粉砂土含水率的增加而降低，从图中可以看出 c 桩（实际含水率 13.60%）与 d 桩（实际含水率 15.13%）的荷载随位移的变化趋势相似，且二者最终的极限承载力差值也很小。将 c 桩与 d

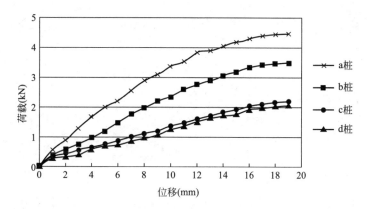

图 5.3-3　不同细粉砂土含水率抗压试验模型桩荷载-位移曲线对比图

桩的荷载-位移曲线对比分析，二者的含水率差值同样为 1.5%，但无论是荷载的变化趋势还是桩的极限承载力都没有明显的区别，结合后面的桩周土体破坏过程分析可知，主要原因是 c 桩在加载过程中出现了桩体倾斜，因此影响了荷载-位移曲线的发展趋势。综上所述，混凝土扩盘桩设在细粉砂土中时，当细粉砂土的含水率不同时（10%～15%），随着含水率的增加混凝土扩盘桩的承载力逐渐减小，估算混凝土扩盘桩的承载力应该乘以一个相应调整系数，且系数的大小也与含水率有关。

4）桩周土体破坏情况分析

（1）桩周土体破坏过程分析

对桩顶施加荷载的过程中，每产生 1mm 的位移，用数码相机记录桩周细粉砂土的破坏情况，以 a 桩为代表，选择有代表性的图片描述桩周土体的破坏过程，如图 5.3-4 所示。

与黏土试验不同，由于细粉砂土颜色较浅，水分溢出的水印看不清，为了观察土的变化，试验前在细粉砂土的表面画上水平网格线，当对试验模型桩加载时，盘下土体挤压导致的细粉砂土的竖向移动通过网格线的弯曲变化可以显现，这样就能够清晰地看到盘下受力土体的影响范围以及形状。

图 5.3-4（a）是未加载的状态。图 5.3-4（b）是加载初期，桩底及承力扩大盘与细粉砂土结合紧密，桩周围的水平网格线未弯曲。在加载一定荷载之后，图 5.3-4（b）中盘尖端位置出现水平裂缝，且盘上细粉砂土与盘分离，只有承力扩大盘附近的网格线出现微弯曲，盘下土体变化不明显。图 5.3-4（c）为加载中期，随着荷载的增加，盘上裂缝增大，达到图 5.3-4（d）状态时盘端土体开始出现剪切

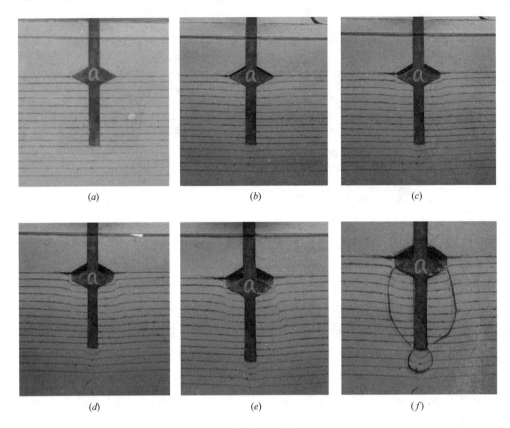

(a) (b) (c)

(d) (e) (f)

图 5.3-4　a 桩桩周土体破坏全过程

破坏，盘下及桩端的水平网格线弯曲明显，说明盘下和桩端的土体开始受到挤压，承力扩大盘端土体受到的剪切力越来越大，土体裂缝不断扩展，且从网格线的弯曲状态发现盘下土体挤压成"心形"形状。图 5.3-4（e）为加载末期，荷载继续加大，单位竖向位移下荷载变化很小，说明已经达到极限破坏状态，盘下水平网格线沿着竖向弯曲明显，甚至盘附近和桩端的网格线已经出现中断的情况，说明盘周土体已经发生滑移破坏。图 5.3-4（f）为承力扩大盘周土体的破坏状态，从盘下土体的破坏状态发现，混凝土扩盘桩的竖向抗压承载力主要由盘下土体提供。

（2）桩周土体破坏状态对比分析

试验的主要目的是研究不同含水率情况下抗压试验模型桩的承载力及桩周土体的破坏状态。a 桩实际含水率 10.47%，b 桩实际含水率 12.05%，c 桩实际含水率 13.60%，d 桩实际含水率 15.13%，试验试件的压实度等其他条件基本相同，在桩顶荷载的作用下，位移在 20mm 左右时，桩处于不同含水率的细粉砂土中均达到破坏状态，试验过程中位移传感器记录位移并用相机记录桩周土体的破坏状态，试验结束后整理结果进行对比，图 5.3-5 为不同细粉砂土含水率时，试验模型桩桩周土体破坏前后对比图。其中，c 桩的破坏状态由于砂土平面与钢化玻璃之间存在空隙，因此桩体在加载时出现了向外倾斜现象。

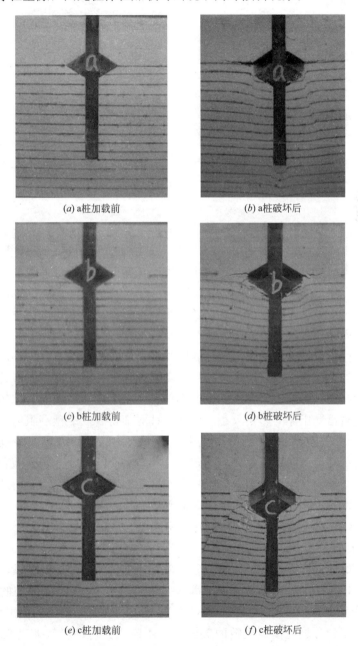

(a) a桩加载前　　　　　　　　(b) a桩破坏后

(c) b桩加载前　　　　　　　　(d) b桩破坏后

(e) c桩加载前　　　　　　　　(f) c桩破坏后

图 5.3-5　不同细粉砂土含水率抗压试验模型桩桩周土体破坏前后对比图（一）

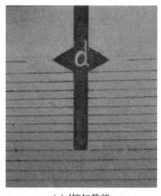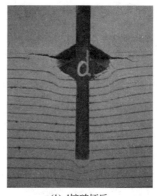

(g) d桩加载前   (h) d桩破坏后

图 5.3-5　不同细粉砂土含水率抗压试验模型桩桩周土体破坏前后对比图（二）

从图 5.3-5 可以清晰地看出，当混凝土扩盘桩桩周土体为细粉砂土时，在竖向压力作用下，混凝土扩盘桩与周围土体共同作用的破坏过程基本相同，都是加载初期，盘上桩土分离，盘下及桩端土体压缩；加载中期，盘上桩土分离裂缝加大，盘端处发生剪切破坏，盘下土体出现滑移现象，盘端土体压缩范围增大；加载后期，盘上土体出现较大凌空区，盘端土体剪切破坏，盘下土体沿一定角度向下发生滑移破坏，盘端土体影响区域类似"心形"。

对比不同含水率试验模型桩破坏后的状态可以看出，随着含水率的增大，盘下细粉砂土的压缩量也相应增大；相反，含水率越大，沿着盘端发展的水平裂缝越短，说明在初始加载阶段含水率大的细粉砂土由于盘下砂土的强度较小，容易压缩，因此对盘周土体的影响较小。另外，针对细粉砂土中盘端阻力而言，抗压试验模型桩在不同含水率的细粉砂土中，盘下土体的滑移破坏影响范围基本相同，盘端的影响范围差别不大，但达到破坏状态需要的荷载不同，随着含水率的增大而减小，说明抗压桩的承载力随着含水率的增大而降低。综上所述，考虑细粉砂土含水率的影响，在计算承载力时需乘以调整系数。

2. 不同细粉砂土含水率抗压桩有限元分析

1）桩模型

为了更好地进行模拟分析，模拟分析模型建立过程中，比模型试验研究增加两组含水率，由于细粉砂土的天然含水率为 15％～18％，因此增加的两组模拟分析模型采用的含水率为 16.5％和 18％，黏聚力和内摩擦角按插值法计算取值。土体本构模型和参数是模拟成败的关键，抗压模拟分析桩参数如表 5.3-4 所示，模拟分析中所用细粉砂土的参数如表 5.3-5 所示。

桩模型	弹性模量 E(MPa)	密度 ρ(kg/m³)	相对密度 γ
MC	3×10^4	2500	0.2

不同细粉砂土含水率抗压模拟分析桩参数　　表 5.3-4

不同含水率细粉砂土模型参数　　表 5.3-5

细粉砂土模型	弹性模量 E(MPa)	相对密度 γ	含水率 ω(%)	密度 ρ (kg/m³)	黏聚力 c(kPa)	内摩擦角 φ(°)
MS1			10.47	1800	44.98	40.8
MS2			12.05	1800	41.90	38.7
MS3	30	0.25	13.60	1800	40.32	35.2
MS4			15.13	1800	35.11	30.1
MS5			16.50	1800	33.20	27.3
MS6			18.00	1800	30.16	23.7

模拟分析过程中所建立的桩土模型是按照试验模型 1:25 的比例建立的。模拟分析桩主桩径 $d=500$mm，桩长 $L=5460$mm，盘高 $H=800$mm，盘坡角 $\alpha=28°$，盘径 $D=2000$mm，盘悬臂径 $R_0=750$mm，盘上桩长 $L_1=2010$mm，盘下桩长 $L_2=2650$mm；细粉砂土模型的建立满足抗压桩影响范围的要求，取土体半径 $R=4250$mm、高度 $H=7710$mm 的半截面柱体，有限元分析建立的桩土模型如图 5.3-6 所示。

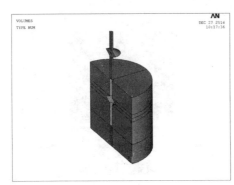 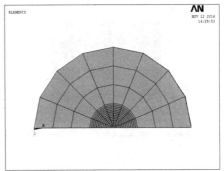

图 5.3-6　不同细粉砂土含水率抗压模拟分析桩桩土模型

2）位移结果分析

模拟分析完成后，分别提取各个模型加载到 20MPa 时的竖向桩土位移云图进行分析，如图 5.3-7 所示。

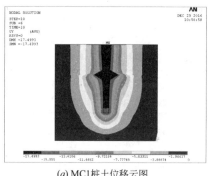
(a) MC1桩土位移云图

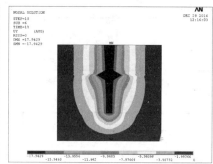
(b) MC2桩土位移云图

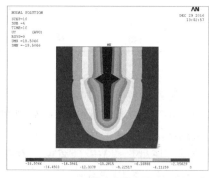
(c) MC3桩土位移云图

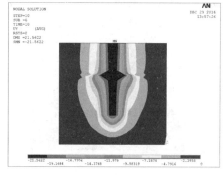
(d) MC4桩土位移云图

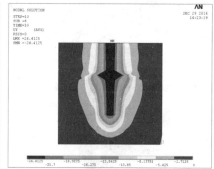
(e) MC5桩土位移云图

(f) MC6桩土位移云图

图 5.3-7　不同细粉砂土含水率抗压模拟分析桩竖向桩土位移云图

从图 5.3-7 可以看出，不同细粉砂土含水率情况下，抗压模拟分析桩的位移
云图形式基本相同，只是位移区域范围不同，说明桩周土体的破坏形式基本相

同，但破坏范围不同，承载力不同。

从位移云图中提取不同模拟分析桩的最大位移值，见表 5.3-6，将各个桩的最大位移值绘制成曲线，如图 5.3-8 所示[38]。

不同细粉砂土含水率抗压模拟分析桩的最大位移值　　　　表 5.3-6

桩号	MC1	MC2	MC3	MC4	MC5	MC6
最大位移值（mm）	17.30	17.94	18.51	20.28	21.56	24.41

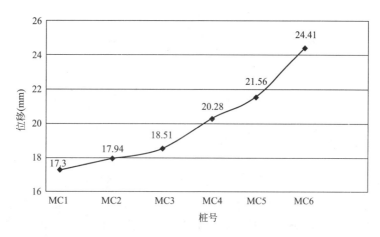

图 5.3-8　不同细粉砂土含水率抗压模拟分析桩的最大位移曲线

从图 5.3-8 可以看出，不同模拟分析桩在相同荷载情况下，随着含水率的增大，最大位移量呈逐渐上升趋势，且曲线后期增长较快，其中 MC6 位移量最大，MC1 位移量最小。从模拟分析结果得知，在相同荷载作用下位移小的承载力相对较高，所以，MC6 的承载力相对较低，MC1 的承载力相对较高。从图中可以看出，MC1、MC2、MC3 的最大位移量随着含水率增加逐渐增大，但位移的变化率相对不明显。与此相反，MC4、MC5、MC6 在相同荷载作用下最大位移量逐渐增大，而且变化率比较明显。由此可知：当细粉砂土的实际含水率低于 14％左右时，含水率的变化对细粉砂土的承载力以及混凝土扩盘桩的最大位移量的影响并不明显；当细粉砂土的实际含水率高于 14％左右时，含水率的变化对细粉砂土的承载力以及混凝土扩盘桩的最大位移量的影响较明显。

处理 ANSYS 分析结果时，提取桩顶某点在不同荷载下的竖向位移值。根据数据，绘制各个模拟分析桩的荷载-位移曲线对比图，如图 5.3-9 所示。

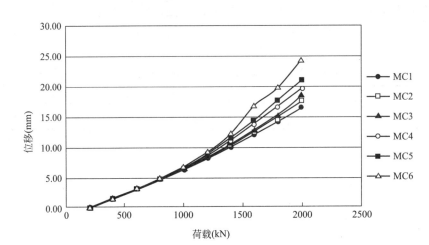

图 5.3-9　不同细粉砂土含水率抗压模拟分析桩荷载-位移曲线对比图

对 MC1～MC6 的荷载-位移曲线进行分析，可以得到以下结论：

（1）曲线变化趋势分析：不同模拟分析桩在不同荷载作用下荷载-位移曲线变化趋势大致相同，即混凝土扩盘桩桩顶竖向位移随着竖向荷载的增大而逐渐增大；荷载较小时，基本呈线性增长，且增长率比较接近。但后期不同，MC1～MC3 的荷载-位移曲线基本保持一致，后期曲线状态变化不大；MC4、MC5 的曲线比较接近，后期有上升趋势，但不明显；而 MC6 的荷载-位移曲线变化率较大。

（2）对不同模拟分析桩的荷载-位移曲线进行对比分析，达到破坏时，MC1～MC6 的位移逐渐减小，说明随着细粉砂土含水率的增加，桩的承载力逐渐减小。MC1～MC3 的数值比较接近，承载力均较高；MC4、MC5 位移稍大，承载力降低；MC6 的位移最大，承载力最低。说明当实际含水率高于 14% 左右时，桩的承载力下降明显。

3）剪应力结果分析

在 ANSYS 后处理过程中，将 MC1～MC6 在相同荷载作用下的 XY 向剪应力云图进行整理，如图 5.3-10 所示。

从图 5.3-10 可以发现，在桩顶均施加 20MPa 竖向压力的情况下，模拟分析桩承力扩大盘左侧的剪应力达到最大值，而右侧出现 XY 向剪应力最小值；通过进一步分析可以得到此荷载作用下 MC1～MC6 的 XY 向最大剪应力值，见表 5.3-7，根据表中的数据绘制最大剪应力曲线，如图 5.3-11 所示。从图中发现，

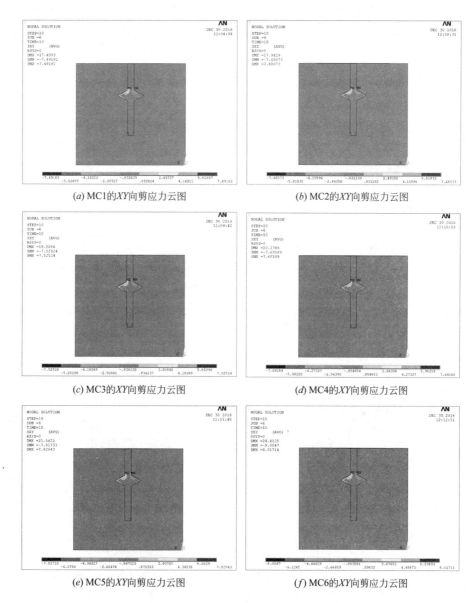

(a) MC1的XY向剪应力云图　　　　　　　　(b) MC2的XY向剪应力云图

(c) MC3的XY向剪应力云图　　　　　　　　(d) MC4的XY向剪应力云图

(e) MC5的XY向剪应力云图　　　　　　　　(f) MC6的XY向剪应力云图

图 5.3-10　不同细粉砂土含水率抗压模拟分析桩 XY 向剪应力云图

当实际含水率小于 14％左右时，随着含水率的增大最大剪应力增大，但增大的幅度并不明显；当实际含水率大于 14％左右时，随着含水率的增大最大剪应力变化较大。

不同细粉砂土含水率抗压模拟分析桩 XY 向最大剪应力值　　表 5.3-7

含水率(%)	10.47	12.05	13.60	15.13	16.50	18.00
最大剪应力值(MPa)	7.49282	7.48073	7.52524	7.69188	7.82043	8.01714

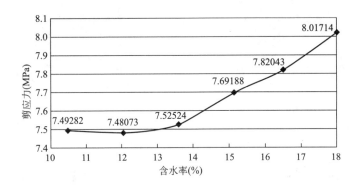

图 5.3-11　不同细粉砂土含水率抗压模拟分析桩 XY 向最大剪应力曲线

　　为了更进一步了解 MC1～MC6 的 XY 向剪应力变化趋势，在 MC1～MC6 模型中沿着桩身从桩顶端到桩底端均匀提取节点，整理相应节点处在相同荷载作用下的 XY 向剪应力值，并根据表中的数据绘制成曲线，如图 5.3-12 所示。

　　通过分析图 5.3-12 可知：模拟分析桩在承力扩大盘上部和下部沿着桩身的剪应力变化很小，且盘上和盘下桩身的剪应力相差也很小，说明在此荷载作用下

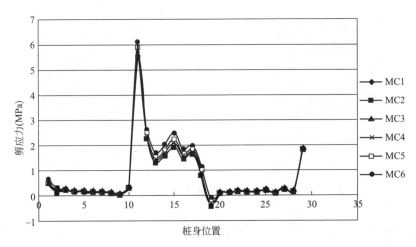

图 5.3-12　不同细粉砂土含水率抗压模拟分析桩桩身的剪应力曲线

注：1～10 点为盘上桩身节点位置，20～29 点为盘下桩身节点位置，11 点为承力扩大盘上部拐点，
19 点为承力扩大盘下部拐点，15 点为承力扩大盘端点。

桩身发挥承力的作用是均匀的，产生突变的点主要是承力扩大盘的拐点处，29点是桩侧接近桩底位置，该位置既承受桩侧的力又承受桩底的力，固该点剪应力产生突变；对不同细粉砂土含水率的桩身剪应力曲线进行综合分析可以发现，MC1～MC6桩身剪应力曲线变化趋势是一致的，MC6与其他桩相比在盘端的剪应力较大，但各桩的剪应力差值并不明显，说明当实际含水率低于18%时对桩身的剪应力影响不大。

除此之外，将桩周土体沿着桩顶端到桩底端进行均匀取点，提取MC1～MC6桩周土体的XY向剪应力值。并根据桩周土的剪应力值绘制XY剪应力曲线，如图5.3-13所示。

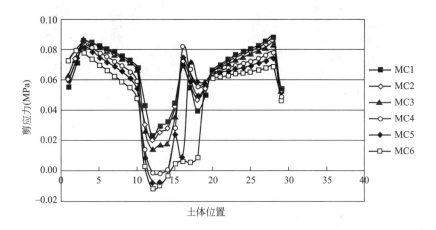

图 5.3-13 不同细粉砂土含水率抗压模拟分析桩桩周土体剪应力曲线
注：1～10点表示盘上桩身节点位置，20～29点表示盘下桩身节点位置，11点表示承力扩大盘上部拐点，19点表示承力扩大盘下部拐点，15点表示承力扩大盘端点。

通过分析图5.3-13可以得知：首先，沿着桩周土体节点分析，靠近桩顶的节点荷载相对桩身而言较小，原因是在细粉砂土的模型顶面未设置约束，故靠近顶面的节点剪应力相对较小，沿着桩身的剪应力明显大于承力扩大盘位置的剪应力，且从桩顶到承力扩大盘位置有所减小，原因是桩顶荷载在传递的过程中由于桩侧摩阻力作用导致桩周土体的剪应力有所减小，承力扩大盘上端的剪应力最小，由于承力扩大盘下端承受压力，因此在承力扩大盘下端剪应力明显增大，承力扩大盘下的剪应力曲线发展趋势与盘上的剪切应力曲线关于承力扩大盘呈对称形式。其次，在模拟分析桩承受相同压力的情况下，不同模拟分析桩的桩周土体剪应力变化趋势基本相同，在实际含水率约为10%～14%时桩周土体的剪应力值更加接近且剪应力较大，在实际含水率为14%～18%时桩周土体的剪应力较小，尤其在承力扩大盘附近的桩周土体剪应力极小，所以实际含水率为 14％左右时是影响桩周土体剪应力的关键。

3. 模型试验和模拟分析结果的对比分析

1）桩周土体破坏状态的比较

根据模型试验与 ANSYS 模拟分析采集的图片进行对比，如图 5.3-14 所示。

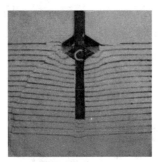 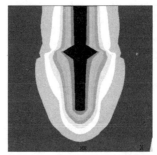

（a）试验模型桩破坏后状态图　　　　　　（b）有限元模拟位移云图

图 5.3-14　不同细粉砂土含水率抗压桩模型试验和模拟分析桩周土体破坏状态对比图

通过模型试验过程中采集的土体破坏图片与模拟分析得到的破坏时的位移云图进行对比分析，在桩周土体达到破坏的情况下，模型试验的桩周、盘下、桩端土体变形的趋势与有限元模拟分析的位移云图大致相同，但也存在差异之处，引起这种差异的原因主要是：

（1）调配好相应含水率的细粉砂土在后期的压实、埋桩、试验的过程中间隔时间较长导致水分的流失。含水率与设计值有差别。

（2）在盛土器装砂、压桩的过程中压实度的控制会出现局部不均匀。

（3）在压桩的过程中观测玻璃与半截面桩之间存在缝隙，导致半截面桩受力不完全垂直。

（4）ANSYS 有限元模拟的材料属性按最理想的状态进行设置。

因此，模型试验的破坏状态与有限元模拟分析的结果固然存在一定的差异，但变化趋势是一致的，桩在竖向压力作用下，盘下和桩端的细粉砂土逐渐挤压密实，继续加载在盘下影响范围内发生滑移破坏，破坏的形状是关于桩身对称的"心形"形状。

2）荷载-位移曲线的比较

ANSYS 有限元模拟结束后，提取有限元模拟时相应荷载下的位移点，将 MC2 的荷载-位移曲线横纵坐标进行调换，即统一为横坐标为位移，纵坐标为荷载，得到的曲线与模型试验的荷载-位移曲线进行对比，如图 5.3-15 所示。

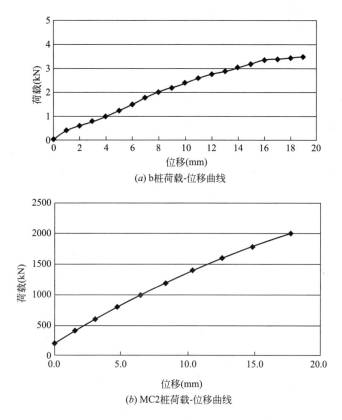

(*a*) b桩荷载-位移曲线

(*b*) MC2桩荷载-位移曲线

图 5.3-15　不同细粉砂土含水率抗压桩模型试验与模拟分析荷载-位移曲线对比图

通过对相同含水率的模型试验与模拟分析的荷载-位移曲线进行对比分析可以发现，两条曲线图的相同点与不同点：

相同点：初期曲线比较陡，即斜率大，中期曲线增长缓慢，斜率减小，后期曲线增长更加缓慢，斜率更小，说明达到破坏时，荷载几乎不增加，但位移迅速增长。

不同点：虽然两条曲线变化趋势相近，但变化率却不同，试验模型桩在初期加载过程中荷载随位移的变化率较大，而加载到后期土体发生破坏，土体不再发挥作用，因此单位位移下荷载很小；另外，模型试验的荷载-位移曲线上的点有一定的离散性，因为模型试验会受到各种因素的影响。而 ANSYS 有限元模拟分析的荷载-位移曲线比较理想，而且曲线几乎呈线性变化，曲率变化不大，主要是因为模拟分析的模型处于理想状态。模型试验所用的材料属性与模拟分析所设置的材料属性也存在一定的差异，这也是导致荷载-位移曲线不完全相同的原因。

5.3.2 细粉砂土含水率对抗拔桩破坏机理的影响

1. 不同细粉砂土含水率抗拔桩试验研究

1）试验模型桩及盛土器设计

同抗压桩相同，抗拔桩仍采用钢制桩。桩长为 6700mm，主桩径为 500mm，而混凝土扩盘桩在竖向拉力作用下桩周土体可能发生冲切破坏，为了更加直观地观察试验现象，故承力扩大盘位置设置在距离桩端 1000mm 处，盘径为 2000mm，盘高为 800mm，具体参数设置见表 5.3-8；为了方便试验操作，将混凝土扩盘桩按照 1：25 的比例制成模型桩，由于试验将细粉砂土含水率作为唯一变量，因此需制作 4 个尺寸完全相同的试验模型桩，见图 5.3-16，通过改变桩周土体的含水率形成不同的试验试件。

不同细粉砂土含水率抗拔试验模型桩参数　　　　　表 5.3-8

项目	主桩径 d（mm）	桩长 L（mm）	盘径 D（mm）	盘高 H（mm）	盘坡角 α（°）	桩数量
实际参数	500	6700	2000	800	28	—
模型参数	20	248＋20	80	32	28	4

注：桩顶部位加长 20mm 凸出土层表面，为了方便试验加载。

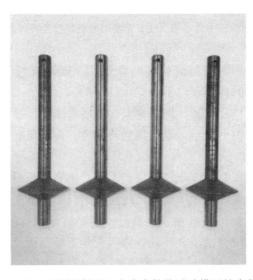

图 5.3-16　不同细粉砂土含水率抗拔试验模型桩实物图

根据影响范围设计试验所用的盛土器尺寸为 300mm×280mm×320mm，为了方便试验加载，其中顶面的平面钢板长边中心处需要留设 20mm 的半圆孔（形式见第 2 章），数量为 4 个。

2）细粉砂土含水率的确定

含水率确定的原则和方法同 5.3.1，具体分组如表 5.3-9 所示。试验所用细粉砂土性能指标见表 5.3-10。

不同细粉砂土含水率抗拔桩试验含水率分组　　　　　　　表 5.3-9

桩号	0′	1′(1)	2′	3′
理论含水率	17.5%	15%	12.5%	10%

注：0′、1′、2′和 3′号模型土层表面无约束，1 号模型土层表面有约束。

抗拔试验细粉砂土各项性能指标　　　　　　　　表 5.3-10

桩号	理论含水率 ω(%)	实测含水率 ω(%)	黏聚力 c(kPa)	内摩擦角 φ (°)	密度 ρ (g/cm^3)
0′	17.5	15.89	34.11	31.9	2.26
1′	15	13.6	41.37	36.2	2.2
2′	12.5	11.61	45.20	37.3	2.16
3′	10	9.94	47.96	40.7	2.268

3）荷载-位移曲线对比分析

在试验阶段，分别对 4 组不同含水率的试验模型进行加载试验，当位移传感器读数每增加 1mm 时，记录相对应的液压拉拔仪荷载读数，持续加载，直到试验模型桩的位移持续增加，而液压拉拔仪荷载读数几乎保持不变时，说明模型试件桩周土体破坏，停止加载。试验结束后整理 4 组不同含水率的抗拔试验模型桩荷载、位移数据。

根据整理的荷载位移试验数据，绘制出每个含水率试验模型桩的荷载-位移曲线，如图 5.3-17 所示。

通过观察 0′、1′、2′、3′号桩的荷载-位移曲线可以得知：在整个试验加载过程中，随着抗拔试验模型桩桩顶所施加的竖向荷载的持续增大，桩顶位移也在持续增加。每个模型都有很明显的阶段性。在试验加载的初期阶段，即桩顶位移在 0～2mm 范围内时，随着桩顶荷载的增加，桩顶竖向位移增加趋势不明显，表明试验模型桩在加载初期，在竖向拉力作用下，桩周土体承载力较高；当荷载持续增加到达加载中期阶段，即桩顶位移在 2～9mm 范围内时，随着荷载的持续增加, 桩顶竖向位移增长趋势加快, 曲线趋于平缓, 原因是盘上受压土体产生滑移, 但尚未达到破坏; 当试验加载进入后期, 即桩顶位移超过 9mm 时, 桩顶荷载增加不明显, 竖向位移持续增加趋势明显, 表明试验模型桩桩周土体已经达到破坏, 模型试验宣告结束。0′号桩细粉砂土含水率最高, 曲线在最下方, 极限荷载值最低。1′、2′、3′号桩的曲线形式比较相似, 在加载后期, 随着桩顶荷载的增加, 竖向位移增加趋势比较平缓, 说明在荷载增加不大的情况下, 位移增长较快, 达到土体的极限荷载而宣告试验结束。

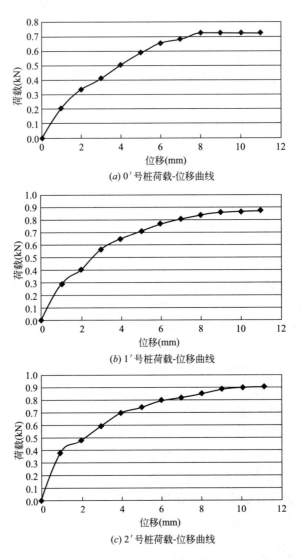

(a) 0′号桩荷载-位移曲线

(b) 1′号桩荷载-位移曲线

(c) 2′号桩荷载-位移曲线

图 5.3-17　不同细粉砂土含水率抗拔试验模型桩荷载-位移曲线 (一)

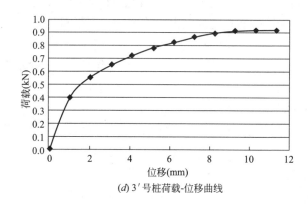

(d) 3′号桩荷载-位移曲线

图 5.3-17　不同细粉砂土含水率抗拔试验模型桩荷载-位移曲线（二）

根据表 5.3-15 中的数据，将 0′、1′、2′、3′号桩的荷载-位移曲线汇总成对比图，如图 5.3-18 所示。

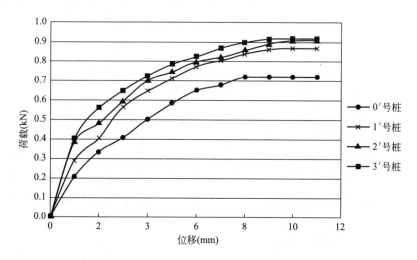

图 5.3-18　不同细粉砂土含水率抗拔试验模型桩荷载-位移曲线对比图

从图 5.3-18 可以直观地得出以下结论：

（1）0′～3′号桩的荷载-位移曲线发展趋势基本相同，随着桩顶竖向拉力的增加，竖向位移也在持续增加。前期增长较慢，曲线较陡；中期增长较快，曲线斜率下降；后期迅速增长，曲线趋于水平。曲线发展趋势符合桩基础荷载-位移曲线的发展规律，试验结果基本可靠。

（2）通过分析对比 $0'\sim3'$ 号桩的荷载-位移曲线可以发现：在桩顶竖向位移相同的情况下，$3'$ 号桩所能承受的竖向拉力最大，$0'$ 号桩所能承受的竖向拉力最小；反之，在桩顶所施加的竖向拉力相同的情况下，$0'$ 号桩的桩顶竖向位移最大，而 $3'$ 号桩的桩顶竖向位移最小。这就说明，当细粉砂土含水率过大时，混凝土扩盘桩的承载力较低，位移较大；当细粉砂土含水率较小时，混凝土扩盘桩的承载力较高，位移较小。

（3）从 $0'\sim3'$ 号桩的荷载-位移曲线的变化趋势可以看出：当试验模型桩桩顶竖向位移超过 9mm 时，桩顶所施加的竖向拉力增加幅度比较平缓，甚至达到水平，这意味着模型已经宣告破坏，此时的荷载值即为每个桩所对应的极限承载力。由此可知，从 $0'$ 号桩到 $3'$ 号桩，其极限承载力依次为 0.722kN、0.869kN、0.908kN、0.917kN，其极限承载力逐渐提高，即细粉砂土含水率越高，混凝土扩盘桩极限承载力越低，反之，细粉砂土含水率越低，混凝土扩盘桩极限承载力越高。

（4）通过对 $0'\sim3'$ 号桩的荷载-位移曲线整体分析可以得知：$0'$ 号桩的荷载-位移曲线与 $1'$ 号桩的曲线间距较大，而 $1'$、$2'$、$3'$ 号桩的曲线间距较小，曲线形式基本保持同步增长，间接说明当细粉砂土含水率超过 15% 左右时，混凝土扩盘桩的抗拔承载性能相对于含水率低于 15% 左右时的混凝土扩盘桩较差，故当细粉砂土含水率超过 15% 时，对于混凝土扩盘桩的抗拔承载力应该采用折减系数进行适当的调整，确保混凝土扩盘桩设计的可靠性。

4）桩周土体破坏情况分析

（1）桩周土体破坏过程分析

为了能够更加具体的了解竖向拉力作用下，混凝土扩盘桩与桩周土体共同作用的破坏状态，在试验过程中，当位移传感器的读数每增加 1mm 时，记录对应的荷载值；当位移传感器的读数每增加 2mm 时，利用数码相机拍摄对应的桩周土体的破坏状态，直到试验模型破坏。下面以细粉砂土含水率为 15% 的抗拔桩为例，观察抗拔桩桩周土体的整个破坏状态，如图 5.3-19 所示。

通过观察 $0'$ 号桩桩周土体从加载到破坏的全过程，可以清晰地将桩土共同作用破坏的整个过程分为三个阶段。

第一阶段：在试验加载初期，桩顶施加的竖向拉力比较小，桩顶竖向位移较小，承力扩大盘下部及桩端与土体产生分离，并且盘端产生微小水平裂缝，有沿着承力扩大盘边横向发展的趋势，说明承力扩大盘上、下的细粉砂土产生竖向拉力，盘下的细粉砂土基本保持原状，而盘上的细粉砂土产生微小的压缩变形，变得更加密实，如图 5.3-19（b）、（c）所示。

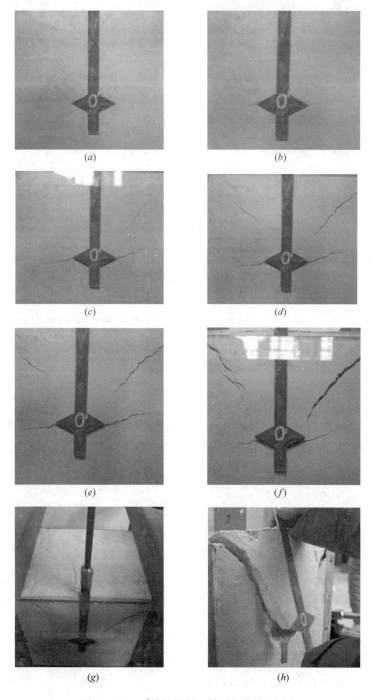

图 5.3-19　$0'$号桩桩周土体破坏过程（一）

(i) (j)

图 5.3-19 $0'$ 号桩桩周土体破坏过程（二）

第二阶段：随着试验模型桩桩顶竖向荷载逐渐增加，半截面桩的竖向位移逐渐增大；盘下及桩端土体与桩盘及桩端彻底分离，形成凌空范围，而且逐渐扩大；承力扩大盘边的盘端横向裂缝逐渐向两边发展，并且裂缝宽度越来越大；盘上的细粉砂土逐渐被压密实，达到一定程度之后，沿着受压土体边缘发生滑移，形成"心形"的滑移线；由于盛土器表面土层没有受到约束，承力扩大盘距土体上表面距离不足够大，随着荷载的不断增加，在盘上部局部滑移土体的带动下，盘上部大部分细粉砂土沿着 45°方向出现斜向微裂缝，并且有从上向下发展的趋势，如图 5.3-19 (d)、(e) 所示。

第三阶段：到试验加载的后期，试验模型桩桩顶施加的竖向荷载相对比较大，桩顶的竖向位移随之增大；承力扩大盘下部及桩端与土体形成的凌空范围越来越大；而承力扩大盘盘端横向裂缝不再继续发展，裂缝宽度较第二阶段时有所增大；承力扩大盘上部局部受压土体滑移达到最大，并且"心形"滑移曲线回收的同时，还带动承力扩大盘上部土体产生整体冲切破坏，并且顺着 45°方向的斜向裂缝越来越宽，从上向下发展，直到与承力扩大盘上土体滑移线大致外切，此时的桩顶竖向拉力基本保持不变，而试验模型桩桩顶竖向位移继续增加，说明试验模型已经达到极限状态，如图 5.3-19 (f)、(g)、(h)、(i)、(j) 所示。

（2）桩周土体破坏状态对比分析

根据试验研究的目的，研究混凝土扩盘桩在竖向拉力作用下桩周土体破坏状态是试验研究的重点。在试验加载阶段，利用数码相机进行拍摄工作，记录桩土共同作用的变化状态。试验结束后，整理相关图片，得到 $0'\sim3'$ 号桩桩周土体破坏前后对比图，如图 5.3-20～图 5.3-23 所示。

从图 5.3-20～图 5.3-23 可以清晰地看出，试验模型桩在竖向拉力作用下，对桩土共同作用的破坏状态分析，得到以下三点结论：

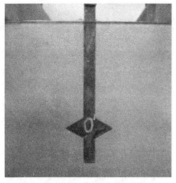 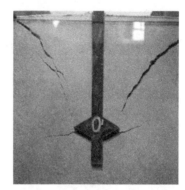

(a) 加载前　　　　　　　　　　　　　　(b) 破坏后

图 5.3-20　0′号桩桩周土体破坏前后对比图

 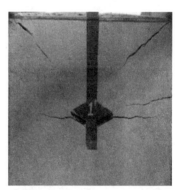

(a) 加载前　　　　　　　　　　　　　　(b) 破坏后

图 5.3-21　1′号桩桩周土体破坏前后对比图

(a) 加载前　　　　　　　　　　　　　　(b) 破坏后

图 5.3-22　2′号桩桩周土体破坏前后对比图

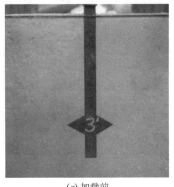

(a) 加载前 (b) 破坏后

图 5.3-23　3′号桩桩周土体破坏前后对比图

① 当混凝土扩盘桩桩周土体为细粉砂土时，在竖向拉力作用下，对于不同含水率的试验模型，混凝土扩盘桩与周围土体共同作用的破坏过程基本相同，都是加载初期，盘下及盘端桩土分离，盘端出现水平裂缝，盘上土体压缩，加载中期，盘下及盘端桩土分离加大，盘端出现水平裂缝发展，盘上土体产生滑移，加载后期，盘下及盘端产生的凌空区达到最大，盘端水平裂缝变宽，不再延伸发展，盘上土体滑移破坏的同时，整体沿一定角度向上发生冲切破坏。

② 从 0′、1′、2′、3′号桩桩周土体破坏状态对比可以得知，混凝土扩盘桩在竖向拉力作用下，其承力扩大盘周围受到影响的土体范围大约为承力扩大盘直径的 4 倍，在承力扩大盘上部滑移土体边缘形成冲切裂缝，并且裂缝沿一定方向向上发展。

③ 经过对比试验模型桩桩周土体破坏后的状态，容易看出：从 0′号桩到 3′号桩，对应含水率从 15.89% 递减到 9.94%，而承力扩大盘上部斜向裂缝出现得越来越早，主要是因为土体压缩程度不同，表明当混凝土扩盘桩周围细粉砂土含水率越低时，冲切线越长，混凝土扩盘桩的抗拔承载能力越高。

2. 不同细粉砂土含水率抗拔桩有限元分析

1）桩模型

为了将模拟分析结果与模型试验结果进行对比分析，需要保证 ANSYS 有限元模拟单元材料属性与模型试验参数相一致，此处设定混凝土和细粉砂土的物理属性，如表 5.3-11 所示。

不同细粉砂土含水率抗拔桩模拟分析材料属性　　　表 5.3-11

材料	弹性模量（MPa）	密度(kg/m³)	泊松比	摩擦系数
混凝土	$2.5×10^4$	2500	0.2	0.3
细粉砂土	30	1950	0.25	0.3

由于有限元分析受到的限制比较少，因此，为了更好地进行对比分析，增加了含水率情况，与模型试验相匹配，增加 4 组含水率，设计了 8 个模拟分析模型，具体参数如表 5.3-12 所示。

不同细粉砂土含水率抗拔模拟分析桩参数　　　表 5.3-12

桩号	含水率(%)	黏聚力(kPa)	内摩擦角(°)
MC1	17.5	29.01	28.88
MC2	15.89	34.11	31.9
MC3	14.5	38.52	34.51
MC4	13.6	41.37	36.2
MC5	12.5	43.47	36.8
MC6	11.61	45.2	37.3
MC7	10.5	46.97	39.56
MC8	9.94	47.96	40.7

在建立有限元模拟分析模型时，桩周土体设置成半径为 5000mm 的柱状体，整个土体高度设置为 8000mm，桩端距离土体底端 1800mm，桩端以上预留 6200mm，以利于分析混凝土扩盘桩盘上土体的破坏状态。

由于主要针对细粉砂土含水率对混凝土扩盘桩抗拔承载性能的影响进行研究，细粉砂土含水率为单一控制变量，因此，只需建立一种类型的有限元模拟分析桩土模型即可，详见 5.3.1。

2）位移结果分析

通过上述 ANSYS 有限元模型的建立并且加载计算，得出不同细粉砂土含水率情况下模拟分析桩桩顶某固定点的 Y 向桩土位移云图，如图 5.3-24 所示。

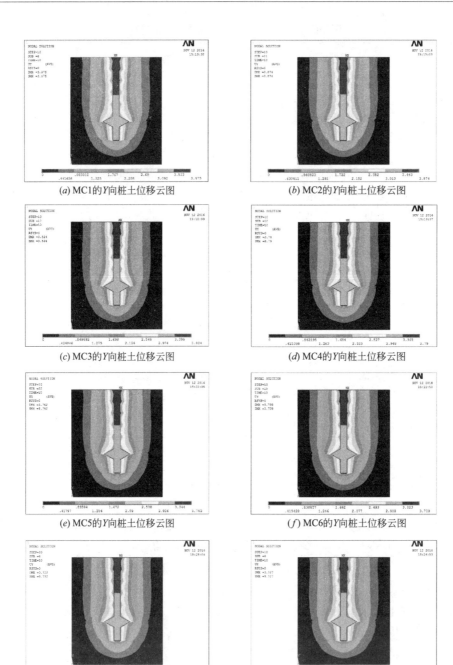

(a) MC1的Y向桩土位移云图   (b) MC2的Y向桩土位移云图

(c) MC3的Y向桩土位移云图   (d) MC4的Y向桩土位移云图

(e) MC5的Y向桩土位移云图   (f) MC6的Y向桩土位移云图

(g) MC7的Y向桩土位移云图   (h) MC8的Y向桩土位移云图

图5.3-24　不同细粉砂土含水率抗拔模拟分析桩Y向桩土位移云图

从图 5.3-24 可以看出，MC1～MC8 的位移云图的形式基本相同，当细粉砂土含水率逐渐降低时，混凝土扩盘桩 Y 向位移逐渐减小，进而说明其承载力逐渐提高。MC3～MC8 的 Y 向位移变化不大，而 MC1 和 MC2 的 Y 向位移变化较大，表明在细粉砂土含水率为 17.5％和 15.89％两种情况下，混凝土扩盘桩的抗拔承载力较低，当细粉砂含水率低于 14.5％时，混凝土扩盘桩的抗拔承载力较高。

3）荷载-位移曲线对比分析

在 ANSYS 有限元模拟分析的过程中，当 MC1 桩顶竖向荷载施加到 500kN 时，分析模型立即宣告破坏。故取混凝土扩盘桩桩顶中心点作为研究对象，将桩顶荷载从 50kN 加载到 500kN 的每个荷载步下所对应的竖向位移数据进行整理，得到每个分析模型桩顶某固定点竖向位移随着荷载的变化规律。

根据数据，绘制出 MC1～MC8 的荷载-位移曲线，如图 5.3-25 所示。

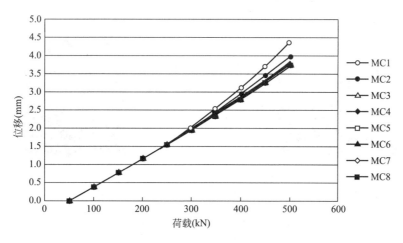

图 5.3-25　不同细粉砂土含水率抗拔模拟分析桩荷载-位移曲线

对 MC1～MC8 的荷载-位移曲线进行分析，可以得到以下结论：

（1）每个模拟分析桩的荷载-位移曲线变化趋势大致相同，即混凝土扩盘桩桩顶竖向位移随着竖向荷载的增大而逐渐增大。

（2）对曲线进行进一步对比分析不难发现，MC3～MC8 的荷载-位移曲线基本保持重合，而 MC1 和 MC2 的曲线具有较大的差异。在整个加载过程中，MC3～MC8 的桩顶竖向位移基本保持相同，区别不大，MC1 和 MC2 在加载前期即 0～300kN 范围以内时，其桩顶竖向位移和 MC3～MC8 基本相同，当竖向荷载超过 300kN 时，其桩顶竖向位移增加速率明显高于 MC3～MC8，出现突变。进而说明，当细粉砂土含水率高于 15％左右时，混凝土扩盘桩的抗拔承载力较其他分析模型明显降低。

（3）通过对比发现，在混凝土扩盘桩桩顶竖向拉力相同的情况下，桩顶竖向位移最大的是 MC1，最小的是 MC8；在混凝土扩盘桩桩顶竖向位移相同的情况下，混凝土扩盘桩承载力最高的是 MC8，承载力最低的是 MC1；说明了随着细粉砂土含水率的降低，在竖向拉力作用下，混凝土扩盘桩的竖向位移越小，抗拔承载性能越好。

4）应力结果分析

（1）Y 向应力云图分析

从 ANSYS 后处理器中提取 MC1～MC8 在相同竖向拉力作用下的 Y 向应力云图，如图 5.3-26 所示。

经过分析 MC1～MC8 的 Y 向应力云图可以发现：

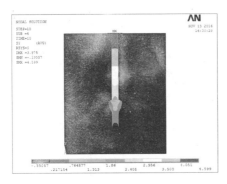

(a) MC1 的 Y 向应力云图

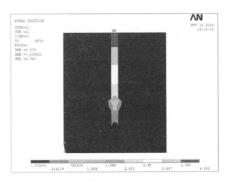

(b) MC2 的 Y 向应力云图

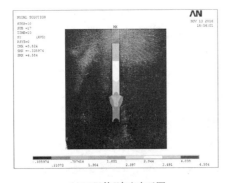

(c) MC3 的 Y 向应力云图

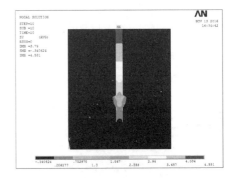

(d) MC4 的 Y 向应力云图

图 5.3-26　不同细粉砂土含水率抗拔模拟分析桩 Y 向应力云图（一）

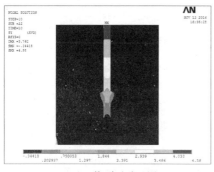

(e) MC5的Y向应力云图

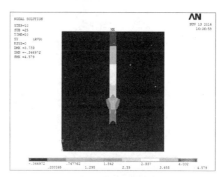

(f) MC6的Y向应力云图

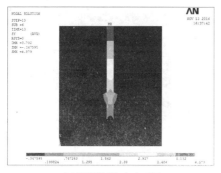

(g) MC7的Y向应力云图

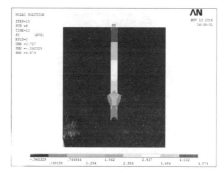

(h) MC8的Y向应力云图

图 5.3-26　不同细粉砂土含水率抗拔模拟分析桩 Y 向应力云图（二）

相同之处：在相同竖向拉力作用下，MC1～MC8 的 Y 向应力最大值都出现在模拟分析桩桩顶部位，沿着桩顶到桩端应力值逐渐减小，在承力扩大盘下部 Y 向应力值很小，而在承力扩大盘上下区域 Y 向应力值变化较为明显。

不同之处：在模拟分析桩桩顶竖向拉力相同的情况下，MC1～MC8 的 Y 向应力值逐渐减小，即随着桩周细粉砂土含水率逐渐降低，桩的 Y 向应力值在逐渐减小，但总体来说，MC1 和 MC8 的 Y 向应力值差异不大。

（2）XY 向剪应力云图分析

从 ANSYS 后处理器中提取 MC1～MC8 在相同竖向拉力作用下的 XY 向剪应力云图，如图 5.3-27 所示。

分别观察 MC1～MC8 的 XY 向剪应力云图发现，在模拟分析桩桩顶竖向拉力相同的情况下，模拟分析桩承力扩大盘处的剪应力达到极值，在承力扩大盘盘左部和右部的剪应力对称，即大小相等，方向相反；通过进一步分析可以发现，MC1 的 XY 向最大剪应力值大约为 0.62MPa，而 MC8 的 XY 向最大剪应力值大约为 0.67MPa，差异不是很明显。

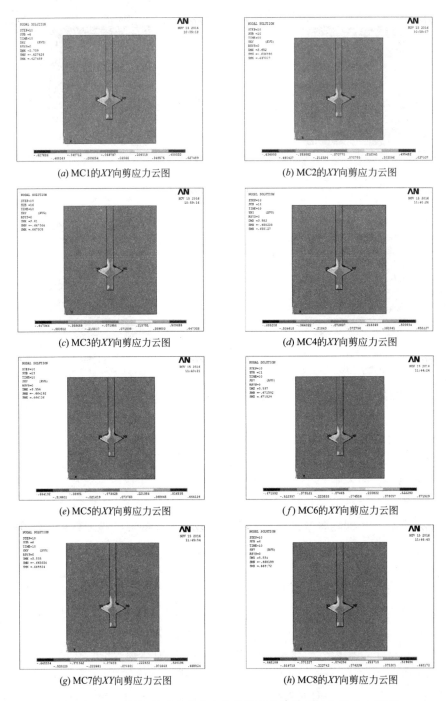

(a) MC1的XY向剪应力云图

(b) MC2的XY向剪应力云图

(c) MC3的XY向剪应力云图

(d) MC4的XY向剪应力云图

(e) MC5的XY向剪应力云图

(f) MC6的XY向剪应力云图

(g) MC7的XY向剪应力云图

(h) MC8的XY向剪应力云图

图 5.3-27　不同细粉砂土含水率抗拔模拟分析桩 XY 向剪应力云图

（3）桩身 XY 向剪应力曲线分析

为了更进一步了解 MC1～MC8 的 XY 向剪应力变化趋势，在 MC1～MC8 分析模型中沿着桩身从桩顶到桩端均匀提取节点，整理相应节点处在相同竖向拉力作用下的 XY 向剪应力值，并根据表中的数据绘制成曲线，如图 5.3-28 所示。

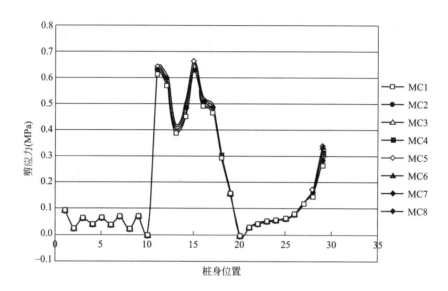

图 5.3-28　不同细粉砂土含水率抗拔模拟分析桩桩身剪应力曲线

注：1～10 点为桩盘上部节点位置，20～29 点为桩盘下部节点位置，11 点为承力扩大盘上部拐点，
19 点为承力扩大盘下部拐点，15 点为承力扩大盘端点。

通过分析图 5.3-28 可以得知：

① MC1～MC8 桩身的剪应力值在承力扩大盘上、下拐点处出现明显突变，在承力扩大盘部位出现剪应力最大值，发现承力扩大盘上部桩身的剪应力沿着桩身变化不大，而承力扩大盘下部桩身的剪应力发生明显变化，从盘下到桩端剪应力值逐渐增大，并且承力扩大盘上部桩身明显比承力扩大盘下部桩身的剪应力小。

② 细粉砂土含水率不同时，在混凝土扩盘桩桩顶竖向拉力相同的情况下，MC1～MC8 桩身的剪应力变化趋势基本相同，进而说明了，当混凝土扩盘桩周围细粉砂土含水率低于 17.5％时对桩身的剪应力影响不大。

（4）桩周土体 XY 向剪应力曲线分析

将桩周土体沿着桩顶到桩端进行均匀取点，提取 MC1～MC8 桩周土体的 XY 向剪应力值，并根据表中的数据绘制成曲线进行对比，如图 5.3-29 所示。

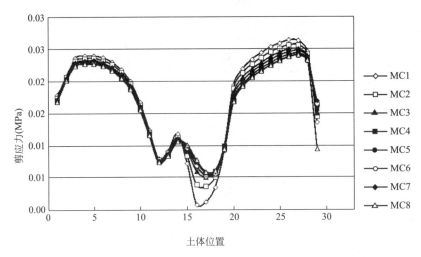

图 5.3-29　不同细粉砂土含水率抗拔模拟分析桩桩周土体剪应力曲线

注：1～10 点为桩盘上部节点位置，20～29 为桩盘下部节点位置，11 点为承力扩大盘上部拐点，

19 点为承力扩大盘下部拐点，15 点为承力扩大盘端点。

通过分析图 5.3-29 可以发现：

① 总体来看，MC1～MC8 桩周土体剪应力曲线的基本形式大致相同，关于承力扩大盘端点对称发展。具体来讲，承力扩大盘上部土体的剪应力沿着桩身从上到下逐渐减小，到达承力扩大盘处时达到最小值，随着节点位置的逐渐向下，发现桩周土体的剪应力出现回升趋势，逐渐增大，到达桩底端部位时出现局部突变。

② 在模拟分析桩桩顶竖向拉力相同的情况下，桩周细粉砂土含水率不同时，承力扩大盘上部土体的剪应力曲线基本相似，包括盘上部分的土体，但是经过承力扩大盘端点处，在承力扩大盘盘下部分的土体的剪应力出现明显差异，对于MC1 和 MC2，即细粉砂土含水率为 17.5％和 15.89％时，承力扩大盘处土体的剪应力最小，MC3～MC8 的剪应力基本一致；然而，位于承力扩大盘下部的土体，其剪应力随着细粉砂土含水率的不同出现差异，MC1 和 MC2 的剪应力较大，而 MC3～MC8 的剪应力大致相同；综上所述，当细粉砂土含水率超过 15％时，桩周土体的 XY 向剪应力在承力扩大盘处极小，在盘下部分极大，突变范围过于明显，而当含水率小于 15％时，桩周土体的 XY 向剪应力曲线基本一致。

5）应变结果分析

在 ANSYS 后处理过程中，提取 MC1～MC8 桩顶竖向拉力均为 500kN 时的 Y 向总应变等值线，如图 5.3-30 所示。在等值线图中，A……I 依次代表模型 Y 向总应变从小到大的递变过程，等值线标记的疏密程度设置为 4。

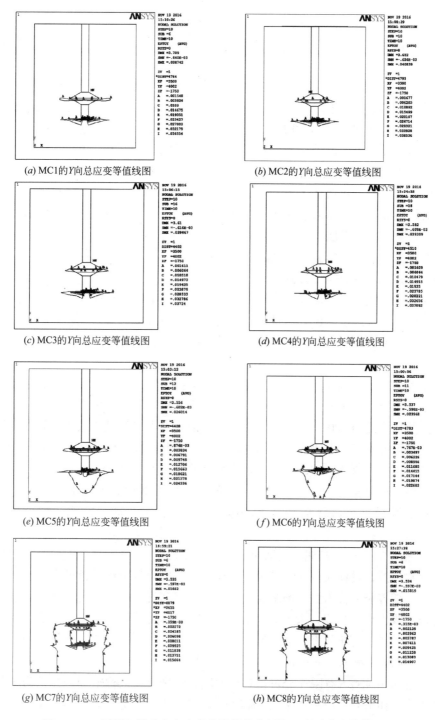

(a) MC1的Y向总应变等值线图　　　　　(b) MC2的Y向总应变等值线图

(c) MC3的Y向总应变等值线图　　　　　(d) MC4的Y向总应变等值线图

(e) MC5的Y向总应变等值线图　　　　　(f) MC6的Y向总应变等值线图

(g) MC7的Y向总应变等值线图　　　　　(h) MC8的Y向总应变等值线图

图 5.3-30　不同细粉砂土含水率抗拔模拟分析桩 Y 向总应变等值线图

通过分析 MC1～MC8 的 Y 向总应变等值线图可以得知：

（1）总体来看，MC1～MC8 的 Y 向总应变最大值都出现在混凝土扩盘桩底端部位，其次承力扩大盘下端也出现较小的应变。

（2）随着桩周土体含水率的减小，模拟分析桩 Y 向总应变值在逐渐减小，具体来说，MC1～MC3 的 Y 向总应变基本相同，大约为 0.046MPa，而 MC4 的 Y 向总应变约为 0.039MPa，并且从 MC4 到 MC8 Y 向总应变，应变递减的速度逐渐减慢，故混凝土扩盘桩桩周细粉砂土含水率大于 15% 时，应考虑抗拔承载力计算时的折减系数，含水率为 10% 左右时，抗拔承载力较好。

（3）通过进一步观察 MC1～MC8 的 Y 向总应变等值线图可以看出，在混凝土扩盘桩桩端部位，靠近桩端部位的应变值最大，越往桩端两侧，应变值逐渐减小，关于桩身对称发展。

3. 模型试验与模拟分析结果的对比分析

1）桩周土体破坏状态的比较

在试验完成以后，发现在模型试验过程中，由于受到现场各种客观条件和人为因素的影响及限制，比如试件在加载过程中，桩顶端的连接件如果不是完全垂直，会导致试验所用液压拉拔仪施加的竖向力发生一定的倾斜；在调配好一定含水率的细粉砂土进行埋砂过程中，时间过长，导致部分水分流失，造成含水率不均匀，人工加载及记录的精确性等，这些不能避免的因素将会导致模型试验结果可能有一定的偏差。然而，用 ANSYS 有限元进行模拟分析时，所有条件都按照最为理想的状态进行设置，但是，由于含水率数值是通过换算的黏聚力输入的，可能不能完全模拟土体的真正特性。因此，模型试验结果和有限元模拟分析结果可能会存在一定的差异，将模型试验结果与对应的 ANSYS 有限元模拟分析结果进行对比分析，是非常有意义的。下面以细粉砂土含水率均为 9.94% 的 3′ 号试验模型桩破坏后的状态与模拟分析桩 MC8 进行对比，如图 5.3-31 所示。

由图 5.3-31 可以发现，当细粉砂土含水率均为 9.94% 时，桩周土体的破坏状态基本一致，具体来说，当桩顶竖向拉力较小时，混凝土扩盘桩盘上土体逐渐被压密，随着竖向拉力的逐渐增大，盘上土体密实度达到一定程度之后，密实土体沿着边缘出现滑移线，大致呈"心形"，当达到极限状态时，承力扩大盘上部受压土体带动上部土体发生冲切破坏。

2）荷载-位移曲线的比较

通过对 ANSYS 有限元分析 MC8 的荷载-位移曲线进行整理，并且为了与 3′ 号桩进行对比分析，故将 MC8 的荷载-位移曲线横纵坐标进行调换，即统一为横坐标为位移，纵坐标为荷载，如图 5.3-32 所示。

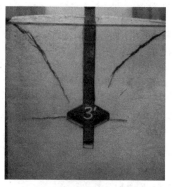

(a) 3′号试验模型桩破坏后状态图

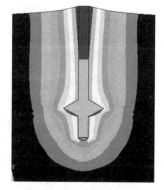

(b) MC8有限元模拟位移云图

图 5.3-31　不同细粉砂土含水率抗拔桩试验模型与模拟分析桩周土体破坏状态对比图

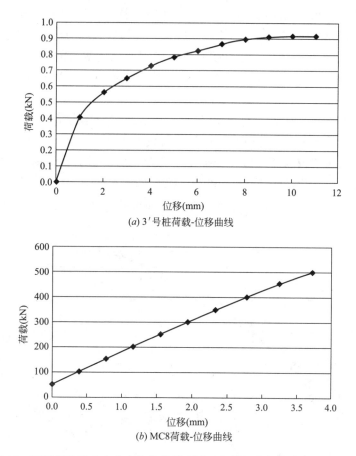

(a) 3′号桩荷载-位移曲线

(b) MC8荷载-位移曲线

图 5.3-32　不同细粉砂土含水率抗拔桩模型试验与模拟分析荷载-位移曲线对比图

通过对比发现，3′号桩的荷载-位移曲线呈凸形，随着桩顶竖向拉力的逐渐增大，桩顶竖向位移增加速度较为缓慢，这是由于承力扩大盘的存在，在加载初期，承力扩大盘在竖向拉力作用下使得承力扩大盘上部土体被压密实，在这期间，桩顶竖向位移增加较小；当竖向拉力增加到一定程度之后，盘上被压密实的土体沿着盘端向上向内发生滑移，带动盛土器上部土体向上滑动，出现裂缝，因此其荷载-位移曲线呈凸形。MC8的荷载-位移曲线大致呈线性增长，主要是因为有限元模拟时模型完全处于一种理想状态，且含水率是以线性方式转化为黏聚力参数输入的。但是整体来说，模型试验与模拟分析结果还是比较吻合的。

5.3.3 相同含水率细粉砂土中抗压、抗拔结果对比分析

1. 荷载-位移结果对比分析

在实际工程中，混凝土扩盘桩可能会同时出现既抗压又抗拔的情况，尤其对于细粉砂土抗压和抗拔性能差别较大，为了深入探讨混凝土扩盘桩的破坏机理，增加可靠性，专门设置了一组细粉砂土中抗压桩与抗拔桩的对比试验。通过对两个试验荷载-位移数据对比，分析细粉砂土中混凝土扩盘桩的抗压与抗拔破坏机理的不同，为以后的工程实践提供可靠依据。根据数据绘制成荷载-位移曲线，如图5.3-33所示。

从图5.3-33可以看出，加载初期无论是抗压试验还是抗拔试验，与加载后期相比单位位移下荷载变化较大，也就是荷载的变化率较大，且二者的变化率接近，初始阶段抗拔桩的荷载值大于抗压桩的荷载值，当加载到第12步时抗拔桩的荷载值不再变化，说明抗拔桩已达到极限破坏状态，此时的荷载值为1.429kN。而抗压桩的荷载值持续增加，当加载到第20步时，荷载的变化率极

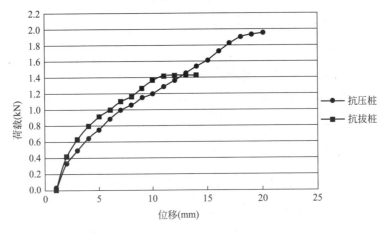

图 5.3-33 细粉砂土中抗压桩、抗拔桩荷载-位移曲线对比图

小，说明抗压桩已达到极限破坏状态，此时的荷载值为 1.952kN，远大于抗拔桩的抗拔承载力。由此可知，混凝土扩盘桩处于细粉砂土中时，位移较小时，桩的抗拔承载力要略大于桩的抗压承载力，随着桩竖向的移动，桩的抗拔承载力首先达到极限状态且远远小于桩的抗压极限承载力。

2. 桩周土体破坏状态对比分析

为了研究混凝土扩盘桩在细粉砂土中的破坏状态，试验结束后整理相关数据，对抗压桩与抗拔桩桩周土体破坏状态进行对比，图 5.3-34 是理论含水率为 15％时抗压桩与抗拔桩桩周土体破坏状态。

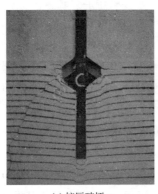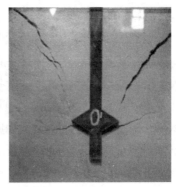

(a) 抗压破坏　　　　　　　　　　(b) 抗拔破坏

图 5.3-34　细粉砂土中抗压桩与抗拔桩桩周土体破坏状态对比图

从图 5.3-34 可以看出，在桩顶荷载条件下，桩土共同作用，抗压桩的盘下土体和抗拔桩的盘上土体均发生与盘的分离，在加载初期抗压桩与抗拔桩盘端均发生剪切破坏，沿着盘尖端出现水平裂缝，但抗压桩盘下土体发生滑移破坏，抗拔桩盘上土体首先发生滑移，最后是盘上土体的冲切破坏；由于试验是室内小模型试验，混凝土扩盘桩盘上细粉砂土的厚度有限，且在细粉砂土的顶面未设置任何约束，所以抗拔桩最后发生冲切破坏，自上而下形成斜裂缝，但如果盘上土体足够厚，或土体表面有约束，不会出现冲切破坏（见第 3 章的相关内容）；而抗压桩盘下细粉砂土逐渐挤压密实，继续加载，抗压桩盘下"心形"影响范围内发生滑移破坏。由于二者的破坏状态不同，因此相同含水率细粉砂土中抗压桩的极限承载力与抗拔桩的极限承载力也不同。

第 6 章　单桩极限承载力的计算模式及设计原则

通过对混凝土扩盘桩桩周土体破坏状态的理论分析及试验研究，桩周土体的破坏机理已基本确定。从有限元模拟分析和模型试验的现象中观察到，由于混凝土扩盘桩的自身结构特点，在竖向压力（或拉力）的作用下，桩周土体的破坏并不是简单的土体压缩或剪切破坏（现有规程中假设的），当盘悬挑径、盘坡角、盘距离、土层厚度、含水率等参数比较合理时，承力扩大盘盘下（或盘上）土体破坏形式基本为滑移破坏；一定范围内土体由于压缩而增加了桩侧压应力；盘上（或盘下）一定范围内会出现桩土分离，即桩周土体会出现拉应力。在滑移破坏情况下，土体的极限承载力可以通过虚功原理及滑移线理论来求解；桩侧压应力增加及桩周土体出现拉应力的范围，会影响桩侧摩阻力，可以通过引用桩侧摩阻力的有效长度，进而计算出桩侧摩阻力；同时，在某些情况下，竖向拉力作用下也会产生桩周土体的冲切破坏。通过上述破坏机理的分析，可以重新确定混凝土扩盘桩单桩承载力的计算模式，使之更加符合实际受力状态。

根据桩周土体的破坏机理及桩基础设计规范可知，混凝土扩盘桩单桩承载力的计算模式可以确定为：

抗压桩：$F_压 = F_{桩端} + F_{盘端} + F_{桩侧}$，且 $F_压 \leqslant F_{桩身}^c$

抗拔桩：$F_拔 = F_{盘端} + F_{桩侧} + G_桩$，且 $F_拔 \leqslant F_{桩身}^t$

前面的研究表明，由于混凝土扩盘桩的桩身构造不同，桩周土体破坏情况发生变化，因此 $F_{盘端}$、$F_{桩侧}$ 及 $G_桩$ 的计算应根据不同情况确定。

6.1　抗压桩的计算模式

根据理论分析和试验研究的结论，基于滑移线破坏理论提出抗压桩的单桩极限承载力计算模式（获国家软件著作权），根据承力扩大盘数量的不同，分别确定不同情况下的计算模式。

研究中发现，桩端也出现类似"心形"水印，但由于桩端影响范围较小，因此承载力计算仍采用普通直孔灌注桩的盘端承载力计算公式，即 $F_{盘端} = f_{盘端} \cdot$

$\dfrac{\pi d^2}{4}$。而盘端承载力 $F_{盘端}$ 和桩侧摩阻力 $F_{桩侧}$ 的计算需根据不同情况，通过新的破坏机理进行确定。

6.1.1　抗压单盘桩的计算模式（获国家软件著作权）

1. 盘端承载力的计算

针对承力扩大盘盘下土体产生滑移破坏现象，根据滑移线理论，建立相应的 Prandtl 区域应变场，如图 6.1-1 所示。

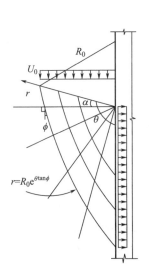

图 6.1-1　盘下土体的 Prandtl 区域应变场

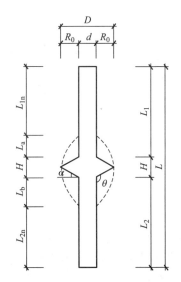

图 6.1-2　桩侧摩阻力变化范围示意图

该应变场的构成是：两个径向射线 $\theta=0$、$\theta=\Theta$ 及一个服从 $r=R_0 \mathrm{e}^{\theta\tan\phi}$ 的对数螺旋线所围成的，则内力功 D_1 为：

$$D_1 = bc\cot\int_0^{-\theta}\int_0^{R_0\tan\phi}\frac{1}{r}u_0\tan\phi\,\mathrm{e}^{\theta\tan\phi}r\,\mathrm{d}r\,\mathrm{d}\theta \tag{6.1-1}$$

$$D_1 = \frac{1}{2}bc\cot\phi R_0 u_0(\mathrm{e}^{2\theta\tan\phi}-1)\,(\theta=\Theta) \tag{6.1-2}$$

如果假设该破坏区域外的土体不动，那么此对数螺旋线形式的边界线将是一条间断线，位移矢量与间断线形成 ϕ 角。则间断线内力功 D_2 为：

$$D_2 = bc\cot\phi\int u\,\mathrm{d}s = bc\cot\phi\int_0^{\theta}u_0\mathrm{e}^{\theta\tan\phi}\frac{r\,\mathrm{d}\theta}{\cos\phi} \tag{6.1-3}$$

因 $r=R_0\mathrm{e}^{\theta\tan\phi}$，故 $D_1=D_2$，因此总内力功 D 为：

$$D=D_1+D_2=bc\cot\phi R_0 u_0(e^{2\theta\tan\phi}-1) \qquad (\theta=\Theta) \qquad (6.1\text{-}4)$$

在盘下土体的破坏区域建立应变场之后，从图 6.1-1 可以看出，图中 $\theta=90°+\alpha$。假设单位宽度盘下土体极限承载力为 F_n，根据虚功原理，外力功 $D_外=D_内$，则有：

$$F_n bu_0\left(\frac{D+d}{2}\right)=bc\cot\phi R_0 u_0(e^{2\theta\tan\phi}-1) \qquad (6.1\text{-}5)$$

$$F_n=\frac{2c\cot\phi R_0}{D+d}(e^{2\theta\tan\phi}-1) \qquad (6.1\text{-}6)$$

式中　F_n——按滑移线理论进行计算时，单位宽度盘下土体极限承载力；

　　D、d——承力扩大盘直径、主桩径；

　　R_0——承力扩大盘悬挑径；

　　c——桩周土的黏聚力；

　　ϕ——桩周土的内摩擦角。

$$F_{盘端}=F_n\pi\left(\frac{R_0}{2}+\frac{d}{2}\right)=\pi\frac{D+d}{4}\frac{2c\cot\phi R_0}{D+d}(e^{2\theta\tan\phi}-1) \qquad (6.1\text{-}7)$$

$$F_{盘端}=\frac{1}{2}\pi(c\cot\phi R_0)(e^{2\theta\tan\phi}-1) \qquad (6.1\text{-}8)$$

根据研究得出，在竖向压力的作用下，盘端土体的破坏并不是简单的压缩破坏，而是滑移破坏，该公式是根据滑移线理论进行计算，得出盘端承载力不仅与承力扩大盘悬挑径有关，还与主桩径、盘坡角、桩周土的黏聚力和桩周土的内摩擦角有关，同时考虑盘间距和土层厚度的影响，与现有经验公式相比更符合实际的受力状态。

2. 桩侧摩阻力的计算

由于盘上主桩周围出现桩土分离，因此桩周水平方向产生一定长度的拉应力区域（设该长度范围为 L_a），因此，L_a 范围内桩侧摩阻力为零，在计算桩侧总摩阻力时，此部分桩侧摩阻力应扣除，如图 6.1-2 所示。

盘下土体产生滑移破坏的同时，盘下主桩周围一定范围内土体压缩，出现水平方向压应力增加区域（设该长度范围为 L_b），因此，L_b 范围内桩侧摩阻力增加，根据前面的研究结果，增大系数为 γ，在计算桩侧总摩阻力时，此部分桩侧摩阻力应增加。

综合上述影响桩侧摩阻力的相关因素，设桩侧摩阻力的有效长度为 L_0，则：

$$L_0=L-H-L_a+\gamma L_b \qquad (6.1\text{-}9)$$

式中　L——桩长；

　　H——盘高度；

L_a——盘上主桩周围出现水平拉应力范围；

L_b——盘下主桩周围出现水平压应力增大范围；

γ——增大系数，$1.1 \sim 1.2$。

则桩侧摩阻力计算公式为：

$$F_{桩侧} = f_{侧} \pi dL_0 = f_{侧} \pi d \ (L - H - L_a + \gamma L_b) \tag{6.1-10}$$

该公式和现有的经验公式相比，桩侧摩阻力计算公式中的长度 L 并不是桩长减去盘高，而是盘上桩侧一定范围内桩侧摩阻力为零，同时盘下一定范围内桩侧摩阻力有所增加，所以该公式引入桩侧摩阻力的有效长度，得出的桩侧摩阻力计算公式不仅与桩长和盘高有关，还与盘上桩侧水平拉应力范围、盘下桩侧水平压应力增大范围和增大系数有关。

3. 抗压单盘桩极限承载力的计算模式

综合研究结论，基于滑移线理论的抗压单盘桩极限承载力计算模式为：

$$F_压 = F_{桩端} + F_{盘端} + F_{桩侧}，且 \ F_压 \leqslant F_{桩身}^c \tag{6.1-11}$$

如果出现 $F_压 > F_{桩身}^c$ 的情况，则取 $F_压 = F_{桩身}^c$。

其中：$F_{桩端} = f_{端} \dfrac{\pi d^2}{4}$

$$F_{盘端} = \frac{1}{2} \pi (c \cot\phi R_0)(e^{2\theta \tan\phi} - 1)$$

$$F_{桩侧} = f_{侧} \pi dL_0 = f_{侧} \pi d(L - H - L_a + \gamma L_b)$$

$$F_{桩身}^c = F_{混凝土}^c + F_{钢筋}^c \quad （根据混凝土基本原理） \tag{6.1-12}$$

该公式和现有的经验公式相比，对公式中盘端承载力和桩侧摩阻力两部分进行了修正，盘端承载力采用滑移线理论进行计算，桩侧摩阻力引入有效长度的概念，使受力状态更符合实际。该公式修正了现有经验公式中不合理的部分，完善了混凝土扩盘桩的计算理论。

6.1.2　抗压双盘桩的计算模式（获国家软件著作权）

根据土体破坏的机理，对于双盘桩可能存在两种情况，即盘间距较大（$S \geqslant 2R_0$）时，如图 6.1-3 所示；或盘间距较小（当 $S < 2R_0$）时，如图 6.1-4 所示。

1. 盘间距较大时单桩抗压极限承载力的计算

$$F_压 = F_{桩端} + 2F_{盘端} + F_{桩侧}，且 \ F_压 \leqslant F_{桩身}^c \tag{6.1-13}$$

如果出现 $F_压 > F_{桩身}^c$ 的情况，则取 $F_压 = F_{桩身}^c$。

其中：$F_{桩端} = f_{端} \dfrac{\pi d^2}{4}$

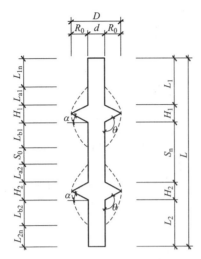

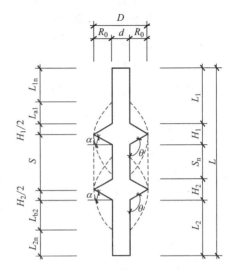

图 6.1-3　抗压双盘桩示意图（$S \geqslant 2R_0$）　　　图 6.1-4　抗压双盘桩示意图（$S < 2R_0$）

$$F_{盘端} = \frac{1}{2} \pi (c \cot\phi R_0)(e^{2\theta \tan\phi} - 1)$$

$$F^c_{桩身} = F^c_{混凝土} + F^c_{钢筋}$$

$$F_{桩侧} = f_{侧} \pi d L_0 = f_{侧} \pi d (L - H_1 - H_2 - L_{a1} - L_{a2} + \gamma_1 L_{b1} + \gamma_2 L_{b2})$$

$$(6.1\text{-}14)$$

或 $F_{桩侧} = f_{侧} \pi d L_0 = f_{侧} \pi d (L_1 + L_2 + S_n - L_{a1} - L_{a2} + \gamma_1 L_{b1} + \gamma_2 L_{b2})$

$$(6.1\text{-}15)$$

该公式明确了当盘间距较大（$S \geqslant 2R_0$）时，两个盘之间相互影响较小，所以两个盘的破坏状态基本与单盘桩相似，故单桩抗压极限承载力计算模式即是两个盘的累加状态。公式中桩端承载力与单盘桩相同，盘端承载力是单盘桩的 2 倍，桩侧摩阻力有效长度为全长减去两个盘盘高再减去两个盘盘上受拉区长度再加上两个盘盘下受压区长度。

2. 盘间距较小时单桩抗压极限承载力的计算

$$F_压 = F_{桩端} + F_{下盘盘端} + F_{桩侧} + F_{盘侧}，且 F_压 \leqslant F^c_{桩身} \qquad (6.1\text{-}16)$$

如果出现 $F_压 > F^c_{桩身}$ 的情况，则取 $F_压 = F^c_{桩身}$。

其中：$F_{桩端} = f_{端} \dfrac{\pi d^2}{4}$

$$F_{下盘盘端} = \frac{1}{2} \pi (c \cot\phi R_0)(e^{2\theta \tan\phi} - 1) \qquad (6.1\text{-}17)$$

$$F^c_{桩身} = F^c_{混凝土} + F^c_{钢筋}$$

$$F_{桩侧} = f_{侧} \pi d L_0 = f_{侧} \pi d \left(L_1 + L_2 - L_{a1} + \gamma_2 L_{b2} \right) \quad (6.1\text{-}18)$$

$$F_{盘侧} = f_{侧} \pi D L_0' = f_{侧} \pi D \left(S_n + \frac{H_1 + H_2}{2} \right) \quad (6.1\text{-}19)$$

该公式明确了当盘间距较小（$S < 2R_0$）时，由于上下盘之间的影响较大，上盘的上部和下盘的下部的破坏状态基本与单盘桩相似，而两个盘之间的土会沿盘端出现整体剪切破坏。该公式由四部分组成，其中桩端承载力与单盘桩相同，盘端承载力是下盘盘端承载力，桩侧摩阻力有效长度为上盘到盘端加上下盘到盘端再减去上盘盘上受拉区长度再加上下盘盘下受压区长度，盘侧摩阻力长度为盘间距。

6.1.3　抗压多盘桩的计算模式（获国家软件著作权）

根据单盘桩和双盘桩的情况类推，对于多盘桩同样主要存在两种情况，即盘间距较大（$S_i \geqslant 2R_0$）时，如图 6.1-5 所示；或盘间距较小时（当 $S_i < 2R_0$ 时），如图 6.1-6 所示。

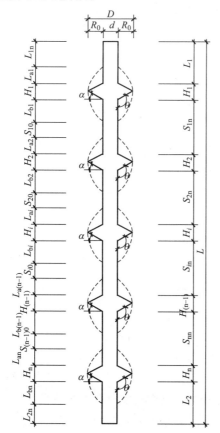

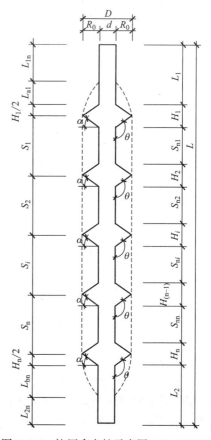

图 6.1-5　抗压多盘桩示意图（$S_i \geqslant 2R_0$）　　图 6.1-6　抗压多盘桩示意图（$S_t < 2R_0$）

1. 盘间距较大时单桩抗压极限承载力的计算

$$F_压 = F_{桩端} + nF_{盘端} + F_{桩侧}，且 F_压 \leqslant F_{桩身}^c \tag{6.1-20}$$

如果出现 $F_压 > F_{桩身}^c$ 的情况，则取 $F_压 = F_{桩身}^c$。

其中：$F_{桩端} = f_端 \dfrac{\pi d^2}{4}$

$$F_{盘端} = \frac{1}{2}\pi(c\cot\phi R_0)(e^{2\theta\tan\phi} - 1)$$

$$F_{桩身}^c = F_{混凝土}^c + F_{钢筋}^c$$

$$F_{桩侧} = f_侧 \pi d L_0 = f_侧 \pi d\left(L - \sum_{i=1}^{n}H_i - \sum_{i=1}^{n}L_{ai} + \sum_{i=1}^{n}\gamma_i L_{bi}\right) \tag{6.1-21}$$

该公式明确了当盘间距较大（$S_{ni} \geqslant 2R_0$）时，盘与盘之间相互影响较小，所以 n 个盘的破坏状态基本与单盘桩相似，故单桩抗压极限承载力计算模式即是 n 个盘的累加状态。公式中桩端承载力与单盘桩相同，盘端承载力是单盘桩的 n 倍，桩侧摩阻力有效长度为全长减去 n 个盘盘高再减去 n 个盘盘上受拉区长度再加上 n 个盘盘下受压区长度。

由于实际工程中，如果承力扩大盘数量超过 3 个，会出现下部承力扩大盘盘下土体没有达到极限荷载，而上部承力扩大盘的盘下土体已经发生破坏的情况，因此，下部各盘的盘端阻力要乘以一个小于 1 的系数。

2. 盘间距较小时单桩抗压极限承载力的计算

$$F_压 = F_{桩端} + F_{下盘盘端} + F_{桩侧} + F_{盘侧}，且 F_压 \leqslant F_{桩身}^c$$

如果出现 $F_压 > F_{桩身}^c$ 的情况，则取 $F_压 = F_{桩身}^c$。

其中：$F_{桩端} = f_端 \dfrac{\pi d^2}{4}$

$$F_{下盘盘端} = \frac{1}{2}\pi(c\cot\phi R_0)(e^{2\theta\tan\phi} - 1)$$

$$F_{桩身}^c = F_{混凝土}^c + F_{钢筋}^c$$

$$F_{桩侧} = f_侧 \pi d L_0 = f_侧 \pi d(L_1 + L_2 - L_{a1} + \gamma_n L_{bn}) \tag{6.1-22}$$

$$F_{盘侧} = f_侧 \pi D L'_0 = f_侧 \pi D \sum_{i=1}^{n}\left(S_{ni} + \frac{H_i + H_{i+1}}{2}\right) \tag{6.1-23}$$

该公式明确了当盘间距较小（$S_{ni} < 2R_0$）时，由于上下盘之间的影响较大，上盘的上部和下盘的下部的破坏状态基本与单盘桩相似，而除上、下盘外各盘之间的土会沿盘端出现整体剪切破坏。该公式由四部分组成，其中桩端承载力与单盘桩相同，盘端承载力是下盘盘端承载力，桩侧摩阻力有效长度为上盘到盘端加上下盘到盘端再减去上盘盘上受拉区长度再加上下盘盘下受压区长度，盘侧摩阻力长度为盘间距。

当然对于多盘桩也有可能出现这样的情况：在同一根桩中，有的盘间距较小，有的盘间距较大。实际工程中应尽量将盘均匀布置，如果必须出现各盘间距不均匀的状态，可以根据双盘桩和多盘桩的计算规则，推导出单桩抗压极限承载力的计算模式。

6.2 抗拔桩的计算模式

根据理论分析和试验研究的结论，基于滑移线破坏理论，根据承力扩大盘数量的不同，逐步研究抗拔桩的单桩极限承载力计算模式。主要考虑 $F_{盘端}$ 和 $F_{桩侧}$ 的计算需根据不同情况确定。由于抗拔桩会发生冲切破坏，此节还将列出冲切破坏状态下的计算模式。

6.2.1 抗拔单盘桩的计算模式

根据抗拔桩的破坏情况，承力扩大盘在竖向拉力作用下，盘上土体可能出现冲切破坏和滑移破坏。实际应用中，应尽量保证最上面盘上部有足够的空间，这样可以避免冲切破坏的发生。故盘端承载力基本可以按滑移破坏考虑。

1. 盘端承载力的计算

根据承力扩大盘盘上土体的滑移破坏形式，同样可以建立 Prandtl 区域应变场，如图 6.2-1 所示。

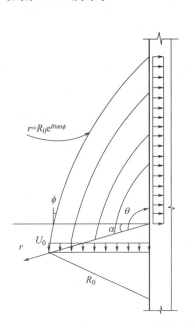

图 6.2-1　盘上土体的 Prandtl 区域应变场

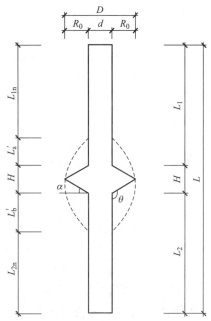

图 6.2-2　抗拔单盘桩示意图

与抗压桩类似，同样根据滑移线理论可以推导出：

$$F_n = \frac{2c \cot\phi R_0}{D+d}(e^{2\theta\tan\phi}-1) \tag{6.2-1}$$

式中　F_n——按滑移线理论进行计算时，单位宽度盘上土体极限承载力；

　　D、d——承力扩大盘直径、主桩径；

　　R_0——承力扩大盘悬挑径；

　　c——桩周土的黏聚力；

　　ϕ——桩周土的内摩擦角。

$$F_{盘端} = F_n \pi \left(\frac{R_0}{2}+\frac{d}{2}\right) = \pi \frac{D+d}{4} \frac{2c \cot\phi R_0}{D+d}(e^{2\theta\tan\phi}-1) \tag{6.2-2}$$

$$F_{盘端} = \frac{1}{2}\pi(c \cot\phi R_0)(e^{2\theta\tan\phi}-1) \tag{6.2-3}$$

根据研究得出，在竖向拉力的作用下，盘端土体的破坏并不是简单的压缩破坏，而是滑移破坏，该公式是根据滑移线理论进行计算，得出盘端承载力不仅与承力扩大盘悬挑径有关，还与主桩径、盘坡角、桩周土的黏聚力和桩周土的内摩擦角有关，同时考虑盘间距和土层厚度，与现有经验公式相比更符合实际的受力状态。

2. 桩侧摩阻力的计算

由于盘下主桩周围出现桩土分离，因此桩周水平方向产生一定长度的拉应力区域（设该长度范围为 L_b'），因此，L_b' 范围内桩侧摩阻力为零，在计算桩侧总摩阻力时，此部分桩侧摩阻力应扣除，如图 6.2-2 所示。

盘上土体产生滑移破坏的同时，盘上主桩周围一定范围内土体压缩，出现水平方向压应力增加区域（设该长度范围为 L_a'），因此，L_a' 范围内桩侧摩阻力增加，根据前面的研究结果，增大系数为 γ'，在计算桩侧总摩阻力时，此部分桩侧摩阻力应增加。

综合上述影响桩侧摩阻力的相关因素，设桩侧摩阻力的有效长度为 L_0，则：

$$L_0 = L - H - L_b' + \gamma' L_a' \tag{6.2-4}$$

式中　L——桩长；

　　H——盘高度；

　　L_a'——盘上主桩周围出现水平压应力增大范围；

　　L_b'——盘下主桩周围出现水平拉应力范围；

　　γ'——增大系数，1.1～1.2。

则桩侧摩阻力计算公式为：

$$F_{桩侧} = f_{侧} \pi d L_0 = f_{侧} \pi d(L - H - L_b' + \gamma' L_a') \tag{6.2-5}$$

该公式和现有的经验公式相比，桩侧摩阻力计算公式中的长度 L 并不是桩长减去盘高，而是盘下桩侧一定范围内桩侧摩阻力为零，同时盘上一定范围内桩侧摩阻力有所增加，所以该公式引入桩侧摩阻力的有效长度，得出的桩侧摩阻力计算公式不仅与桩长和盘高有关，还与盘下桩侧水平拉应力范围、盘上桩侧水平压应力增大范围和增大系数有关。

3. 桩身自重

桩身自重 $G_{桩}$＝主桩重量 G_1＋桩盘重量 G_2：

主桩重量： $$G_1 = \frac{1}{4}\pi d^2(L-H)\gamma_G \tag{6.2-6}$$

桩盘重量：2 个 $1/2H$ 高圆台重量，设圆台体积为 G_0

$$G_0 = \frac{1}{3}\frac{H}{2}\left[\frac{\pi D^2}{4} + \sqrt{\frac{\pi D^2}{4}\frac{\pi d^2}{4}} + \frac{\pi d^2}{4}\right]\gamma_G = \frac{H\pi}{24}(D^2+Dd+d^2)\gamma_G \tag{6.2-7}$$

$$G_2 = 2G_0 = \frac{H\pi}{12}(D^2+Dd+d^2)\gamma_G \tag{6.2-8}$$

$$G_{桩} = \frac{\pi\gamma_G}{12}\left[3d^2(L-H)+H(D^2+Dd+d^2)\right] \tag{6.2-9}$$

4. 抗拔单盘桩极限承载力的计算模式

综合研究结论，基于滑移线理论的抗拔单盘桩极限承载力计算模式为：

$$F_{拔} = F_{盘端} + F_{桩侧} + G_{桩}，且\ F_{拔} \leqslant F_{桩身}^t \tag{6.2-10}$$

如果出现 $F_{拔} > F_{桩身}^t$ 的情况，则取 $F_{拔} = F_{桩身}^t$。

其中： $$F_{盘端} = \frac{1}{2}\pi(c\cot\phi R_0)(e^{2\theta\tan\phi}-1)$$

$$F_{桩侧} = f_{侧}\pi dL_0 = f_{侧}\pi d(L-H-L_b'+\gamma'L_a')$$

$$G_{桩} = \frac{\pi\gamma_G}{12}\left[3d^2(L-H)+H(D^2+Dd+d^2)\right]$$

$$F_{桩身}^t = F_{混凝土}^t + F_{钢筋}^t \quad （根据混凝土基本原理） \tag{6.2-11}$$

该公式由三部分组成，和现有的经验公式相比，对公式中盘端承载力和桩侧摩阻力两部分进行了修正，盘端承载力采用滑移线理论进行计算，桩侧摩阻力引入有效长度的概念，使受力状态更符合实际。该公式修正了现有经验公式中不合理的部分，完善了混凝土扩盘桩的计算理论。

6.2.2　抗拔双盘桩的计算模式

根据土体破坏的机理，对于双盘桩可能存在两种情况，即盘间距较大（$S \geqslant 2R_0$）时，如图 6.2-3 所示；或盘间距较小时（$S < 2R_0$）时，如图 6.2-4 所示。

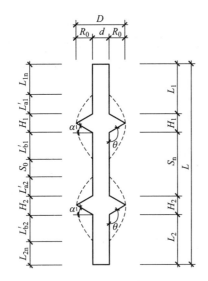

图 6.2-3　抗拔双盘桩示意图（$S \geqslant 2R_0$）

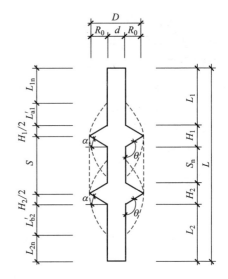

图 6.2-4　抗拔双盘桩示意图（$S < 2R_0$）

1. 盘间距较大时单桩抗拔极限承载力的计算

$$F_拔 = 2F_{盘端} + F_{桩侧} + G_桩，且\ F_拔 \leqslant F_{桩身}^t \tag{6.2-12}$$

如果出现 $F_拔 > F_{桩身}^t$ 的情况，则取 $F_拔 = F_{桩身}^t$。

其中：

$$F_{桩身}^t = F_{混凝土}^t + F_{钢筋}^t$$

$$F_{盘端} = \frac{1}{2}\pi(c\cot\phi R_0)(e^{2\theta\tan\phi} - 1)$$

$$F_{桩侧} = f_{侧}\,\pi d L_0 = f_{侧}\,\pi d(L - H_1 - H_2 - L_{b1}' - L_{b2}' + \gamma_1' L_{a1}' + \gamma_2' L_{a2}') \tag{6.2-13}$$

或

$$F_{桩侧} = f_{侧}\,\pi d L_0 = f_{侧}\,\pi d(L_1 + L_2 + S_n - H_2 - L_{b1}' - L_{b2}' + \gamma_1' L_{a1}' + \gamma_2' L_{a2}') \tag{6.2-14}$$

桩身自重：$G_1 = \dfrac{1}{4}\pi d^2\,(L - 2H)\,\gamma_G$

$$G_2 = 2 \times 2G_0 = 2 \times \frac{H\pi}{12}(D^2 + Dd + d^2)\gamma_G = \frac{H\pi}{6}(D^2 + Dd + d^2)\gamma_G$$

$$G_桩 = \frac{\pi\gamma_G}{12}\big[3d^2(L - 2H) + 2H(D^2 + Dd + d^2)\big] \tag{6.2-15}$$

该公式明确了当盘间距较大（$S_n \geqslant 2R_0$）时，两个盘之间相互影响较小，所以两个盘的破坏状态基本与单盘桩相似，故单桩抗拔极限承载力计算模式即是两个盘的累加状态。公式中盘端承载力是单盘桩的 2 倍，桩侧摩阻力有效长度为全长减去两个盘盘高再减去两个盘盘下受拉区长度再加上两个盘盘上受压区长度，桩自重为主桩重量加上桩盘重量。

2. 盘间距较小时单桩抗拔极限承载力的计算

$$F_{拔}=F_{上盘盘端}+F_{桩侧}+F_{盘侧}+G_{桩}，且\ F_{拔}\leqslant F_{桩身}^{t} \tag{6.2-16}$$

如果出现 $F_{拔}>F_{桩身}^{t}$ 的情况，则取 $F_{拔}=F_{桩身}^{t}$。

其中：$F_{桩身}^{t}=F_{混凝土}^{t}+F_{钢筋}^{t}$

$$F_{上盘盘端}=\frac{1}{2}\pi(c\cot\phi R_0)(e^{2\theta\tan\phi}-1)$$

$$F_{桩侧}=f_{侧}\ \pi dL_0=f_{侧}\ \pi d(L_1+L_2-L_{b2}'+\gamma_1'L_{a1}') \tag{6.2-17}$$

$$F_{盘侧}=f_{侧}\ \pi DL_0'=f_{侧}\ \pi D\left(S_n+\frac{H_1+H_2}{2}\right) \tag{6.2-18}$$

$$G_{桩}=\frac{\pi\gamma_G}{12}\left[3d^2(L-2H)+2H(D^2+Dd+d^2)\right]$$

该公式明确了当盘间距较小（$S_n<2R_0$）时，由于上下盘之间的影响较大，上盘的上部和下盘的下部的破坏状态基本与单盘桩相似，而两个盘之间的土会沿盘端出现整体剪切破坏。该公式由四部分组成，其中盘端承载力是上盘盘端承载力，桩侧摩阻力有效长度为上盘到盘端加上下盘到盘端再减去下盘盘下受拉区长度再加上上盘盘上受压区长度，盘侧摩阻力长度为盘间距，桩自重为主桩重量加上桩盘重量。

6.2.3　抗拔多盘桩的计算模式

根据单盘桩和双盘桩的情况类推，对于多盘桩同样主要存在两种情况，即盘间距较大（$S_i\geqslant 2R_0$）时，如图 6.2-5 所示；或盘间距较小时（当 $S_i<2R_0$）时，如图 6.2-6 所示。

1. 盘间距较大时单桩抗拔极限承载力的计算

$$F_{拔}=nF_{盘端}+F_{桩侧}+G_{桩}，且\ F_{拔}\leqslant F_{桩身}^{t} \tag{6.2-19}$$

如果出现 $F_{拔}>F_{桩身}^{t}$ 的情况，则取 $F_{拔}=F_{桩身}^{t}$。

其中：$F_{盘端}=\dfrac{1}{2}\pi\ (c\cot\phi R_0)\ (e^{2\theta\tan\phi}-1)$

$$F_{桩身}^{t}=F_{混凝土}^{t}+F_{钢筋}^{t}$$

$$F_{桩侧}=f_{侧}\ \pi dL_0=f_{侧}\ \pi d\left(L-\sum_{i=1}^{n}H_i-\sum_{i=1}^{n}L_{bi}'+\sum_{i=1}^{n}\gamma_i'L_{ai}'\right) \tag{6.2-20}$$

桩身自重：$G_1=\dfrac{1}{4}\pi d^2(L-nH)\gamma_G$

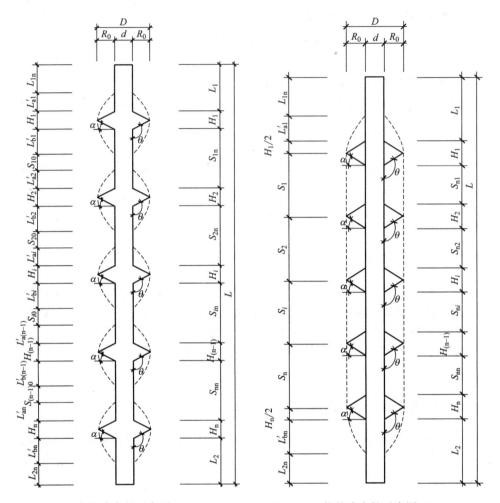

图 6.2-5　抗拔多盘桩示意图（$S_i \geqslant 2R_0$）　　　　图 6.2-6　抗拔多盘桩示意图（$S_i < 2R_0$）

$$G_2 = n \times 2G_0 = n \times \frac{H\pi}{12}(D^2 + Dd + d^2)\gamma_G = \frac{nH\pi}{12}(D^2 + Dd + d^2)\gamma_G$$

$$G_桩 = \frac{\pi\gamma_G}{12}\left[3d^2(L - nH) + nH(D^2 + Dd + d^2)\right] \quad (6.2\text{-}21)$$

该公式明确了当盘间距较大（$S_{ni} \geqslant 2R_0$）时，盘与盘之间相互影响较小，所以 n 个盘的破坏状态基本与单盘桩相似，故单桩抗拔极限承载力计算模式即是 n 个盘的累加状态。公式中盘端承载力是单盘桩的 n 倍，桩侧摩阻力有效长度为全长减去 n 个盘盘高再减去 n 个盘盘下受拉区长度再加上 n 个盘盘上受压区长度，桩自重为主桩重量加上桩盘重量。

由于实际工程中，如果承力扩大盘数量超过 3 个，会出现下部承力扩大盘盘上土体没有达到极限荷载，而上部承力扩大盘的盘上土体已经发生破坏的情况，因此，下部各盘的盘端阻力要乘以一个小于 1 的系数。

2. 盘间距较小时单桩抗拔极限承载力的计算

$$F_{拔}=F_{上盘盘端}+F_{桩侧}+F_{盘侧}+G_{桩}，且 F_{拔}\leqslant F_{桩身}^{t}$$

如果出现 $F_{拔}>F_{桩身}^{t}$ 的情况，则取 $F_{拔}=F_{桩身}^{t}$。

其中：$F_{桩身}^{t}=F_{混凝土}^{t}+F_{钢筋}^{t}$

$$F_{上盘盘端}=\frac{1}{2}\pi(c\cot\phi R_0)(e^{2\theta\tan\phi}-1)$$

$$F_{桩侧}=f_{侧}\pi dL_0=f_{侧}\pi d(L_1+L_2-L_{bn}'+\gamma_n'L_{a1}') \tag{6.2-22}$$

$$F_{盘侧}=f_{侧}\pi DL_0'=f_{侧}\pi D\sum_{i=1}^{n}\left(S_{ni}+\frac{H_i+H_{i+1}}{2}\right) \tag{6.2-23}$$

$$G_{桩}=\frac{\pi\gamma_G}{12}[3d^2(L-nH)+nH(D^2+Dd+d^2)]$$

该公式明确了当盘间距较小（$S_{ni}<2R_0$）时，由于上下盘之间的影响较大，上盘的上部和下盘的下部的破坏状态基本与单盘桩相似，而除上、下盘外各盘之间的土会沿盘端出现整体剪切破坏。该公式由四部分组成，其中盘端承载力是上盘盘端承载力，桩侧摩阻力有效长度为上盘到盘端加上下盘到盘端再减去下盘盘下受拉区长度再加上上盘盘上受压区长度，盘侧摩阻力长度为盘端间距，桩自重为主桩重量加上桩盘重量。

当然对于多盘桩也有可能出现这样的情况：在同一根桩中，有的盘间距较小，有的盘间距较大。实际工程中应尽量将盘均匀布置，如果必须出现各盘间距不均匀的状态，可以根据双盘桩和多盘桩的计算规则，推导出单桩抗拔极限承载力的计算模式。

6.2.4　抗拔冲切破坏计算模式

根据前面的研究，在某些情况下，抗拔桩的桩周土体会发生冲切破坏。在冲切破坏的情况下，盘上土体发生流动时对应的荷载即为极限荷载，故可利用塑性状态定理来求取极限荷载；在滑移破坏的情况下，可根据虚功原理及滑移线理论进行求解。

根据承力扩大盘上部土体的冲切破坏形式，建立桩周土体的刚塑性破坏模型，如图 6.2-7 所示。

由内力功公式 $W=\sigma\varepsilon$ 可得：

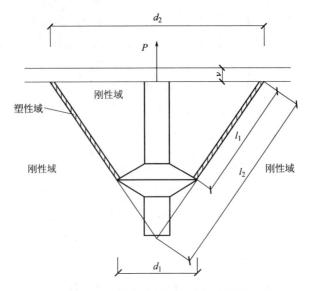

图 6.2-7　承力扩大盘周围土体的刚塑性区域

$$W=\left[\tau\frac{\nu\cos\phi}{h}+\sigma\frac{\nu\sin\phi}{h}\right]\frac{1}{2}\pi(d_1l_1-d_2l_2)h \qquad (6.2\text{-}24)$$

$$\tau=c-\sigma\tan\phi \qquad (6.2\text{-}25)$$

$$W=\left[(c-\sigma\tan\phi)\frac{\nu\cos\phi}{h}+\sigma\frac{\nu\sin\phi}{h}\right]\frac{1}{2}\pi(d_1l_1-d_2l_2)h$$

$$=\frac{c\nu\cos\phi}{h}\frac{1}{2}\pi(d_1l_1-d_2l_2)h=\frac{1}{2}c\nu\cos\phi\pi(d_1l_1-d_2l_2) \qquad (6.2\text{-}26)$$

由外力功等于内力功可以得出：

$$P\nu=\frac{1}{2}c\nu\cos\phi\pi(d_1l_1-d_2l_2) \qquad (6.2\text{-}27)$$

故推导出单桩抗拔极限承载力计算公式为：

$$P=\frac{1}{2}c\cos\phi\pi(d_1l_1-d_2l_2) \qquad (6.2\text{-}28)$$

式中　W——内力功；

　　　σ——主应力；

　　　c——黏聚力；

　　　τ——剪应力；

　　　ϕ——内摩擦角；

　　　h——塑性域厚度；

ν——土体上移尺寸；

d_1——承力扩大盘直径；

d_2——冲切破坏时土层上表面直径；

P——混凝土扩盘桩抗拔极限承载力；

l_1、l_2——承力扩大盘端部到冲切破坏时土层上表面的斜线距离和冲切破坏锥体的斜线距离。

6.3　承力扩大盘高度的抗冲切验算

研究结果已经表明，混凝土扩盘桩的承力扩大盘直径变化时，对盘下土体的工作性状有一定的影响。由于承力扩大盘是素混凝土结构，随着承力扩大盘直径的增大，随之产生了承力扩大盘本身的抗冲切强度问题。因此，为了避免由于混凝土扩盘桩承力扩大盘的破坏而影响桩的承载力，确定合理的承力扩大盘高度是非常必要的。本节运用混凝土抗冲切理论讨论这一问题。

6.3.1　基本假定

针对承力扩大盘的实际情况，做如下假定：

1）桩的承力扩大盘冲切破坏形态类似于斜拉破坏，其所形成的圆台斜裂面与水平面大致成 45°倾角，是一种脆性破坏。如图 6.3-1 所示。

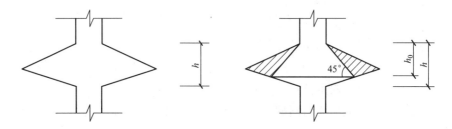

图 6.3-1　承力扩大盘冲切破坏示意图

2）桩顶外荷载属于轴心作用荷载。

3）承力扩大盘下的土为均质各向同性的。

6.3.2　冲切理论分析

参考混凝土基础冲切破坏理论，承力扩大盘在承受桩顶传来的荷载时，如果沿桩周边的承力扩大盘高度不够，就会发生如图 6.3-1 所示的由于冲切承载力不足而造成的圆台斜截面而破坏，为了保证不发生冲切破坏，必须使冲切面以外的地基反力所产生的冲切力 F_l 不超过冲切面处混凝土的抗冲切能力，如图 6.3-2 所示。

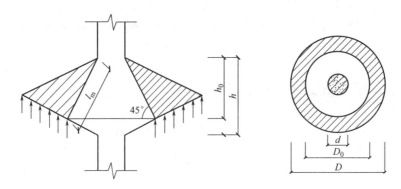

图 6.3-2　冲切破坏计算图

根据上述理论，承力扩大盘高度需满足如下条件（获国家软件著作权）：

$$F_l \leqslant 0.6 f_{\mathrm{t}} \cdot l_{\mathrm{m}} \cdot h_0 \tag{6.3-1}$$

$$F_l = p_{\mathrm{n}} \cdot A_1 \tag{6.3-2}$$

$$l_{\mathrm{m}} = \frac{l_{\mathrm{t}} + D_{\mathrm{b}}}{2} \pi \tag{6.3-3}$$

式中　F_l——地基反力所产生的冲切力；

　　f_{t}——混凝土抗拉强度设计值；

　　l_{m}——混凝土抗冲切破坏面边长；

　　l_{t}——冲切破坏圆台上边直径，当计算桩与承力扩大盘交接处的抗冲切能力时，取主桩径 d；

　　D_{b}——冲切破坏圆台斜截面的下边直径，取主桩径加 2 倍承力扩大盘有效高度 h_0，承力扩大盘为双坡，$h_0 = \dfrac{h(D-d)}{h+D-d}$（相似三角形求得）；

　　A_1——考虑冲切荷载时取用的圆环面积，即图 6.3-2 中阴影部分；

　　p_{n}——在荷载设计值作用下基础底面单位面积上的土的净反力。轴心荷载 N 作用时；

$$p_{\mathrm{n}} = \frac{N}{\left[\left(\dfrac{D}{2}\right)^2 - \left(\dfrac{d}{2}\right)^2\right]\pi} = \frac{4N}{\pi(D^2 - d^2)} \tag{6.3-4}$$

由上述参数可得：

$$F_l = p_n \cdot A_1 = N \frac{\left(\frac{D}{2}\right)^2 - \left(\frac{D_b}{2}\right)^2}{\left(\frac{D}{2}\right)^2 - \left(\frac{d}{2}\right)^2} = N \frac{D^2 - D_b^2}{D^2 - d^2} = N \frac{D^2 - \left(d + 2\frac{h(D-d)}{h+D-d}\right)^2}{D^2 - d^2}$$

$$(6.3\text{-}5)$$

$$0.6 f_t l_m h_0 = 0.6 f_t \frac{\pi (D_b + l_t)}{2} h_0 = 0.6 f_t \frac{\pi \left[d + 2\frac{h(D-d)}{h+D-d} + d\right]}{2} \frac{h(D-d)}{h+D-d}$$

$$= 0.6 f_t \pi \left[d + \frac{h(D-d)}{h+D-d}\right] \cdot \frac{h(D-d)}{h+D-d} \qquad (6.3\text{-}6)$$

由于 $F_l \leqslant 0.6 f_t \cdot l_m \cdot h_0$，因此，由公式（6.3-5）、公式（6.3-6）可得：

$$N \leqslant 0.6 f_t \pi \left[d + \frac{h(D-d)}{h+D-d}\right] \cdot \frac{h(D-d)}{h+D-d} \cdot \frac{D^2 - d^2}{D^2 - \left(d + 2\frac{h(D-d)}{h+D-d}\right)^2}$$

$$(6.3\text{-}7)$$

经整理得

$$N \leqslant 0.6 f_t \pi \frac{h(D-d)^3(d+D+Dh)}{D^2(h+D-d)^2 + [D(d+2h) - 2d(d+h)]^2} \qquad (6.3\text{-}8)$$

设计时，一般可以根据构造要求先假定承力扩大盘高度，通过公式（6.3-7）进行验算，如不满足要求，则应增加承力扩大盘高度，再验算，直至满足为止。当承力扩大盘底面落在 45°线以内时，可不进行冲切验算。

6.4　混凝土扩盘桩的设计原则

由于盘参数及土层性状都会对桩周土体的破坏状态产生影响，因此，除了进行单桩承载力计算时要考虑外，进行参数设计时也要考虑，以便使桩的设计更加合理，充分发挥混凝土扩盘桩的优势。

在混凝土扩盘桩的设计中，应主要依据以下原则：

1）桩身构造

在满足施工工艺要求的基础上，主桩径不宜过大，也不宜过小，要考虑与盘径的协调，既要避免浪费混凝土，又要避免桩盘本身的冲切破坏。同时要适当考虑配筋，尤其是抗拔桩，避免桩身先于土体发生破坏。

2）盘悬挑径

对于抗压桩，在主桩径不变的情况下，盘悬挑径增长超过一定限度后，会导致盘悬挑径对混凝土扩盘桩抗压极限承载力的贡献逐渐减小，所以混凝土扩盘桩的盘悬挑径与主桩径的比值要在合理的范围内，承力扩大盘才对混凝土扩盘桩抗压破坏起主要影响。承力扩大盘悬挑径越大，混凝土扩盘桩的极限承载能力越强；承力扩大盘悬挑径是主桩径的 $1\sim2.5$ 倍时，混凝土扩盘桩抗压性能最好。

对于抗拔桩，混凝土扩盘桩对盘上土体的影响范围大致为 $3\sim5$ 倍的盘悬挑径。当承力扩大盘悬挑径小于 2 倍主桩径时，对提高桩承载力有效果，但不理想；当承力扩大盘悬挑径大于 2 倍主桩径时，桩承载力提高效果显著；由此说明，要充分发挥混凝土扩盘桩承载力作用，承力扩大盘悬挑径应大于 2 倍主桩径。但承力扩大盘悬挑径过大时，承载力增长并不明显，且增加了混凝土用量，因此，建议承力扩大盘悬挑径为 $2\sim2.5$ 倍主桩径为宜。

3）盘坡角

对于抗压桩，在承力扩大盘悬挑径相同的情况下，原状土模型试验得出的结果为按盘坡角 $45°$、$40°$、$30°$、$35°$ 的顺序，其抗压承载性能逐渐增大，有限元模拟分析得出的结果为按盘坡角 $45°$、$40°$、$35°$、$30°$ 的顺序，其抗压承载性能逐渐增大。综合模型试验和模拟分析的结论，可以得出在承力扩大盘悬挑径相同的情况下，盘坡角在 $30°\sim35°$ 范围内（此角指的是盘下坡角）时其抗压承载性能最好。

对于抗拔桩，在承力扩大盘盘径一定的情况下，同样是盘坡角在 $30°\sim40°$ 之间时（此角指的是盘上坡角），桩与土共同工作达到最佳状态，桩身承载力最高。

4）盘截面形式

由于盘截面形式主要由成桩机具和成桩工艺决定，而且，通过前面的研究表明，承力扩大盘的对称情况及盘端的截面形状对破坏机理影响不大，所以可以不作为设计的主要考虑因素。

但是需要注意的是，盘端为圆角时，盘端承载力计算一定按实际盘径计算，因为盘径尺寸对承载力影响较大。另外，对于抗拔桩，尽量考虑盘上表面坡度小些，对提高承载力有利。

5）盘间距

对于抗压桩，当盘间距小于等于 $4R_0$ 时，其中 $R_0=(D-d)/2$，由于两盘距离较近，上盘盘下土体和下盘盘上土体破坏时相互干扰，承力扩大盘不能充分发挥端承作用，最终土体的破坏形式都是以盘间土体整体剪切破坏为主（设计时应尽量不考虑这种形式）。当盘间距大于 $4R_0$ 时，盘下土体发生滑移破坏，上盘盘下和下盘盘上土体无应力叠加现象，承力扩大盘能充分发挥端承作用，最终的破坏形式是以盘下土体滑移破坏为主。同时，当盘间距达到 $4R_0$ 时，盘间距的继续增大对控制位移的贡献逐渐减小，而增加了桩长。因此，建议合理盘间距为 $(4\sim6)R_0$，既能使每个盘发挥端承作用，又能节约成本。

对于抗拔桩，盘间距作为影响混凝土扩盘桩抗拔破坏机理的重要因素之一，如果两个承力扩大盘之间的距离太短，那么它们之间土体的破坏形态就会受到影响，双盘之间的土体会发生整体剪切破坏，而这个长度范围内的桩体同时会失去桩侧摩阻力。承力扩大盘的间距过大时，虽然不会对混凝土扩盘桩的抗拔承载力产生不利影响，但是要考虑最上面的承力扩大盘到土体表面的厚度，同时也会造成材料的浪费。所以，合理的盘间距取值范围为（4～6）R_0。

6）盘数量

对于抗压桩，盘数量越多，盘下土体的影响范围越小，单桩极限承载力计算模式中盘下土体的积分区域相应减小。盘数量越多，承载力越高。盘数量过多，对承载力的贡献率逐渐减弱，每个盘分担的荷载越小，不利于承力扩大盘端承作用的发挥，反而增加了混凝土用量。因此，为了既能满足承载力要求，又能节约成本，盘数量取 1～3 个较为合理。

对于抗拔桩，当混凝土扩盘桩桩长固定，且盘间距在合理的范围之内时，其抗拔承载力并不是随着盘数量的增加而呈线性增加。当从单盘桩变成双盘桩时，其抗拔承载力增加的幅度最大，而后再增加盘数量，对抗拔承载力的影响较小。这是因为盘数量的增加，减小了桩的有效长度，即减小了有效的桩侧摩阻力，同时也会造成施工上的复杂，造成材料的浪费。所以，在设计这种桩型时，最合理的承力扩大盘数量为 2～3 个。

7）土层厚度

对于抗压桩，混凝土扩盘桩承载力随荷载的增大而增大，盘下和桩底的应力增大且主要集中在盘下位置。当承力扩大盘盘下土体厚度小于 1.5 倍盘悬挑径时，对于提高桩承载力的效果并不理想；当承力扩大盘盘下土体厚度大于 1.5 倍盘悬挑径时，桩承载力提高效果显著。由此说明，要充分发挥混凝土扩盘桩承载力作用，承力扩大盘盘下土体厚度应大于 1.5 倍盘悬挑径，即承力扩大盘应尽量靠近设盘土层的上部。

对于抗拔桩，当承力扩大盘盘上土体厚度大于一定值时，改变承力扩大盘所在土层盘上土体厚度对混凝土扩盘桩的影响不大，当承力扩大盘盘上土体厚度大于 5 倍盘悬挑径时，混凝土扩盘桩的破坏状态基本相同。承力扩大盘盘上相邻土层土体厚度大于一定值时，对混凝土扩盘桩的破坏状态影响不大，要充分发挥混凝土扩盘桩承载力作用，承力扩大盘盘上相邻土层土体厚度至少大于 5 倍盘悬挑径（盘上表面在两层土交界面时）。

8）土层含水率

（1）黏土

对于抗压桩，不同含水率对应的放大或折减系数 λ 是不同的，实际设计应用中，如果以土层含水率为 20％为基准，即调整系数为 1.0，当土层含水率小于 17％时，调整系数为 1.25，当土层含水率大于 25％时，调整系数为 0.6，中间值可以用插值法进行计算。

对于抗拔桩，通过分析得出，不同含水率对应的放大或者折减系数 β 是不同的，实际设计应用中，如果以土层含水率为 20％～22％为基准，即调整系数为 1.0，当土层含水率小于 19％时，调整系数为 1.2，当土层含水率大于 25％时，调整系数为 0.8，中间值可以用插值法进行计算。

（2）细粉砂土

对于抗压桩，当细粉砂土实际含水率低于 14％左右时，含水率对桩周土体的影响范围较大，对混凝土扩盘桩的承载力及最大位移值影响较小；当细粉砂土实际含水率高于 14％左右时，含水率对桩周土体的影响范围较小，对混凝土扩盘桩的承载力及最大位移值影响较大；另一方面，细粉砂土的含水率对桩周土体剪应力影响较大，实际含水率约为 10％～14％时，桩周土体剪应力值更加接近，且剪应力均较大，实际含水率为 14％～18％时，桩周土体剪应力较小，尤其在承力扩大盘附近的桩周土体剪应力极小。所以，实际含水率大于 14％的细粉砂土对混凝土扩盘桩不利，工程实践应慎重考虑。

对于抗拔桩，当细粉砂土含水率在 15％以下时，混凝土扩盘桩桩顶竖向位移基本相同，而当细粉砂土含水率超过 15％左右时，桩顶竖向位移明显增大；另一方面，细粉砂土含水率对桩周土体剪应力影响较大，含水率超过 15％时，承力扩大盘处土体剪应力极小，表明细粉砂土含水率较高时承力扩大盘周围土体的弹塑性能不良，故在此条件下不适宜设置混凝土扩盘桩。

第 7 章　混凝土扩盘桩后续相关研究的探讨

7.1　水平荷载作用下研究的探讨

目前，关于混凝土扩盘桩水平承载力的理论和试验研究已取得了一定的成果，但仍处于初期阶段。在理论研究方面，主要通过有限元模拟分析和理论计算两种方法探讨混凝土扩盘桩水平承载性能。运用有限元模拟分析方法，初步研究了承力扩大盘位置、数量、间距、直径及混凝土扩盘桩桩长、桩顶约束条件及土体参数对混凝土扩盘桩水平承载力的影响，理论计算方法主要有有限差分法以及根据普通桩的挠曲微分方程推导出的扩盘桩挠曲微分方程的计算方法。在试验方面，采用实验室模型试验，对不同设盘、不同桩距扩盘桩群桩、支盘桩破坏形态等进行了初步研究。已有的研究只是对影响水平承载力的因素做了定性的分析，还需对各个影响因素做进一步研究，为扩盘桩的发展提供更为可靠的依据。

目前通过假设刚体桩的情况，针对承力扩大盘盘径、坡角、间距、数量等影响因素，通过理论分析和小比例模型试验的方法，探讨了其对混凝土扩盘桩水平承载力及桩周土体破坏状态的影响。理论分析采用 ANSYS 有限元模拟软件，建立不同盘径的扩盘桩桩土模型，对扩盘桩和土体的位移和应力结果进行对比分析。试验研究采用原状土模型试验，按照理论分析的结果，将桩土模型尺寸按一定比例缩小，确定试验桩土模型。通过对原状土的获取、加载方法的反复推敲与创新，丰富了桩土模型试验方法。首次全程观察了扩盘桩桩周土体的破坏状态，并由此提出刚体桩以土体破坏为破坏准则时混凝土扩盘桩单桩极限水平承载力计算模式。同时，由于混凝土扩盘桩有一定的弯曲性能，因此需要考虑水平荷载作用下桩体弯曲的影响，即非刚体桩（称为半柔性桩），并初步探讨了半柔性桩的破坏状态。

目前对混凝土扩盘桩盘径对水平土体破坏状态及承载力的研究成果尚不成熟，因此未列入本专著内容中，今后将逐步完善混凝土扩盘桩水平荷载作用下的相关设计理论，丰富扩盘桩水平承载力计算方法，对混凝土扩盘桩在承受水平力的建（构）筑物中的应用起到推动作用。

7.2 关于沉降和群桩效应的说明

由于混凝土扩盘桩的单桩承载力较高，因此多数情况下可以不用单承台多桩的设计，但是由于整个项目的多个桩在同一区域，如果桩距离较近，也会产生群桩效应，因此，待单桩的相关内容完成后，也会对群桩效应进行相应的研究，以便使该型桩的相关理论更加完善。

由于混凝土扩盘桩的特点，现在基本设置在黏土和细粉砂土中，除了特殊情况，混凝土扩盘桩的沉降量远远小于直孔灌注桩，因此设计中沉降计算可以按现有规程中考虑，已经非常保守了。今后会对该型桩的沉降设计进行进一步的研究，使其更加准确、可靠，为混凝土扩盘桩的推广应用提供依据。

参考文献

[1] 聂庆科，周玉明.第七届全国岩土工程实录交流会特邀报告—桩基础的发展现状综述.岩土工程技术 [C]，2015.10（29）230-235.

[2] 牟楠. 扩多盘桩承力盘参数对单桩抗拔承载力影响的研究 [D].吉林建筑大学，2014.6.

[3] D. M. Cole. A Technique for Measuring Radial Deformation During Repeated Load Triaxial Testing [J]. Can Geo tech，J，1978，15：426-429

[4] 沈保汉. 桩基础施工技术现状及发展趋向浅谈 [J]. 建设机械技术与管理，2005（03）：20-26.

[5] 孙翔. 挤扩多支盘矿桩技术及其应用 [J].西部探矿工程，2007（7）172-174.

[6] 王梦恕，贺德新，唐松涛.21世纪的桩基新技术：DX旋挖挤扩灌注桩 [J].工业建筑.2008，38（5）：23-27.

[7] 李连祥，李先军，龚强等.多节钻扩灌注桩施工工艺及成套设备研制 [J].建筑科学，2015，（31）：216-220.

[8] 王绍宇.盘截面形式对混凝土扩盘桩抗拔破坏状态的影响研究 [D].吉林建筑大学，2017.

[9] 巨玉文.挤扩支盘桩力学特性的试验研究及理论分析 [D].太原理工大学，2005.

[10] Pressly J. S.，Poulos H. G.，Finite Element Analysis of Pile Group Behaviou，Int. J. Num. Anal. Meth. Geomeeh. 1986，V. 10，213-221.

[11] 杨大军.土层性状对扩盘桩承载力影响的原状土试验研究 [D].吉林建筑大学，2016.

[12] Wang Yan-li，Cheng Zhan-lin，Wang Yong. Effects of liquefaction-induced large lateral ground deformation on pile foundations [J]. Cent. South Univ，2013（20）：2510-2518.

[13] 钱永梅，徐广涵，挤扩多盘桩试验研究的发展概述 [J].建筑技术开发，2014，41（11）：22-24.

[14] G. Xiaoyuan，W. Jinchang，Z. Xiangron. Static load test and load transfer mechanism Study of squeezed branch and plate pile in collapsible loess foundation [J]. Journal of Zhejiang University SCIENCEA. 2007，8（7）：1110-1117.

[15] 王希慧.盘间距及数量影响混凝土扩盘桩抗压破坏原状土试验研究 [D].长春：吉林建筑大学.2016.

[16] 郭印亮，原状土取样质量对试验成果的影响 [J].水科学与工程. 2008（3）：63-64.

[17] 徐广涵.挤扩多盘桩在受压状态下现场大比例实桩试验研究 [D].长春：吉林建筑大学，2015.

[18] 钱永梅，尹新生，蒋荣庆，王若竹.运用滑移线理论确定挤扩多盘桩盘下土体应力计算模式 [J].《吉林大学学报：地球科学版》，2004.34（S1）：87-90.

[19] Canadian Geotechnical Society，Canadian Foundation Engineering Manual，2nd ed.，G. G. Meyeroff and B. H. Fellenius，Eds.，1985，pp. 456.

[20] 张力霆.土力学与地基基础 [M].高等教育出版社，2004：217-218.

[21] 陈立宏，唐松涛，贺德新，DX桩群桩现场试验研究 [J].岩土力学，2011，4：1003-1007.

[22] 赵杰，邵龙潭，土体结构极限承载力的有限元分析 [J]，岩石力学与工程学报，2007，1：183-189.

[23] E. Drumright，"Shear Strength for Unsaturated Soils，" Ph. D. dissertation，Univ. of Colorado，Fort

Collins，1987.

[24] YongMei Qian，XiHui Wang. Analyzing about the Shape of the Bearing Push-extend Reamed Affecting the Bearing Capability of Push-extend Multi-under-reamed Pile through the Finite Element Method [J]. Scientific Research and Essays. 2014. 9：325-330.

[25] YongMei Qian，XiHui Wang. Finite Element Analysis of the Influence About the Space Between Bearing Extruded-Plate to the Bearing Capacity of Single Pile of the MEEP Pile [J]. The Open Civil Engineering Journa. 2015. 9：495-497.

[26] Richard J. Finno，M. ASCE，Hsiao-chou Chao. Guided Waves in Embedded Concrete Piles [J]. Journal of Geotechnical and Geo environmental Engineering，2005. 131：11-19.

[27] A. W. Skempton. Proc. Conf. Pore Pressure，Effective Stress in Soils，Concrete and Rocks1961 [C]. London：Butterworths，1961：4-16.

[28] 钱永梅等. 运用滑移线理论确定挤扩多盘桩盘下土体应力计算模型 [J]. 吉林大学学报. 2004. 34 (10)：87~89.

[29] 唐松涛. DX 桩单桩沉降分析 [J]. 中国工程科学. 2012. 14 (1)：41-45.

[30] 翟镕政. 盘间距及数量影响扩盘桩抗拔破坏机理的原状土试验研究 [D]. 吉林建筑大学.

[31] E. Drumright，"Shear Strength for Unsaturated Soils，" Ph. D. dissertation，Univ. of Colorado，Fort Collins，1987.

[32] 岩土工程勘测规范 GB 50021-2010 [S]. 北京：中国建筑工业出版社；2002.

[33] 赵杰，邵龙潭. 有限元稳定分析法在确定土体结构极限承载力中的应用. 水力学报 [J]. 2006 (37) 668-673.

[34] 蒋敏敏，洪宝宁，胡昕，等. 地基土层与含水率变化对湿喷桩成桩质量的影响 [J]. 防灾减灾工程学报，2007，27 (1)：108-111.

[35] Sanjeev Kumar，Shamsher Prakashe. Estimation of fundamental period for structures supported on pile foundations [J]. Geotechnical and Geological Engineering，2004 (22)：375-389.

[36] M. B. Clisby. An Inverstigation of the Volume tric Fluctuation of Active Clay Soils [J]. Ph. D. dissertation，Univ. of Texas，Austin，1962，1081.

[37] 孙晓东，王丹. 土的粘聚力取值分析 [J]. 辽宁建材. 2010. (3)：39-41.

[38] 解学文. 土层性状对挤扩多盘桩破坏状态及承载力影响研究 [D]. 吉林建筑大学，2015-06.

[39] 田伟. 桥梁基础中混凝土扩盘桩破坏模式及极限承载力研究 [D]. 吉林大学，2014-01

[40] W. Yan li，C. Zhan lin，W. Yong. Effects of Liquefaction-induced Large lateral Ground Deformation on Pile Foundations [J]. J. Cent. South Univ. 2013，20：2510-2518.

[41] Gianpiero Russo. Experimental investigations and analysis on different pile load testing procedures [J]. Acta Geotechnica，2013 (8)：17-31.

[42] R. Ziaie-Moayed，M. Kamalzare，M. Safavian，Ghazvin. Evaluation of piled raft foundations behavior with different dimensions of piles [J]. Journal of Applied Sciences，2010 (13)：1320-1325.

[43] D. Mohan，Design and construction of multiunder-reamed pile，Proc. 7th ICSMFE. 2，PP 183-186，Mexico，1969.